對本書的讚譽

《生成深度學習》是一本關於生成建模中各種深度學習套件的實用入門書。如果你喜歡寫點程式並希望將深度學習應用在工作中的創意從業者，這本書保證適合你。

——*David Ha*，策略部門主管，*Stability AI*

這本書超級棒，深入介紹了各種最新生成式深度學習背後的所有主要技術。你會找到許多直觀解釋和巧妙類比——還有易讀的教學範例程式來支援。這是對 AI 中這項最迷人領域的一趟令人興奮的探索之旅！

——*François Chollet*，*Keras* 創始人

David Foster 能清晰解釋各種複雜概念，再搭配直觀的視覺化圖像、範例程式與練習題。本書是給學生和從業者的絕佳資源！

——*Suzana Ilić*，負責任 *AI* 計畫經理，*Microsoft Azure OpenAI*

在各種 AI 技術中，生成式 AI 是下一個會對世界產生巨大影響的革命性階段。本書完整介紹了這一領域，以及其無窮潛力和潛在風險。

——*Connor Leahy*，*Conjecture CEO* 和 *EleutherAI* 聯合創辦人

預測世界代表在所有模態上了解這個世界。就這個意義而言，生成式 AI 正在解決智慧的最核心問題。

——*Jonas Andrulis*，*Aleph Alpha* 創辦人與 *CEO*

生成式 AI 正在重塑無數產業並催生新一代的創新工具。本書是進入生成建模並運用這項革命性技術的完美指南。

——*Ed Newton-Rex*，*Stability AI* 的聲學部門副總和作曲家

David 教會了我關於機器學習的所有知識，他擅長解釋各種底層概念。《生成深度學習》是我研究生成式 AI 的首選資源，一直與我最喜愛的技術書籍一起放在我工作桌旁的書架上。

——*Zack Thoutt*，*AutoSalesVelocity* 產品總監

生成式 AI 很可能對社會產生深遠的影響。這本書以易於理解且不省略任何技術細節的方式完整介紹了這個領域。

——*Raza Habib*，*Humanloop* 聯合創辦人

當有人問我如何入門生成式 AI 的時候，我都會推薦 David 的書。第二版很棒，涵蓋了像是擴散模型和 *Transformer* 等最厲害的模型。對於任何想要發揮運算創意的人來說，本書絕對必備啦！

——*Tristan Behrens* 博士，*AI* 專家和 *KI Salon Heilbronn* 的 *AI* 駐場音樂藝術家

本書的技術知識非常豐富，每當有任何關於生成式 AI 的想法時，它都是我首選的參考文獻。這本書應該放在每位資料科學家的書架上。

——*Martin Musiol*，*generativeAI.net* 創辦人

本書完整且詳細介紹了生成模型的分類。我發現這本書最棒的地方之一在於它既涵蓋了各種背後的重要理論，又透過實務範例來加強讀者對模型的理解。我必須說，本書關於 GAN 的章節是我讀過的最佳解釋之一，並針對模型微調提供了相當直觀的方法。本書收錄了各種形式的生成式 AI，包括文字、圖像和音樂。對於所有正準備入門生成式 AI 的人來說是非常棒的資源。

——*Aishwarya Srinivasan*，*Google Cloud* 資料科學家

生成深度學習 第二版
訓練機器繪畫、寫作、作曲與玩遊戲

SECOND EDITION
Generative Deep Learning
Teaching Machines to Paint, Write,
Compose, and Play

David Foster 著

曾吉弘 譯

O'REILLY®

獻給 *Alina*，所有美妙噪音中最可愛的那一個。

目錄

第一篇　　認識生成深度學習

第十章　　進階 GAN **259**

第十一章　　音樂生成 **287**

第十四章　結語 379

推薦序

本書已成為我生活的一部分。有天在客廳發現這本書時，我問兒子：「你什麼時候有這本書的？」他頓時覺得奇怪但回答：「你給我的時候啊。」我們一起閱讀了書中的不同章節後，我開始將《生成深度學習》視為生成式 AI 的《Gray 醫用解剖學（Gray's Anatomy）》。

作者以驚人的清晰度和權威性剖析了生成式 AI 的結構。他對這個高速發展的領域有非常出色的記述，並輔以各種程式範例、引人入勝的敘述，以及與時俱進的參考文獻，讓整本書讀起來像是一部活生生的歷史。

在解構過程中，作者一直保持著對生成式 AI 潛力的驚奇和興奮——在這本書的華麗大結尾時尤其明顯。在揭示了技術的本質之後，他提醒我們正處於一個智慧新時代的黎明，生成式 AI 在這個時代能像鏡子一樣反映我們的語言、藝術和創造力；所反映出的不只是我們創造了什麼，還包括了有可能創造什麼——只受限於「你自身的想像力」。

AI 生成模型的核心主題引起了我心中深層的共鳴，因為我在自然科學領域中也看到了完全相同的主題；也就是說，我們可以把自己看作是所處世界中的生成模型。我想也許在這本書的下一版就會讀到人工智慧與自然智慧的融合了吧。在那之前，我會把這本書和書架上的《Gray 醫用解剖學》以及其他寶藏放在一起。

——卡爾・弗里斯頓（*Karl Friston*）・FRS，
倫敦大學學院神經科學教授

前言

我無法創造出我不了解的事物（What I cannot create, I do not understand.）。

——理查‧費曼，美國理論物理學家

生成式 AI 是現今最具革命性的技術之一，它正在改變我們與機器互動的方式。它具備了徹底改變我們生活、工作和娛樂方式的潛力，這一點已經成為了無數次對談、辯論和預測的熱門主題。但如果這項強大技術還不只這樣呢？如果生成式 AI 的可能性超出我們目前所能想像的呢？生成式 AI 的未來可能比我們以往所想的更加令人雀躍…

我們打從最初就不斷追尋能夠產生具備原創性美麗作品的契機。對早期人類而言，其創作形式就是使用顏料小心翼翼地畫在石面上的各種野生動物與抽象圖案壁畫。浪漫主義時代把柴可夫斯基交響樂這樣的傑作帶來世上，這些音樂能透過聲波來傳達勝利與悲壯的情感，交織起來形成美麗的旋律與和聲。而在近年來，我們發現自己之所以會在午夜時分匆忙跑進書店去買一本巫師魔幻小說，正是因為這些字母組合在一起之後所產生的敘述會吸引我們翻到下一頁來看看書中的英雄到底會有什麼奇遇。

因此，無怪乎人類會有著關於創造力的大哉問：我們能否創造出本身就具有創造力的東西？

這就是生成式 AI 想要回答的問題。隨著近年來各種方法與技術上的最新突破，我們現在已經能讓機器來畫出指定風格的原創畫作、寫出長期性結構完整的流暢文章段落、譜出悅耳的音樂，並透過生成虛擬未來情景來發展出複雜遊戲的致勝策略。這只是生成式革命的開端而已，它使我們別無選擇只能去探索關於創造力如何運作的一些根本性問題，至終則是追尋其對於人類的意義。

總之，現在就是學習生成式 AI 的最佳時機，讓我們開始吧！

目標和方法

本書假設讀者對生成式 AI 沒有任何先備知識。我們將從頭建立所有關鍵概念，以直觀且易於理解的方式進行，所以如果對於生成式 AI 沒有經驗也別擔心。你來對地方了！

除了收錄目前最當紅的技術之外，本書希望能盡量涵蓋各種廣泛的模型家族來成為生成模型的完整指南。客觀而言，不會有某種技術比其他技術更好或更差，事實上，現今許多最厲害的模型都融合了生成模型方法的各方面思想。因此，重點在於跟緊生成式 AI 各領域的發展，而非鎖死於某一種特定的技術。有一點是肯定的：生成式 AI 領域發展一日千里，你永遠不知道下一個突破性想法將從何而來！

基於這一點，我將介紹如何根據自身可掌握的資料來自行訓練生成模型，而非依賴現成的預訓練模型。雖然現在已有許多令人驚豔的開放原始碼生成模型可以下載，也只需要幾行程式碼就能順利運作起來，但本書目的是從基本原理深入探討其架構和設計，好讓你全面理解它們的運作原理，還能使用 Python 和 Keras 從頭編寫每項技術的範例程式。

總之，本書可視為一份理論實務兼顧的最新生成式 AI 領域地圖，囊括了書中文獻所列重要模型的可運作完整範例。我們會逐步說明每一份程式碼，並清楚標示出如何用程式碼去實作每項技術的理論基礎。本書可以從頭讀到尾，也可以作為讓你隨時翻閱的參考書。最重要的是，我希望你會發現它是一本有用且引人入勝的好書！

 本書會看到一些寓言式的故事，有助於解釋後續要建立的一些模型機制。我相信對於全新抽象理論的最好教學方法之一，就是先將其轉換為不那麼抽象的東西，例如一則故事，然後再深入解釋技術。故事和模型說明其實是在兩個不同領域中來闡述同一項機制，因此在學習各模型的技術細節時，回顧相關的故事可能會很有幫助喔！

事前準備

本書假設你已經具備 Python 程式設計的基礎了。如果你對 Python 還不太熟的話，最好的起跑點就是 LearnPython.org（*https://www.learnpython.org*）。網路上也有許多免費資源，能幫助你更快上手 Python 來操作本書範例。

此外，由於有些模型會用到數學符號來描述，對線性代數（例如矩陣乘法）和機率理論有基礎理解是最好的。實用資源之一是 Deisenroth 等人的著作《*Mathematics for Machine Learning*》（*https://mml-boook.com*, Cambridge University Press），該書也可以免費取得。

本書假設讀者對生成模型（第 1 章會介紹關鍵概念）或 TensorFlow 和 Keras（第 2 章會介紹這些函式庫）不具備任何先備知識。

本書架構

本書分為三篇。

第一篇是關於生成模型和深度學習的一般性介紹，將探索後續登場的所有技術的核心概念：

- 第 1 章「生成建模」定義了何謂生成建模，並用一個簡易範例讓你理解所有生成模型中的重要觀念。我們還總結了本書第二篇要介紹的生成模型家族分類。

- 第 2 章「深度學習」中，使用 Keras 建置第一個多層感知器（MLP）範例來介紹深度學習和神經網路。然後我們進行改良來納入卷積層和其他做法，並觀察它們在效能上的差異。

第二篇逐一介紹了建置生成模型的六個關鍵技術，並提供每個技術的實際範例：

- 第 3 章「變分自動編碼器」介紹了變分自動編碼器（VAE），並看看它如何用於生成臉部圖像，以及在模型潛在空間中進行臉部變形。

- 第 4 章「生成對抗網路」談到了生成對抗網路（GAN）如何用於生成圖像，包括深度卷積 GAN、條件 GAN 以及 Wasserstein GAN 這類能讓訓練過程更加穩定的改良方法。

- 第 5 章「自迴歸模型」中把注意力轉到自迴歸模型，包括用於生成文字的遞歸神經網路（例如長短期記憶網路），以及用於生成圖像的 PixelCNN。

- 第 6 章「正規化流模型」中聚焦在正規化流，包括相關技術的直觀理論探索以及如何建置 RealNVP 模型來生成圖像的實務範例。

- 第 7 章「能量模型」中介紹了能量模型，包括使用對比散度進行訓練和使用朗之萬動力學進行抽樣等重要方法。

- 第 8 章「擴散模型」深入介紹了建置擴散模型的實務導引，這類模型驅動著許多最厲害的圖像生成模型，如 DALL.E 2 和 Stable Diffusion。

最後到了第三篇，我們以此為基礎來探索了圖像生成、寫作、作曲以及基於模型的強化學習等等最先進模型的內部運作原理：

- 第 9 章「Transformer」中介紹了 StyleGAN 模型的起源和技術細節，以及其他用於圖像生成的最先進 GAN，例如 VQ-GAN。

- 第 10 章「進階 GAN」則是談到了 Transformer 架構，包括自行打造可生成文字的 GPT 之實務教學步驟。

- 第 11 章「音樂生成」轉個彎來討論音樂生成，包括操作音樂資料的指南以及應用 Transformer 和 MuseGAN 等技術的方法。

- 第 12 章「世界模型」中詳述了生成模型如何應用於強化學習的脈絡中，其中搭配了世界模型和基於 Transformer 的各種方法。

- 第 13 章「多模態模型」介紹了四種最先進的多模態模型之內部運作方式，這些模型都能整合多種類型的資料，包括用於文字 - 圖像生成的 DALL.E 2、Imagen 和 Stable Diffusion，以及 Flamingo 這套視覺語言模型。

- 第 14 章「結語」回顧了生成式 AI 截至目前為止的重要里程碑，並討論了它在未來幾年中將如何改變我們的日常生活。

第二版的改進

感謝本書第一版的所有讀者——我非常高興有這麼多人把它視為有用的資源，並回饋了想在第二版中所想要看到的內容。自從 2019 年第一版發行以來，生成深度學習領域已有大幅進展，因此除了更新現有內容外，我還新增了幾個章節好讓本書內容能跟上最新的技術發展。

以下簡述主要更新的內容，包括各章與整本書的改進：

- 第 1 章多加一段來說明不同類型的生成模型家族，以及它們基於相關性的分類。
- 第 2 章包含了新版示意圖與更詳細的關鍵概念說明。
- 第 3 章的更新內容為加入一個新的可運作範例與對應說明。
- 第 4 章加入了對於條件 GAN 架構的說明。

- 第 5 章加入了用於圖像的自迴歸模型（例如 PixelCNN）之說明。

- 第 6 章是專門介紹 RealNVP 模型的全新一章。

- 第 7 章也是新的一章，重點在介紹朗之萬動力學和對比散度等技術。

- 第 8 章也是全新的一章，介紹驅動了當今許多最先進應用的降噪擴散模型。

- 第 9 章延伸了第一版結論中的內容，更深入地談到了各種 StyleGAN 模型的架構，並加入關於 VQ-GAN 的新材料。

- 第 10 章是全新的一章，詳細探討了 Transformer 架構。

- 第 11 章將第一版中的 LSTM 模型改為現行的 Transformer 架構。

- 第 12 章更新了示意圖與相關敘述，並加入一段來說明這種方法如何影響當今最先進的強化學習技術。

- 第 13 章也是全新的一章，詳細解釋了 DALL.E 2、Imagen、Stable Diffusion 和 Flamingo 等令人印象深刻的模型的工作原理。

- 第 14 章的改寫方向是為了反映自第一版以來相關領域的卓越進展，並對生成式 AI 未來的發展方向給出更宏觀但也更詳細的觀點。

- 我已盡力回應了對第一版提供的所有意見和指出的錯誤。（盡我所能囉！）

- 每章開頭都加入了章節目標，這樣你在閱讀之前就可以看到該章所涵蓋的重要主題。

- 一些寓言故事已用更簡明清晰的方式重新改寫 —— 很高興有這麼多讀者告訴我這些故事能幫助他們更加理解關鍵概念！

- 各章中的標題和副標題已彼此對應，好清楚闡明該章的哪些部分是著重在理論介紹，哪些部分則是說明如何自行建置模型。

其他資源

我強烈推薦以下書籍，它們適合作為機器學習和深度學習的一般性介紹：

- 《*Hands-On Machine Learning with Scikit-Learn, Keras, and TensorFlow: Concepts, Tools, and Techniques to Build Intelligent Systems*》，作者為 Aurélien Géron（O'Reilly 出版），中譯版為《精通機器學習｜使用 *Scikit-Learn, Keras 與 TensorFlow*》（碁峰資訊出版）。

- 《*Deep Learning with Python*》，作者為 Francois Chollet（Manning 出版），中譯版為《*Deep learning 深度學習必讀：Keras 大神帶你用 Python 實作*》（碁峰資訊出版）。

本書中的大多數論文都來自 arXiv（*https://arxiv.org*），這是一個免費的科學研究論文儲存庫。現在，作者在論文完全經過同儕審查之前常常會先把論文發布到 arXiv。閱讀最新的提交論文是了解該領域尖端發展的一種很好的做法。

我還強烈推薦 Papers with Code（*https://paperswithcode.com*）這個網站，你可以在該網站找到各種機器學習任務的最新也最厲害的成果，並附有論文和官方 GitHub 儲存庫的連結。這項資源超棒，想要快速了解哪些技術能在各種任務取得最高分的人都可以使用，它也確實幫我敲定了在本書中要收錄哪些技術。

本書編排慣例

本書使用下列的編排方式：

斜體字（*Italic*）

　　表示新術語、網址、電子郵件地址、檔案名稱和副檔名。中文用楷體表示。

定寬字（Constant width）

　　表示指令與程式清單，以及在文字段落中引用程式元素，例如變數或函式名稱。

定寬斜體字（*Constant width italic*）

　　表示應替換為使用者輸入內容，或應根據上下文所決定的值。

 本圖示代表提示或建議。

 本圖示代表一般說明。

 本圖示代表警告或注意事項。

程式庫

本書的範例程式碼可以在本書 GitHub 儲存庫（*https://github.com/davidADSP/Generative_Deep_Learning_2nd_Edition*）取得。我特意讓這些模型不需要太高的運算資源也能訓練完成，這樣你不必花費大量時間或金錢購買昂貴硬體也能自行訓練模型。儲存庫中有一份關於如何使用 Docker、以及必要時在 Google Cloud 上設置 GPU 雲端資源的詳細說明。

程式庫相較於第一版的修改如下：

- 所有範例現在都能在同一份 ipynb 筆記本中執行，不必再從程式庫中的模組來匯入某些程式碼。這樣你就可以逐個單元格來執行每個範例，深入了解如何一步步建置每個模型。

- 每個 ipynb 筆記本目前的各段落與範例之間大約是一致的。

- 本書許多範例現已運用了 Keras 這套令人驚豔的開放原始碼儲存庫（*https://oreil.ly/1UTwa*）的程式片段——這麼做是為了避免另外弄一個與 Keras 生成式 AI 範例完全無關的開放原始碼儲存庫，因為該網站上已經有非常出色的實作了。我還在本書內文和儲存庫中加入了我從 Keras 網站上使用的程式碼原作者的引用和連結。

- 我加入了新的資料來源並改善了第一版的資料蒐集過程——現在有一份方便執行的腳本，使用了 Kaggle API（*https://oreil.ly/8ibPw*）這類工具從所需的資料來源蒐集資料，以便訓練本書中的範例。

使用範例程式

本書提供了附加材料（程式碼範例、練習等），可在 *https://github.com/davidADSP/Generative_Deep_Learning_2nd_Edition* 下載。

如果你在使用程式碼範例時遇到技術性問題或其他困難，請寫信到 *bookquestions@oreilly.com*。

本書旨在協助你完成工作。一般來說，你可以在自己的程式或文件中使用本書的程式碼而不需要聯繫出版社取得許可，除非你更動了程式的重要部分。例如，使用這本書的程式段落來編寫程式不需要取得許可。但是將 O'Reilly 書籍的範例製成光碟來銷售或發布，就必須取得我們的授權。引用這本書的內容與範例程式碼來回答問題不需要取得許可。但是在產品的文件中大量使用本書的範例程式，則需要我們的授權。

我們會非常感激你在引用它們時標明出處（但不強制要求）。出處一般包含書名、作者、出版社和 ISBN。例如：「*Generative Deep Learning*, 2nd edition, by David Foster (O'Reilly)。Copyright 2023 Applied Data Science Partners Ltd., 978-1-098-13418-1.」。

如果你覺得自己使用範例程式的程度超出上述的允許範圍，歡迎隨時與我們聯繫：*permissions@oreilly.com*。

本書彩圖

書中部分彩色圖片，收錄於 *http://books.gotop.com.tw/download/A748*，供讀者參閱。

致謝

感謝許多人在我撰寫這本書時所給予的幫助。

首先，我要感謝每一位花費寶貴時間進行技術審查的人，特別是 Vishwesh Ravi Shrimali、Lipi Deepaakshi Patnaik、Luba Elliot 和 Lorna Barclay。同樣，感謝 Samir Bico 在審查和測試本書所附的程式庫方面的協助，大家的意見都至關重要。

還要衷心感謝我在 Applied Data Science Partners（*https://adsp.ai*）的同事，包括 Ross Witeszczak、Amy Bull、Ali Parandeh、Zine Eddine、Joe Rowe、Gerta Salillari、Aleshia Parkes、Evelina Kireilyte、Riccardo Tolli、Mai Do、Khaleel Syed 和 Will Holmes。感謝你們在我花時間投入本書時對我展現的耐心，我非常期待未來將一起完成的所有機器學習專案！特別要感謝 Ross，如果我們當年沒有決定要一起創業，這本書可能永遠不會成形，所以感謝你作為商業伙伴對我的信任！

我還要感謝曾經教過我任何數學知識的人——我在學生時期非常幸運地碰到了優秀的數學老師們，他們培養了我對這門學科的興趣，並鼓勵我在大學深入研究它。我想感謝老師們的奉獻和不辭辛勞地與我分享對這個主題的知識。

非常感謝 O'Reilly 工作人員在撰寫本書過程中所給我的指導。特別感謝 Michele Cronin，她在每個階段都給予我寶貴的意見，並不時提醒我繼續完成各章節！同樣感謝 Nicole Butterfield、Christopher Faucher、Charles Roumeliotis 和 Suzanne Huston 將這本書逐步推向完成，以及 Mike Loukides 當初首先聯繫詢問我是否有興趣寫一本書。你們從一開始就對這個專案大力支持，感謝你們提供了一個能讓我寫下我心所愛的平台。

在整趟寫作過程中，家人一直是不斷鼓勵和支持我的泉源。非常感謝我的媽媽 Gillian Foster，她仔細檢查每一行有沒有錯別字，也是最先教我算術加法的人！在校對這本書時，她的細心入微對我助益良多，我真心感激妳和爸爸給予我的所有機會。我的爸爸 Clive Foster 是最初教我如何編寫電腦程式的人——這本書之所以能有這麼實用的範例，這得歸功於我在青少年時期摸索著以 BASIC 開發足球遊戲時，他所給予我的耐心指導。我的兄弟 Rob Foster 是你能找到的最謙虛的天才，尤其在語言學領域——與他討論 AI 與文字式機器學習的未來總是讓我收穫滿滿。最後，我要感謝我的奶奶，她一直是我們全家的靈感和快樂來源。她對文學的熱愛是我最初滿懷期待決定寫一本書的原因之一。

我還要感謝我的妻子 Lorna Barclay。在本書寫作過程中，妳不僅給予我無限的支持和好茶，還仔細檢查這本書的每個字。沒有妳，我無法完成這本書。感謝妳常伴左右讓這段旅程更愉快。我答應妳，至少在這本書出版後幾天的晚餐時光不會再講到生成式 AI 了。

最後，要感謝我們可愛的寶貝女兒 Alina 在撰寫本書的漫漫長夜所帶來的歡樂。妳可愛的笑聲是我打字時最美妙的背景音樂。感謝妳給我這麼多靈感，並時刻提醒我。妳才是真正推動這整個寫作過程的智慧泉源。

認識生成深度學習

本書第一篇會概略介紹生成建模與深度學習——也就是想要入門生成深度學習一定要理解的兩個重點領域！

第 1 章會定義何謂生成建模，並用一個簡單範例來理解適用於所有生成模型的一些關鍵概念。另外也會約略提到生成模型家族的主要分類，這會在本書第二篇深入探討。

第 2 章簡介了建置更複雜生成模型所需的深度學習工具與技術。確切而言，我們會使用 Keras 來建置第一個深度神經網路範例——多層感知器（MLP）。接著延續這個範例來加入卷積層與其他改良做法，並觀察其效能差異。

讀完本書第一篇之後，你會對本書後續所介紹的各項技術之關鍵核心概念有相當扎實的理解。

第一章

生成建模

本章目標

本章學習內容如下：

- 了解生成模型和判別模型之間的關鍵差異。

- 藉由簡單範例來了解生成模型的理想特性。

- 學習生成模型的核心機率觀念。

- 探索不同類型的生成模型家族。

- 取得本書隨附的程式庫，讓你可動手打造各種生成模型！

本章是對生成建模領域的一般性介紹。

我們將從生成模型的理論性介紹開始，接著談一下它與另一個廣泛討論的判別模型在本質上有何不同。然後，我們會建立一個框架來描述一個好的生成模型應該具備的理想特性。還會介紹一些關鍵的機率觀念，這些觀念對於想要理解如何使用不同方法來處理各種生成建模挑戰來說是非常重要的。

一路順順地看到本章倒數第二段，屆時會介紹這個領域主流的六大生成模型家族，並在最後一段說明如何使用本書的程式庫。

什麼是生成建模？

生成建模的廣義定義如下：

> 生成建模是機器學習的一個分支，其中所訓練出的模型必須能夠產生與給定
> 資料集相似的全新資料。

這在實務上代表著什麼呢？假設我們有一個包含許多馬匹照片的資料集。我們可以根據
這個資料集來訓練一個生成模型，要求它去擷取馬匹圖像像素之間的複雜關係規則。然
後，我們就能對這個模型抽樣來產生全新又逼真、而且不存在於原始資料集中的馬匹圖
像。這個過程請參考圖 1-1。

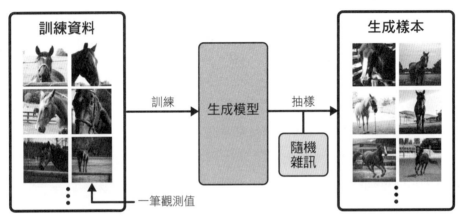

圖 1-1　訓練生成模型來生成逼真的馬匹照片

為了建置一個生成模型，我們需要一個資料集，其中包含了許多想要生成的實體範例。
這稱為訓練資料，而其中的一個資料點則稱為觀測值（*observation*）。

每個觀測值由許多特徵（*feature*）組成。對於圖像生成問題，這些特徵通常是個別的像
素值；但如果是文字生成問題，特徵可以是一個單詞或一些字母。我們的目標是建立一
個可以生成全新特徵的模型，這些特徵就好像是根據與原始資料相同的規則來產生的。
觀念上來說，要生成這樣的圖像可說是不可能的任務，因為考量到個別像素值的指派方
式這必然是天文數字，但要能夠構成我們所要模擬實體的方式卻又少得驚人。

生成模型必須是機率性（*probabilistic*），而不是決定性（*deterministic*），因為我們希望能夠讓輸出具備多種不同的變化，而非每次都得到相同的結果。如果我們的模型只是某個固定的算式，例如把訓練資料集的所有像素值取平均，這就談不上是生成了。生成模型必定會包含某種隨機元素來影響模型所生成的個別樣本。

換言之，我們可想像有個未知的機率分配來決定為什麼有些圖像比較容易在訓練資料集中找到，而其他則無法。我們的目標是建置一個能夠盡量模仿這個分配的模型，並從中抽樣來生成全新且獨一無二的觀測值，看起來如同它們原本就屬於原始訓練資料集一樣。

生成建模與判別建模

為了真正理解生成建模的目標和其重要性，將其與對應的判別建模（*discriminative modeling*）進行比較是很有用的。如果你已學過機器學習，之前所遇到的大多數問題可能都是判別性的。為了理解這種差異，來看看以下範例吧。

假設我們有一個繪畫資料集，其中一些是梵谷的作品，其他則是其他藝術家的作品。只要資料量足夠，我們就能訓練一個判別模型來預測某張畫的作者是否就是梵谷。這個模型將有可能學會某些顏色、形狀和紋理，足以指出某張畫作是否出自這位荷蘭大師之手，而只要遇到具備這些特徵的畫作時，模型也會相應地調高其預測結果的權重。圖 1-2 是判別建模的處理流程──請觀察它與圖 1-1 中的生成模型流程的不同之處。

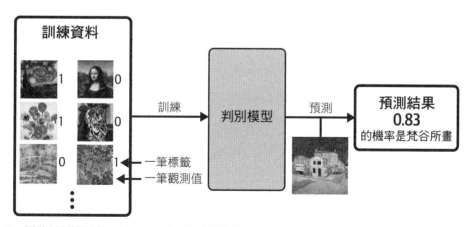

圖 1-2　訓練判別模型來預測指定圖像是否由梵谷所畫

在進行判別建模時，訓練資料中的每個觀測值都有一個標籤（*label*）。對於像上述藝術家鑑別這樣的二元分類問題來說，梵谷的畫作會被標註為 1，而非梵谷的畫作則被標註為 0。這樣一來，模型就能接續學習如何區分這兩組資料，並輸出一個機率值來表示它認為某筆新觀測值為標籤 1 的機率——也就是這幅畫是出自梵谷的機率。

相較之下，生成建模不需要已標註好的資料集，因為它的重點在於如何生成全新的圖像，而非試著去預測指定圖像的標籤。

接著用數學符號來正式定義這些建模類型：

判別建模會去估計 $p(y \mid \mathbf{x})$。

也就是說，判別建模的目標是找出給定某個觀測值 $\mathbf{x}$ 的情況下，標籤為 y 的機率。

生成建模會去估計 $p(\mathbf{x})$。

也就是說，生成建模的目標是找出某個觀測值 $\mathbf{x}$ 的機率。對這個分配中進行抽樣就能生成新的觀測值。

條件生成模型

請注意，我們也可以建立一個生成模型來建模條件機率 $p(\mathbf{x} \mid y)$——也就是觀察到某個觀測值 $\mathbf{x}$ 的標籤為 y 的機率。

例如，如果資料集中包含了不同類型的水果，就能要求生成模型專門去生成一張蘋果的圖像。

需要注意的一點是，即使我們能夠建立一個完美的判別模型來辨識梵谷畫作，它還是不知道如何產生一幅如同出自梵谷之手的畫作。它只能輸出針對既有圖像的機率，因為它就是被訓練來做這件事的。因此還需要訓練一個生成模型，再對這個模型來抽樣就很有機會生成看起來屬於原始訓練資料集的圖像。

生成建模的崛起

時至今日，判別建模一直是機器學習大幅進展的推動主力。這是因為對於任何鑑別性問題來說，對應的生成建模問題通常更難解決。例如，要訓練一個模型來預測一幅畫的作者是不是梵谷，要比從頭開始訓練一個能生成梵谷風格畫作的模型來得簡單太多了。

同樣地，要訓練一個模型來預測一段文字是否是查爾斯‧狄更斯所寫，要比建立一個能夠生成一段狄更斯風格文章的模型來得更加容易。直到最近，大多數生成性挑戰都是無法實現的，許多人甚至懷疑它們是否真的能被解決。創造力一直以來都被視為是完全專屬於我們人類的能力，AI 完全無法比肩。

然而，隨著機器學習技術的成熟，這種假設已逐漸崩解。過去十年來，這個領域中許多最有趣的進展都是關於如何將機器學習應用於生成建模任務的各種新方法。例如，圖 1-3 是人臉圖像生成從 2014 年以來的驚人進展。

圖 1-3　生成建模應用於人臉生成技術在過去十年中已有大幅改進（Brundage et al., 2018）[1]

除了容易處理之外，判別建模向來也比生成建模更被廣泛應用於各產業的實務問題上。例如，醫生有可能借助一個能夠預測指定視網膜圖像是否呈現出青光眼跡象的模型，但如果換成能夠生成全新眼球後側圖像的模型就不一定有這個必要了。

然而，就算是這種情況也開始變化了，針對特定業務問題提供生成服務的公司已如雨後春筍般激增。例如，現在已可透過 API 來根據指定主題生成原創部落格文章、以任何你想得到的設定來生成各種產品圖像，或者撰寫符合品牌和目標訊息的社交媒體內容和廣告文案。生成式 AI 在遊戲設計和電影製作等產業中也已有了明確的積極應用，其中已訓練了各種能為產業加值的影片與音樂生成模型。

生成建模與 AI

除了生成建模的實際應用（其中許多還有待探索）之外，還有三個更深層的原因說明了為什麼生成建模會被視為解開更複雜形式 AI 的關鍵所在，並已超越了單純仰賴判別建模所能實現的範疇。

首先，單純就理論觀點出發，機器訓練不應該只限於將資料分門別類。為了完整性，還應該關注如何訓練模型使其能夠超越任何特定標籤，好對資料分配有更全面的理解。由於可行輸出空間的高維度和可被納入資料集的創作數量相對更少，這無疑是一個更難解決的問題。然而正如後續會談到的，許多推動著判別建模發展的相同技術，例如深度學習，也可被生成模型所運用。

其次，正如第 12 章會介紹的，生成建模現在已被用於推動 AI 其他諸多領域的進展，例如強化學習（透過試誤法教導代理如何在環境中針對特定目標最佳化的研究）。假設我們想要訓練機器人在某種地形上行走。傳統的方法是在某種地形，或是該地形的電腦模擬來執行多次實驗，並在其中讓代理嘗試不同的策略。經過一段時間之後，代理將學會哪些策略比其他策略更成功，從而逐漸改進。這種方法的問題之一是彈性不高，因為它原本就是被訓練來最佳化特定任務的策略。最近受到廣泛關注的一種替代方法是使用生成模型來訓練代理去學習環境的世界模型，使其不再侷限於任何特定任務。代理可在自己的世界模型中測試各種策略來快速適應新任務，而不需要在真實環境中測試，這樣做通常會有更好的運算效率，並且不需要為每個新任務從頭重新訓練。

最後，如果我們真的要宣稱已經做出了一台具有與人類相當的智慧形式的機器，生成建模必然是解決方案之一。自然界中最精緻的生成模型就是正在閱讀本書的你。花點時間想想，就能明白你是一個超厲害的生成模型。閉上眼睛，想像從任何可能的角度去看著一頭大象。你可對最喜歡的電視節目勾勒出各種不同的結局、你可在腦海中規劃下一週要做些什麼並據此採取行動。目前的神經科學理論表明，我們對現實的感知並不是一個運用感官輸入來預測自身體驗的超複雜判別模型，反之它是一個生成模型，這模型從我們一出生就不斷被訓練著，目標是模擬出能夠準確符合未來周遭環境。某些理論甚至認為，這個生成模型的輸出就是我們所直接感知到的現實。顯然，深入了解如何做出具備這種能力的機器，將會是日後腦科學與通用性 AI 研究的關鍵。

第一個生成式模型

有了這樣的概念之後，就要啟程前往生成建模的奇幻世界了。首先，先來看看生成模型的簡單範例並介紹一些觀念，這有助於我們理解本書後續會談到的一些更複雜的架構。

Hello World!

讓我們從一個只有兩個維度的生成建模遊戲開始吧。我設定了一個規則來生成圖 1-4 中的點集合 **X**，這個規則稱為 p_{data}。你的挑戰是在這個空間中選出一個新的點 $\mathbf{x} = (x_1, x_2)$，使其看起來也是根據相同的規則所生成的。

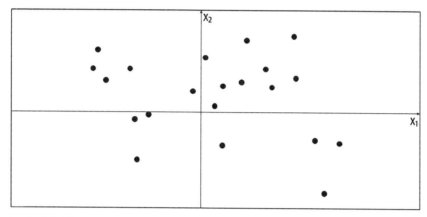

圖 1-4　由一個未知規則 p_{data} 生成的二維點集合

你選擇了哪個位置呢？你可能運用對於現有資料點的理解來建立一個心智模型 p_{model}，並用它來描述這些點可能會出現在空間中的何處。就這點而言，p_{model} 是對 p_{data} 的一個估計值。也許你決定讓 p_{model} 看起來像圖 1-5 一樣——一個其中可能會出現資料點的矩形框，而框外區域則不可能出現任何點。

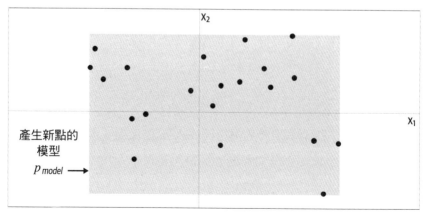

圖 1-5　橘色框 p_{model} 是真實資料生成分配 p_{data} 的一個估計值

要生成一個新觀測值的話,你可以在框內隨機選擇一個點,或者更正式地說,對 p_{model} 這個分配進行抽樣。恭喜,你剛剛建立了第一個生成模型!你已使用訓練資料(黑色點)來建置了一個模型(橘色區域),你可以輕鬆地從中抽樣來生成更多看起來屬於訓練集的點。

現在,讓我們將這種思維形式轉換為框架,好幫助我們理解生成建模所要實現的目標。

生成建模框架

我們可透過以下框架來概括出建立生成模型的動機和目標。

生成建模框架

- 有一個由觀測點 **X** 所組成的資料集。

- 假設這些觀測資料是根據某個未知分配 p_{data} 所生成的。

- 我們要建置一個生成模型 p_{model} 來模仿 p_{data}。如果這個目標達成了,就能對 p_{model} 抽樣,藉此生成看起來像是來自 p_{data} 的觀測資料。

- 因此,p_{model} 的理想特性包括:

準確率

　　如果 p_{model} 對於某個生成觀測資料的準確率較高,那麼該點看起來應該像是從 p_{data} 中抽取的。如果較低,那麼該點看起來就不會太像是從 p_{data} 中抽取的。

生成

　　應該可以輕鬆地對 p_{model} 抽樣來生成新的觀測資料。

表示

　　應該可以理解 p_{model} 如何表示資料中的不同高階特徵。

現在來揭曉真實的資料生成分配 p_{data},並看看如何把這個框架應用於這個例子。從圖 1-6 中可以看出,資料生成規則只是針對世界陸地上的均勻分配,海洋中不會出現任何點。

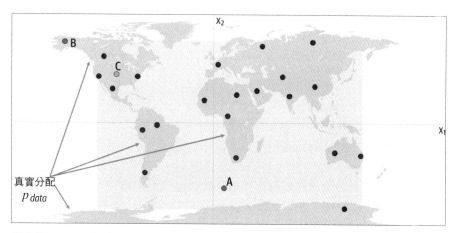

圖 1-6　橘色框 p_{model} 是對真實資料生成分配 p_{data}（灰色區域）的一個估計值

顯然，我們的模型 p_{model} 對於 p_{data} 來說是過度簡化了。我們可以檢查點 A、B 和 C 來看看這個模型對於準確模擬 p_{data} 的成功和失敗之處。

- 點 A 是由我們的模型生成的觀測資料，但它看起來並不像是由 p_{data} 生成的，因為它位於海洋中央。

- 點 B 絕對不可能由 p_{model} 生成，因為它位於橘色框之外。因此，我們的模型在生成觀測資料的整體可能範圍方面存在一些瑕疵。

- 點 C 是一個可以由 p_{model} 或 p_{data} 生成的觀測資料。

儘管不太完美，但由於這個模型只是一個在橘色框內的均勻分配，所以要對其抽樣是很容易的。我們很輕鬆就能從框內隨機選擇一個點來抽樣。

此外我們可以確定這個模型是針對底層複雜分配的簡單表示，這些分配負責擷取某些潛在的高階特徵。真正的分配被切分為大量陸地（大陸）和沒有陸地（海洋）等區域。這也是我們所建立模型的一個高階特徵，差別在於該模型只有一個超大型大陸，而不是多個。

這個例子說明了生成建模背後蘊含的基本概念。本書後續會介紹更複雜和更高維度的問題，但處理問題的基本框架都是一樣的。

表示學習

在此值得深入探討何謂學習高維度資料的表示（*representation*），因為這個主題會在本書中常常出現。

假設你想對某位在人群中尋找你的人描述你的外貌，而且對方不知道你長什麼樣子。你一開始絕對不會去指出照片中每個像素的顏色，例如像素 1、2 然後 3 這樣。反之，你會合理假設對方對於一般人的外貌已具備了基本的觀念，然後根據描述各組像素的特徵來修正這個基準，例如我的髮色超級金或我戴眼鏡。只需要大約十個這樣的描述，對方就能將這些描述映射回像素並在腦海中形成你的圖像。這個圖像可能不夠完美，但已足夠接近你的實際外貌，讓對方即使素未謀面也能在數百人中找到你。

這就是表示學習（*representation learning*）的核心思想。我們不直接對高維度樣本空間建模，而是使用某個低維度潛在空間來描述訓練集中的每筆觀測資料，然後學習出一個映射函數來把潛在空間中的點映射回原始領域中的某一點。換句話說，潛在空間中的每個點都是某個高維度觀測資料的表示。

這在實務上代表什麼呢？讓我們來看看一個包含許多餅乾罐的灰階圖像資料集（圖 1-7）。

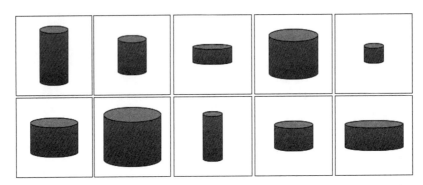

圖 1-7　餅乾罐資料集

對我們來說，不難看出只要兩個特徵就能唯一地表示出每個餅乾罐：罐子的高度和寬度。換言之，即使訓練資料集的圖像是在高維度像素空間中所提供的，我們還可以將每個餅乾罐的圖像轉換為某個二維潛在空間中的一個點。值得注意的是，這還暗示了只要對潛在空間中的新點應用合適的映射函數 f，就能生成原本不存在於訓練集中的罐子圖像，如圖 1-8。

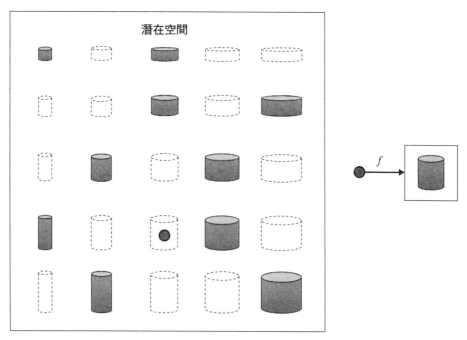

圖 1-8　餅乾罐的 2D 潛在空間和將潛在空間中的點映射回原始圖像領域的函數 f

要讓機器理解到竟然能用更簡單的潛在空間來描述原始資料集不是件容易的事——它首先需要確定高度和寬度是最能描述這個資料集的兩個潛在空間維度，然後試著學會能將潛在空間中的點映射到某個灰階餅乾罐圖像的映射函數 f。機器學習（具體來說是深度學習）能讓機器在沒有人類指導的情況下，經過訓練來找出這些複雜關係。

運用潛在空間來訓練模型的好處之一是，對於圖像高階屬性的相關運算，可改為操作在更易於管理之潛在空間中的表示向量來達成。例如，如何調整每個像素的陰影來讓餅乾罐的圖像變高，這在像素空間中的做法並不明顯。然而，在潛在空間中，只要增加高度的潛在維度再運用映射函數使其回到圖像領域即可。下一章就會介紹一個具體的範例，但不再應用於餅乾罐而是應用於人臉。

將訓練資料集編碼到潛在空間中以便從中抽樣，之後再將點解碼回原始領域，這個概念普遍見於許多生成建模技術中，本書後續章節會再進一步介紹。就數學觀點來說，編碼器-解碼器技術會試著把資料所在（例如像素空間）的高度非線性流形（manifold）轉換為另一個方便抽樣的簡易潛在空間，使得潛在空間中的任何一點都有可能是一個成形良好的圖像表示，如圖 1-9。

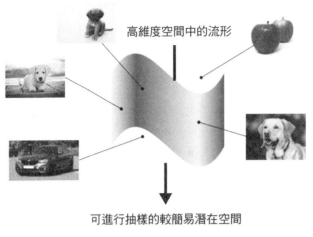

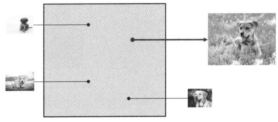

圖 1-9　在高維像素空間中，狗的流形被映射到另一個可對其抽樣的更簡易潛在空間之中

核心機率理論

我們已經知道生成建模與機率分配的統計建模彼此是密切相關的，因此現在有必要介紹一些核心的機率和統計觀念，本書後續將運用這些觀念來解釋每個模型的理論背景。

如果你從未學過機率或統計，別擔心。不需要深入理解統計理論也能順利做出本書中的許多深度學習模型。然而，為了充分理解我們所要解決的任務，對於基本機率理論的扎實理解還是值得好好努力一下。這樣一來，你對於本章後續要登場的各種不同生成模型就打好不錯的基礎了。

第一步要定義一些關鍵名詞，並將每個詞與先前的生成模型範例串起來，該模型運用了兩個維度來建模世界地圖：

樣本空間

樣本空間是觀測點 **x** 可取得的所有值之完整集合。

在先前的範例中，樣本空間包含了世界地圖上的所有緯度和經度點 **x** = (x_1, x_2)。例如，**x** = (40.7306, –73.9352) 是樣本空間（紐約市）中屬於真實資料生成分配的某一點。而 **x** = (11.3493, 142.1996) 則是樣本空間中不屬於真實資料生成分配的另一點（因為它位於海上）。

機率密度函數

機率密度函數（或簡稱密度函數）是指能把樣本空間中的點映射為一個介於 0 到 1 之間數值的函數 $p(\mathbf{x})$。這個機率密度函數在樣本空間中對所有點的積分結果必須等於 1，這樣才能確認它是一個明確定義的機率分配。

在世界地圖的範例中，該生成模型的機率密度函數在橘色框之外為 0，在框內則為常數，因此機率密度函數在整個樣本空間上的積分等於 1。

雖然在此假設只有一個真實的機率密度函數 $p_{data}(\mathbf{x})$ 被用於生成出可觀察的資料集，但實際上能被用於估計 $p_{data}(\mathbf{x})$ 的機率密度函數 $p_{model}(\mathbf{x})$ 可有無窮多個。

參數建模

參數建模是一種尋找合適 $p_{model}(\mathbf{x})$ 的結構化方法。參數模型是指可藉由有限數量參數 θ 來描述的一系列密度函數家族 $p_\theta(\mathbf{x})$。

如果把這個模型家族假設為一個均勻分配，那麼在圖 1-5 中的所有可能框的集合就是一個參數模型的範例。這種情況下共有四個參數：框的左下角座標 (θ_1, θ_2) 和右上角座標 (θ_3, θ_4)。

因此，這個參數模型中的每個密度函數 $p_\theta(\mathbf{x})$（即每個框）就能用四個數字 $\theta = (\theta_1, \theta_2, \theta_3, \theta_4)$ 來唯一表示。

似然

參數集 θ 的似然 $\mathcal{L}(\theta|\mathbf{x})$ 是在指定一系列觀測點 **x** 之後，用於衡量 θ 合理性的函數，定義如下：

$$\mathcal{L}(\theta|\mathbf{x}) = p_\theta(\mathbf{x})$$

也就是說，給定某些觀測點 $\mathbf{x}$ 之後，θ 的似然就會被定義為在點 $\mathbf{x}$ 並經由 θ 參數化的密度函數值。如果有一個完整的獨立觀測資料集 $\mathbf{X}$，則可寫成：

$$\mathcal{L}(\theta|\mathbf{X}) = \prod_{\mathbf{x} \in \mathbf{X}} p_\theta(\mathbf{x})$$

 在世界地圖範例中，只覆蓋地圖左半部橘色框的似然為 0——由於我們已經在地圖右半部觀察到了一些點，所以它不可能生成資料集。圖 1-5 中橘色框的似然為正值，因為在此模型中，密度函數對所有資料點的結果皆為正值。

由於大量 0 到 1 之間的乘積可能會造成計算上的困難，通常會改用對數似然（*log-likelihood*）ℓ 來表示：

$$\ell(\theta|\mathbf{X}) = \sum_{\mathbf{x} \in \mathbf{X}} \log p_\theta(\mathbf{x})$$

似然之所以這樣定義有其統計學上的原因，但也不難看出其脈絡。一組參數 θ 的似然可被定義為：當真實資料生成分配是由 θ 所參數化的模型的前提下，觀察到資料的機率。

 請注意，似然是參數的函數，而非資料的函數。它不應該被解釋為指定參數集合是否為正確的機率，換句話說，它不是參數空間上的機率分配（代表它不對參數求和或積分為 1）。

直觀上來說，參數建模的重點在於找出參數集合中的最佳值 $\hat{\theta}$，藉此最大化觀測資料集 $\mathbf{X}$ 的似然。

最大似然估計

最大似然估計是一種估計的技術——密度函數 $p_\theta(\mathbf{x})$ 的一組參數 θ，對於某些觀測資料 $\mathbf{X}$ 能有最好的解釋能力。更為正式的表示法如下：

$$\hat{\theta} = \underset{\mathbf{x}}{\arg\ \max} \ell(\theta|\mathbf{X})$$

$\hat{\theta}$ 也稱為最大似然估計（*maximum likelihood estimate*, MLE）。

在世界地圖範例中，MLE 是指可納入訓練資料集中所有點的最小矩形。

神經網路基本就是把損失函數最小化，因此可將其視為找出能夠最小化負對數似然的一組參數：

$$\hat{\theta} = \arg\min_{\theta}(-\ell(\theta|\mathbf{X})) = \arg\min_{\theta}(-\log p_{\theta}(\mathbf{X}))$$

生成建模可視為最大似然估計的一種形式，其中參數 θ 是模型中的神經網路權重。我們試圖找到這些參數的值好讓觀察指定資料的似然最大化（換言之就是負對數似然最小化）。

然而對於高維度問題來說，直接計算 $p_{\theta}(\mathbf{x})$ 通常是不可行的 —— 也就是難解（*intractable*，譯註：計算難度太高）。下一段就會談到，不同類型的生成模型針對這個問題已有各自的解決方法。

生成模型分類

儘管所有類型的生成模型最終都是要解決相同的任務，但它們針對密度函數 $p_{\theta}(\mathbf{x})$ 則各自有不同的建模方法。大致上可分成三種：

1. 對密度函數進行明確建模，但以某種方式去限制模型好讓密度函數是可處理的（也就是可計算的）。

2. 對密度函數的可處理近似結果進行明確建模。

3. 對密度函數進行隱式建模，做法是運用可直接生成資料的某個隨機過程。

圖 1-10 是整個分類結果，也納入了本書第二篇會談到的六大生成模型家族。請注意，這些家族並非彼此獨立——有很多模型混用了兩種不同的方法。你應該將這些家族視為生成建模的各種一般性方法，而不是明確的模型架構。

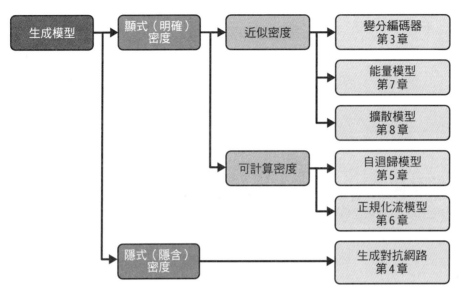

圖 1-10　生成建模方法的分類

首先可根據機率密度函數 $p(\mathbf{x})$ 將生成模型分為兩大類：顯式建模和隱式建模。

隱式密度模型的目標並非是去估計機率密度，而只專注於直接生成資料的隨機過程。最著名的隱式生成模型範例就是生成對抗網路（*generative adversarial network, GAN*）。我們可以進一步將顯式密度模型再分為直接對其機率密度函數（可處理模型）進行最佳化，和只對其近似進行最佳化。

可處理模型（*tractable model*）會對模型結構加入一些限制好讓密度函數更易於計算。例如，自迴歸模型會對輸入特徵進行排序，以便依序生成輸出，例如逐詞或逐像素生成。正規化流模型則是對簡單分配應用一系列可處理且可逆的函數，藉此生成更複雜的分配。

近似密度模型（*approximate density model*）包含了變分自動編碼器，導入了潛在變數並針對聯合機率密度函數的近似結果進行最佳化。能量模型也運用了近似方法，但實作方式改用馬爾可夫鏈抽樣而非變分方法。擴散模型對密度函數的近似方式則是訓練一個對已破壞圖像逐步降噪的模型來達成。

所有生成模型家族類型的共同特點是深度學習。幾乎所有複雜的生成模型都以深度神經網路為核心，因為它們可以從頭開始訓練來學習資料結構中的複雜關係，而不需要事先編碼資訊。第 2 章就會談到深度學習，並提供實際範例來介紹如何自行建置深度神經網路。

生成深度學習程式庫

本章最後一段將介紹本書所附的程式庫，讓你能夠開始建置各種生成深度學習模型。

 本書中許多範例都是從 Keras 網站（*https://oreil.ly/1UTwa*）所提供的優秀開放原始碼實作改寫而來的。我非常推薦你去看看這份資源，會不斷加入新的模型和範例。

複製儲存庫

首先，你需要複製 Git 儲存庫。*Git* 是一套開放原始碼的版本控制系統，它允許你將程式碼複製到本地端，以便在自己的機器上或雲端環境中執行筆記本。你可能已經安裝好 Git 了，如果還沒裝好的話，請根據對應於你所用作業系統的說明來操作即可（*https://oreil.ly/tFOdN*）。

要複製本書的儲存庫，請切換到你想要儲存檔案的資料夾，然後在終端機中輸入以下指令：

```
git clone https://github.com/davidADSP/Generative_Deep_Learning_2nd_Edition.git
```

現在應可在你的機器上看到這些檔案了。

使用 Docker

本書的程式庫需與 *Docker* 搭配使用，Docker 是一個免費的容器化技術，無論你的架構或作業系統如何，都可以輕鬆開始使用新的程式庫。如果你從未使用過 Docker，不用擔心——在本書儲存庫的 *README* 文件中有入門教學。

在 GPU 上運行

如果你手邊的裝置沒有 GPU 也沒問題！本書所有範例都可以在 CPU 訓練完成，但訓練時間當然會比有 GPU 的機器來得更久。*README* 文件中還有專門一段來說明如何設定 Google Cloud 環境，能按照計時付費的方式來使用 GPU。

總結

本章介紹了生成建模領域,這是機器學習中的一項重要分支,與更廣泛研究的判別建模彼此互補。我們也談到了生成建模為何是目前 AI 研究中最活躍和最令人興奮的領域之一,不論是理論或應用方面都有許多最新進展。

我們從一個簡單範例開始,看看生成建模至終如何達成對資料的潛在分配進行建模。這帶來了許多複雜又有趣的挑戰,我們會把這些挑戰整理成一個有助於理解任何生成模型所需之理想特性的框架。

然後,我們詳細介紹了關鍵的機率觀念,這些觀念有助於充分理解生成建模各種方法的理論基礎,並列出了本書第二篇要介紹的六種不同類型的生成模型家族。我們還看到了如何複製 GitHub 儲存庫來開始操作本書範例程式庫。

第 2 章會開始探索深度學習,並了解如何使用 Keras 建置能完成建模任務的模型。這將為在後續章節中解決各種生成深度學習問題提供必要的基礎。

參考文獻

1. Miles Brundage et al., "The Malicious Use of Artificial Intelligence: Forecasting, Prevention, and Mitigation," February 20, 2018, *https://www.eff.org/files/2018/02/20/malicious_ai_report_final.pdf*.

深度學習

本章目標

本章學習內容如下：

- 認識可運用深度學習來建模的各種非結構化資料。

- 定義深度神經網路並了解如何用於建模複雜的資料集。

- 建置一個多層感知器來預測圖像內容。

- 使用卷積層、dropout 層和批正規化層來提高模型效能。

讓我們先從深度學習的基本定義開始：

> 深度學習是機器學習演算法的類別之一，它是由**多個處理單元所組成的層彼此堆疊起來**，好從**非結構化**資料中學習高階表示。

為了充分理解深度學習，我們需要進一步深入討論這個定義。首先要談談深度學習可建模的各種不同類型之非結構化資料，然後要詳細說明如何建置多個彼此堆疊的處理單元層來解決分類任務。這將為後續章節內容打好基礎，到時候再專注於把深度學習應用於各種生成任務。

深度學習的資料

許多類型的機器學習演算法都需要以結構化表格資料作為輸入，這些資料按照特徵列的方式排列，而特徵則是用於描述每個觀察結果。例如，年齡、收入和上個月的網站訪問

次數都是有助於預測某人是否會在下個月續訂特定線上服務的特徵。把這些特徵整理為結構化表格就可以訓練邏輯迴歸、隨機森林或 XGBoost 模型來預測二元回應變數──某人訂閱（1）或未訂閱（0）？每筆特徵在此都包含了觀察結果的寶貴相關資訊，模型將學習這些特徵如何相互作用來影響回應結果。

非結構化資料指的是任何不是以特徵列排列的資料，例如圖像、聲音和文字。當然，圖像具有空間結構，錄音或文字則具有時間結構，而影片資料則兩者都有，但由於上述資料並非按照特徵列的方式呈現，因此將其視為非結構化資料，如圖 2-1。

圖 2-1　結構化資料和非結構化資料的差異

當資料以非結構化呈現時，單個像素、頻率或字元幾乎無法包含任何資訊。例如，知道某張圖像的第 234 個像素是泥濘的棕色無助於辨識這張圖像是一座房子還是一隻狗，或是知道句子的第 24 個字元是 "*e*" 也無助於預測這段文字是在講足球還是政治。

像素或字元實際上只是鑲嵌在畫布某處的較高階資訊特徵（例如煙囪圖像或單詞 "前鋒（*strike*）"）。如果煙囪被改到房子的另一邊，這張圖像中還是有一個煙囪，但這個資訊現在改由另一組完全不同的像素來傳遞。如果單詞 "前鋒（*strike*）" 在一段文字中出現得早一點或晚一點，這段文字還是與足球有關，但改由不同的字元位置來提供這個資訊。資料粒度與空間的高度依賴性兩者結合之後，就會破壞像素或字元作為獨立資訊特徵的概念。

因此，如果用原始像素值來訓練邏輯迴歸、隨機森林或 XGBoost 模型，除了最簡單的分類任務外，訓練後的模型表現通常不會太好。上述模型仰賴輸入特徵具有一定程度的資訊且沒有空間相依性。另一方面，深度學習模型可以直接從非結構化資料中自行學會如何建立高階的資訊特徵。

深度學習當然也可以應用於結構化資料，但它的真正威力——尤其是考量到生成建模方面——在於它處理非結構化資料的能力。多數狀況下，我們希望生成非結構化資料，例如全新的圖像或一段原創性文字，這就是為什麼深度學習會對生成建模領域有如此深遠影響的原因。

深度神經網路

多數的深度學習系統都是指具備多個堆疊隱藏層的類神經網路（*Artificial Neural Network*，簡稱 ANN 或神經網路）。正因如此，深度學習現在與深度神經網路幾乎畫上了等號。然而，任何使用多個層來學習輸入資料高階表示的系統也屬於某種形式的深度學習（例如，深度信念網路）。

首先要解釋神經網路到底是什麼，接著說明它們如何從非結構化資料中學習高階特徵。

什麼是神經網路？

神經網路是由一連串彼此堆疊的層所組成。每層又包含了許多單元，這些單元透過一組權重與上一層的單元相連。後續會談到，有許多不同類型的層，但其中最常見的是全連接（或密集）層，它會把該層中的所有單元直接連接到上一層的每個單元。

所有相鄰層都彼此完整連接的神經網路稱為多層感知器（*multilayer perceptrons*, MLP）。這是我們要學習的第一種神經網路。圖 2-2 是一個 MLP 範例。

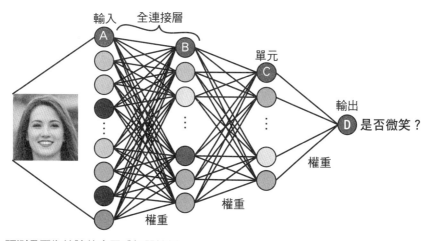

圖 2-2　預測是否為笑臉的多層感知器範例

輸入（例如一張圖像）會依次透過每個層並進行轉換，這稱為透過網路的正向傳播（*forward pass*），一直到達輸出層為止。具體而言，每個單元會對其輸入的加權總和進行非線性轉換，並將輸出傳遞到下一層。最終的輸出層就是這個過程的結果，會用一個單元輸出一個數值來代表原始輸入屬於某個特定類別（例如，是否微笑）的機率。

深度神經網路的神奇之處在於它能針對每層找出可以做出最準確預測的一組權重。找到這些權重的過程就是所謂的訓練網路。

在訓練過程中，會讓圖像以批次方式透過網路，並比較預測輸出與真實狀況。例如，對於一張真正笑臉的圖像，網路輸出的機率值可能為 80%，若是不微笑的臉，則可能只有 23%。對於這類範例來說，完美的預測應該不是 100% 就是 0%，因此實際上是有一點誤差的。然後，預測中的誤差會反向送回網路，並根據最能夠改善預測的方向來微調各組權重。這個過程稱為反向傳播（*backpropagation*）。這樣一來，每個單元會逐漸擅長去辨識出某個特徵，最終有助於網路做出更好的預測。

學習高階特徵

神經網路之所以如此強大，關鍵特性在於它們無須人類指導就能從輸入資料中學會各種特徵。換句話說，我們不需要進行任何特徵工程，這就是為什麼神經網路如此好用！我們可以讓模型自行決定要如何安排權重，過程中只由預測誤差最小化這個原則來引導。

來看看圖 2-2 的網路，假設它已經被訓練得能夠準確預測所輸入的臉部圖像是否為笑臉：

1. 單元 A，接收輸入像素的單一顏色通道數值。

2. 單元 B，結合其輸入值，在出現特定低階特徵（例如邊緣）時會有最強的觸發。

3. 單元 C，組合低階特徵，在圖像中出現較高階的特徵（例如牙齒）時會有最強的觸發。

4. 單元 D，結合高階特徵，在原始圖像中的人臉微笑時會有最強的觸發。

後續各層中的單元可結合前一層的低階特徵來表示比原始輸入中再複雜一點的觀點。厲害的是，這是訓練過程中自然產生的——我們無須告訴每個單元要去找什麼，或者應該去搜尋高階特徵還是低階特徵。

在輸入層和輸出層之間的所有層都稱為隱藏層。雖然本範例只有兩個隱藏層，但深度神經網路可以包含更多層。堆疊許多層之後，就能讓神經網路從先前層的低階特徵中逐漸累積的資訊來學習更加高階的特徵。例如，針對圖像識別所設計的 ResNet[1] 就有 152 個層。

接下來要直闖深度學習的實務面，動手設定 TensorFlow 和 Keras 以便你可以自行建置深度神經網路。

TensorFlow 與 Keras

TensorFlow（*https://www.tensorflow.org*）是由 Google 開發的機器學習開放原始碼函式庫。TensorFlow 是建置機器學習解決方案最常用的框架之一，特別著重於張量（tensor）相關運算（也因此得名）。它提供了訓練神經網路所需的各種低階功能，例如計算任意可微分表達式的梯度，以及高效率執行張量運算。

Keras（*https://keras.io*）是一個建立在 TensorFlow 之上的高階神經網路建置 API（圖 2-3）。它非常靈活又易用，是深度學習入門的理想選擇。此外，Keras 透過其功能性 API 提供了許多有用的建置模組，將它們組合起來就能打造出超級複雜的深度學習架構。

圖 2-3　TensorFlow 和 Keras 是建置深度學習解決方案的絕佳工具

如果你才剛開始學習深度學習，我強烈推薦使用 TensorFlow 和 Keras。這麼做將可讓你在生產環境中建置出任何所能想到的網路，同時還提供了易學易用的 API 以便更快開發新的想法和概念。首先來看看使用 Keras 建置多層感知器有多簡單吧。

多層感知器（MLP）

本段將使用監督式學習來訓練一個能夠分類指定圖像的 MLP。監督式學習是一種機器學習演算法，會運用已標記的資料集來訓練電腦。換句話說，用於訓練的資料集所包含的輸入資料還具備了對應的輸出標籤。演算法的目標是學習輸入資料和輸出標籤之間的映射關係，以便它能對未見過的全新資料進行預測。

MLP 是一種判別模型（而不是生成模型），但在本書後面將探索的各類生成模型中，監督式學習仍然扮演著重要角色，因此它會是我們旅程的一個很棒的起點。

執行本範例的程式碼

本範例的 Jupyter notebook 程式碼請由本書 GitHub 取得：

notebooks/02_deeplearning/01_mlp/mlp.ipynb。

準備資料

本範例將使用 CIFAR-10（*https://oreil.ly/cNbFG*）資料集，其中包含了 60,000 筆 32 × 32 像素的彩色圖像，Keras 已經預先整合了這個資料集使其立即可用。每張圖像會被分類為這 10 個類別的其中之一，如圖 2-4。

圖 2-4　CIFAR-10 資料集中的範例圖像（資料來源：Krizhevsky, 2009）[2]

預設情況下，圖像資料的每個像素通道值都是介於 0 和 255 之間的整數。進行圖像預處理時，首先要把將這些值縮放到 0 和 1 之間，因為神經網路在每個輸入的絕對值小於 1 時會有最好的執行效果。

由於神經網路的輸出是圖像屬於各個類別的機率，因此還要把圖像的整數標籤更改為獨熱（one-hot）編碼向量。如果某張圖像的類別整數標籤是 i，那麼它的獨熱編碼就是一個長度為 10（類別數量）的向量，除了第 i 個元素為 1 之外，其他元素都為 0。步驟如範例 2-1。

範例 2-1　預處理 CIFAR-10 資料集

```python
import numpy as np
from tensorflow.keras import datasets, utils

(x_train, y_train), (x_test, y_test) = datasets.cifar10.load_data() ❶
NUM_CLASSES = 10

x_train = x_train.astype('float32') / 255.0 ❷
x_test = x_test.astype('float32') / 255.0

y_train = utils.to_categorical(y_train, NUM_CLASSES) ❸
y_test = utils.to_categorical(y_test, NUM_CLASSES)
```

❶ 載入 CIFAR-10 資料集。x_train 和 x_test 分別是形狀為 [50000, 32, 32, 3] 和 [10000, 32, 32, 3] 的 numpy 陣列。y_train 和 y_test 則分別是形狀為 [50000, 1] 和 [10000, 1] 的 numpy 陣列，其中包含每個圖像的類別整數標籤，範圍從 0 到 9。

❷ 將每個圖像的像素通道值縮放到 0 和 1 之間。

❸ 對標籤進行獨熱編碼，y_train 和 y_test 的新形狀分別為 [50000, 10] 和 [10000, 10]。

可以看到訓練圖像資料（x_train）被存放於形狀為 [50000, 32, 32, 3] 的張量中。這個資料集中沒有行或列，而是一個具有四個維度的張量。張量（tensor）就是多維度陣列──是矩陣擴展到超過兩個維度的自然結果。這個張量的第一個維度參照了資料集中的圖像索引，第二和第三個維度則對應於圖像尺寸，最後一個維度則是通道（由於本資料夾使用 RGB 圖像，因此也就是紅色、綠色或藍色）。

範例 2-2 說明了如何取得圖像中特定像素的通道值。

範例 2-2　圖像 54 的 (12, 13) 位置，該像素的綠色通道（1）值

```
x_train[54, 12, 13, 1]
# 0.36862746
```

建置模型

在 Keras 中，你可以使用 Sequential 模型或使用功能性 API 來定義神經網路結構。

如果要快速定義一個線性多層堆疊（也就是一層直接跟在前一層之後，沒有任何分支）時，Sequential 模型是相當好用的。我們可以使用 Sequential 類別來定義所要的 MLP 模型，如範例 2-3。

範例 2-3　使用 Sequential 模型建置 MLP 模型

```
from tensorflow.keras import layers, models

model = models.Sequential([
    layers.Flatten(input_shape=(32, 32, 3)),
    layers.Dense(200, activation = 'relu'),
    layers.Dense(150, activation = 'relu'),
    layers.Dense(10, activation = 'softmax'),
])
```

本書中的許多模型都需要把某一層的輸出傳遞給後續的多個層，或者反過來讓某一層接收來自多個前置層的輸入。Sequential 類別就不適用於這些模型了，而需要改用彈性更好的功能性 API。

> 即使你才剛開始使用 Keras 建置線性模型，我還是推薦使用功能性 API 而非 Sequential 模型。因為隨著神經網路結構日益複雜，它從長遠來看將對你更有幫助。功能性 API 可讓你在深度神經網路的設計上擁有完全的自由。

範例 2-4 是用功能性 API 所建置的同一個 MLP。在使用功能性 API 時，會使用 Model 類別來定義模型的整體輸入和輸出層。

範例 2-4　使用功能性 API 建置 MLP

```
from tensorflow.keras import layers, models

input_layer = layers.Input(shape=(32, 32, 3))
x = layers.Flatten()(input_layer)
```

```
x = layers.Dense(units=200, activation = 'relu')(x)
x = layers.Dense(units=150, activation = 'relu')(x)
output_layer = layers.Dense(units=10, activation = 'softmax')(x)
model = models.Model(input_layer, output_layer)
```

兩種方法所建置的模型是完全相同的——圖 2-5 是架構示意圖。

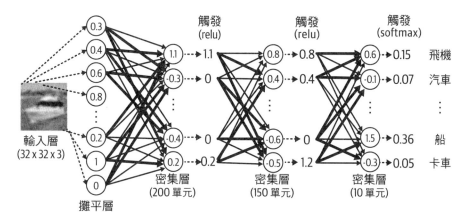

圖 2-5　本範例的 MLP 架構示意圖

現在來更深入看看這個 MLP 中用到的層和觸發函數。

層

為了建置這個 MLP，我們用到了三種不同類型的層：Input、Flatten 和 Dense。

Input 層是網路的進入點。我們會告訴網路每個資料元素的形狀將以元組（tuple）格式提供。請注意在此沒有指定批大小；因為我們可以同時將任意數量的圖像送入 Input 層，因此不需要指定。在 Input 層的定義中不需要明確指定批大小。

接下來，使用 Flatten 層將這筆輸入攤平成一個向量。這會產生一個長度為 3,072 的向量（＝ 32 × 32 × 3）。之所以這樣做是因為後續的 Dense 層要求其輸入需為一維，而非多維陣列。稍後就會提到有其他類型的層需要多維陣列作為輸入，因此你需要了解各種類型層所需的輸入和輸出形狀，才能判斷何時需要用到 Flatten 層。

Dense 層是神經網路中最基本的建置模組之一。它包含了指定數量的單元，這些單元與前一層是緊密連接的——換言之，該層中的每個單元與前一層中的每個單元都是透過一個自帶權重的連結彼此串接起來的（權重可為正數或負數）。指定單元的輸出是它從前一層所收到的所有輸入的加權總和，然後透過某種非線性觸發函數來傳遞到下一層。觸發函數對於確保神經網路能夠學會複雜函數,而非僅僅輸出其輸入的線性組合來說非常重要。

觸發函數

觸發函數的種類相當多,但其中三個最重要的是 ReLU、sigmoid 和 softmax。

ReLU(rectified linear unit,修正線性單元或線性整流單元)觸發函數的定義是,如果輸入為負,則輸出為 0,否則輸出等於輸入。*LeakyReLU* 觸發函數與 ReLU 非常相似,但有一個關鍵的區別:當輸入值小於 0 時,ReLU 觸發函數會回傳 0,但 LeakyReLU 函數則是回傳與輸入成比例的一個小負數。如果 ReLU 單元的輸出一直為 0 的話,則須將其視為死亡,這是由於負值在觸發之前會有較大的偏差所導致。梯度值在這種情況下也會為 0,因此不會有任何誤差透過該單元向後傳播。LeakyReLU 觸發則是藉由確保梯度始終不為零來修正了這個問題。基於 ReLU 的觸發函數可以讓訓練更穩定,因此是用於深度網路各層之間的最可靠觸發函數之一。

當你想把層的輸出縮放在 0 和 1 之間時,例如使用單一輸出單元的二元分類問題、或者每個觀測值可以屬於多個類別的多標籤分類問題,*sigmoid* 觸發函數就很好用啦。圖 2-6 是 ReLU、LeakyReLU 和 sigmoid 三種觸發函數的比較。

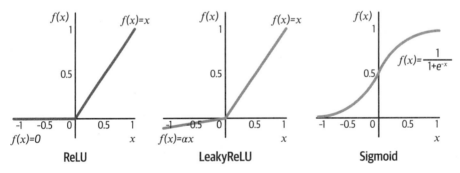

圖 2-6　ReLU、LeakyReLU 和 sigmoid 觸發函數

如果希望層的輸出總和等於 1 時,即可使用 *softmax* 觸發函數;例如,它可用於每個觀測值只能屬於單一類別的多類別分類問題,定義如下:

$$y_i = \frac{e^{x_i}}{\sum_{j=1}^{J} e^{x_j}}$$

其中，*J* 是指該層中的單元總數。本範例神經網路的最後一層使用了 softmax 觸發函數來確保輸出是一組總和為 1 的 10 筆機率值，可以解釋為圖像屬於各個類別的似然度。

在 Keras 中，觸發函數可與層一起定義（範例 2-5），或作為單獨的層（範例 2-6）來使用。

範例 2-5　ReLU 觸發函數作為 Dense 層的一部分來定義

```
x = layers.Dense(units=200, activation = 'relu')(x)
```

範例 2-6　ReLU 觸發函數作為獨立的層來定義

```
x = layers.Dense(units=200)(x)
x = layers.Activation('relu')(x)
```

本範例會讓輸入透過兩個 Dense 層，第一個層有 200 個單元，第二個層則有 150 個單元，兩者都使用 ReLU 觸發函數。

檢查模型

我們可用 model.summary() 方法來檢查每層的網路形狀，如表 2-1。

表 2-1　model.summary() 方法的輸出結果

Layer (type)	Output shape	Param #
InputLayer	(None, 32, 32, 3)	0
Flatten	(None, 3072)	0
Dense	(None, 200)	614,600
Dense	(None, 150)	30,150
Dense	(None, 10)	1,510

Total params	646,260	
Trainable params	646,260	
Non-trainable params	0	

請注意，Input 層的形狀要與 x_train 的形狀相符，而 Dense 輸出層的形狀則必須與 y_train 的形狀相符。Keras 使用 None 作為第一個維度的標記，代表它還不知道會被送入網路的觀測值數量。實際上，它也不需要知道；我們可以一次把 1 到 1000 筆觀測值送入網路。這是因為張量運算可透過線性代數來同時處理所有觀測值——這部分由 TensorFlow 負責。這也是為什麼在 GPU 上訓練深度神經網路，會比在 CPU 上訓練的效能來得更棒的原因：GPU 已針對大規模張量運算進行了最佳化，因為這些運算過程對於複雜的圖形操作也是極其必要的。

summary 方法還會提供各層所要訓練的參數（權重）數量。如果你發現模型訓練速度太慢，就能從中檢查來看看哪一層的權重數量太多了。如果有這類情形，就應該考慮能否減少該層中的單元數量來加快訓練速度。

 請確認你真的知道如何計算各層中的參數數量！重點是要記住，指定層中的每個單元在預設情況下還會連到一個額外的偏誤（bias）單元，該單元的輸出值始終為 1。這樣做可確保即使來自前一層的所有輸入都為 0，該單元的輸出仍然可保持非零。

因此，一個具備 200 個單元的 Dense 層，其中的參數數量為 200 * (3,072 + 1) = 614,600。

編譯模型

這一步驟會透過最佳化器和損失函數來編譯模型，如範例 2-7。

範例 2-7　定義最佳化器和損失函數

```
from tensorflow.keras import optimizers

opt = optimizers.Adam(learning_rate=0.0005)
model.compile(loss='categorical_crossentropy', optimizer=opt,
              metrics=['accuracy'])
```

現在讓我們進一步來了解損失函數和最佳化器的涵義。

損失函數

神經網路會使用損失函數來比較其預測輸出與真實狀況。它會針對每個觀測值回傳一個數字；這個數字越大，代表網路對這個觀測值的表現就越差。

Keras 提供了許多內建的損失函數供你選擇，或者也可以自行建立損失函數。其中三個最常用的是均方誤（mean squared error）、分類交叉熵（categorical cross-entropy）和二元交叉熵（binary cross-entropy）。重點是要理解各個損失函數的使用時機。

如果你的神經網路目標是解決某個迴歸問題（即輸出是連續的），那麼你可以使用均方誤損失。這會計算每筆輸出的真實值 y_i 和預測值 p_i 之間差平方的平均值，其中平均值是針對所有 n 個輸出單元來計算的：

$$\text{MSE} = \frac{1}{n} \sum_{i=1}^{n} (y_i - p_i)^2$$

如果你正在處理每個觀測值只能屬於單一類別的分類問題，那麼分類交叉熵才是正確的損失函數。它的定義如下：

$$-\sum_{i=1}^{n} y_i \log (p_i)$$

最後，如果你正在處理只有一個輸出單元的二元分類問題，或者是每個觀測值可以同時屬於多個類別的多標籤問題，則應採用二元交叉熵：

$$-\frac{1}{n} \sum_{i=1}^{n} (y_i \log (p_i) + (1 - y_i) \log (1 - p_i))$$

最佳化器

最佳化器是基於損失函數的梯度來更新神經網路權重的演算法。其中一個最常用且穩定的最佳化器是 *Adam*（適應性動量估計，Adaptive Moment Estimation）[3]。在大多數情況下，除了學習率之外，Adam 最佳化器的其他預設參數都無須調整。學習率越高，每個訓練步驟中的權重變化越大。雖然使用高學習率的訓練能在初期有比較快的速度，但缺點是可能導致訓練不穩定，還可能無法找到損失函數的全域最小值。學習率是你可能想在訓練過程中微調或修改的一個參數。

另一個可能遇到的常見最佳化器是 *RMSProp*（均方根傳播，*Root Mean Squared Propagation*）。同樣地，你不需要太著墨在如何調整它的參數，但一樣推薦你看看 Keras 文件（*https://keras.io/optimizers*）來了解每個參數的作用。

我們會把損失函數和最佳化器一起送入模型的 compile 方法，還可以藉由 metrics 參數來指定在訓練過程中要回報的其他指標，例如準確度。

訓練模型

到目前為止，我們尚未向模型送入任何資料。我們只是建立好架構並使用損失函數和最佳化器來編譯模型。

要使用資料來訓練模型時，只需呼叫 fit 方法即可，如範例 2-8。

範例 2-8　呼叫 *fit* 方法來訓練模型

```
model.fit(x_train ❶
        , y_train ❷
        , batch_size = 32 ❸
        , epochs = 10 ❹
        , shuffle = True ❺
        )
```

❶ 原始圖像資料。

❷ 經過獨熱編碼後的類別標籤。

❸ batch_size 決定每個步驟要送入多少筆觀測值到網路中。

❹ epochs 決定整包訓練資料會展示給網路多少次。

❺ 如果 shuffle = True，代表在每個訓練步驟中會隨機且不重複地從訓練資料中抽取一
批資料。

這會開始訓練一個深度神經網路，可預測某張來自 CIFAR-10 資料集圖像的所屬類別。
訓練過程說明如下。

首先，網路的權重會被初始化為較小的隨機數值。然後，網路執行一系列的訓練步驟。
在每個訓練步驟中會讓一批圖像透過網路，並透過反向傳播來更新權重。batch_size 參
數決定了每個訓練步驟中要處理多少圖像。批大小越大，梯度計算越穩定，但每個訓練
步驟的速度也會越慢。

> 在每個訓練步驟中都使用整包資料集來計算梯度將非常耗時且運算量過
> 大，因此通常會採用介於 32 到 256 之間的批大小。目前實務做法上也建
> 議在訓練過程中逐步增加批大小[4]。

這會持續進行，直到資料集中的所有觀測值都被看過一次為止，這樣第一個回合
（*epoch*）就完成了。然後，資料會再次以批次形式送入網路，作為第二個回合的一部
分。這個過程會不斷重複，直到達到指定的回合數量為止。

在訓練過程中，Keras 會回報每次處理的進度，如圖 2-7。我們可以看到，訓練資料集
被分為 1,563 個批次（每批包含 32 張圖像），並且已對網路展示了 10 次（也就是已執
行了 10 個回合），而處理每個批次大約需要 2 毫秒的時間。分類交叉熵損失則從 1.8377
下降到 1.3696，這讓準確率從第一個回合後的 33.69% 到了第十個回合之後就提升至
51.67%。

```
model.fit(x_train, y_train, batch_size=32, epochs=10, shuffle=True)    ⎘ ↑ ↓ ⏏ ⬚ 🗑
Epoch 1/10
1563/1563 [==============================] - 3s 2ms/step - loss: 1.8377 - accuracy: 0.3369
Epoch 2/10
1563/1563 [==============================] - 3s 2ms/step - loss: 1.6552 - accuracy: 0.4076
Epoch 3/10
1563/1563 [==============================] - 3s 2ms/step - loss: 1.5743 - accuracy: 0.4396
Epoch 4/10
1563/1563 [==============================] - 3s 2ms/step - loss: 1.5288 - accuracy: 0.4549
Epoch 5/10
1563/1563 [==============================] - 3s 2ms/step - loss: 1.4888 - accuracy: 0.4706
Epoch 6/10
1563/1563 [==============================] - 2s 2ms/step - loss: 1.4542 - accuracy: 0.4851
Epoch 7/10
1563/1563 [==============================] - 3s 2ms/step - loss: 1.4332 - accuracy: 0.4908
Epoch 8/10
1563/1563 [==============================] - 2s 2ms/step - loss: 1.4094 - accuracy: 0.4992
Epoch 9/10
1563/1563 [==============================] - 2s 2ms/step - loss: 1.3896 - accuracy: 0.5045
Epoch 10/10
1563/1563 [==============================] - 3s 2ms/step - loss: 1.3696 - accuracy: 0.5167
```

圖 2-7　fit 方法的輸出

評估模型

我們知道了模型對於訓練資料集的準確率達到了 51.9%，但它對於從未見過的資料的表現又如何呢？

為了回答這個問題，我們可以使用 Keras 提供的 evaluate 方法，如範例 2-9。

範例 2-9　在測試集上評估模型效能

```
model.evaluate(x_test, y_test)
```

圖 2-8 是這個方法的輸出結果。

```
10000/10000 [==============================] - 1s 55us/step

[1.4358007415771485, 0.4896]
```

圖 2-8　evaluate 方法的輸出結果

輸出是一串我們正在監控的指標清單：分類交叉熵和準確率。我們可以看到，即使是從未見過的圖像，模型的準確率還是有大約 49.0%。請注意，如果模型是隨便亂猜，它的準確率會是 10% 左右（因為有 10 個類別），因此考量到這是一個非常陽春的神經網路，49.0% 是一個還不錯的結果。

接著可以使用 predict 方法來查看模型針對測試資料集上的一些預測結果，如範例 2-10。

範例 *2-10*　使用 predict 方法查看模型對於測試集的預測結果

```
CLASSES = np.array(['airplane', 'automobile', 'bird', 'cat', 'deer', 'dog'
                    , 'frog', 'horse', 'ship', 'truck'])

preds = model.predict(x_test) ❶
preds_single = CLASSES[np.argmax(preds, axis = -1)] ❷
actual_single = CLASSES[np.argmax(y_test, axis = -1)]
```

❶ preds 是一個形狀為 [10000, 10] 的陣列，即每個觀測值對應到 10 個類別機率的向量。

❷ 這邊會用到 numpy 的 argmax 函數將這個機率陣列轉換回單一的預測結果。在這裡，axis = -1 是要求函數將陣列在最後一個維度（類別維度）上進行合併，因此 preds_single 的形狀會變成 [10000, 1]。

我們可以使用範例 2-11 中的程式碼來檢視一些圖像，以及它們的標籤和預測結果。一如預期，大約有一半是正確的。

範例 *2-11*　顯示 *MLP* 對實際標籤的預測結果

```
import matplotlib.pyplot as plt

n_to_show = 10
indices = np.random.choice(range(len(x_test)), n_to_show)

fig = plt.figure(figsize=(15, 3))
fig.subplots_adjust(hspace=0.4, wspace=0.4)

for i, idx in enumerate(indices):
    img = x_test[idx]
    ax = fig.add_subplot(1, n_to_show, i+1)
    ax.axis('off')
    ax.text(0.5, -0.35, 'pred = ' + str(preds_single[idx]), fontsize=10
        , ha='center', transform=ax.transAxes)
    ax.text(0.5, -0.7, 'act = ' + str(actual_single[idx]), fontsize=10
        , ha='center', transform=ax.transAxes)
    ax.imshow(img)
```

圖 2-9 是隨機顯示一些模型的預測結果與真實標籤。

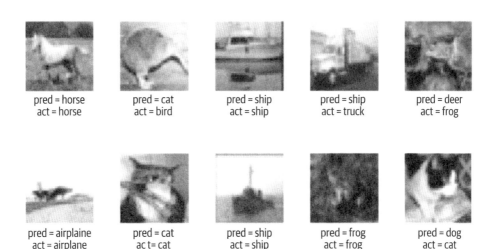

圖 2-9　模型的一些預測結果與實際的標籤

恭喜！你剛剛使用 Keras 建置完成了一個多層感知器，並用它來預測新資料了。即使這是一個監督式學習問題，但到了後續章節要建置生成模型時，本章的許多核心思想（如損失函數、觸發函數和理解層的不同形狀）還是非常重要的。接下來，我們將介紹幾種新類型的層來看看一些模型的改進方法。

卷積神經網路（CNN）

我們的網路還沒有完整發揮自身實力的原因之一在於，它沒有考慮到輸入圖像的空間結構。實際上，我們的第一步已經把圖像攤平成單一向量，以便將其送入第一個全連接層！

為了實現這一點，我們需要使用卷積層（*convolutional layer*）。

卷積層

首先，我們需要理解卷積（*convolution*）之於深度學習的上下文是什麼意義。

圖 2-10 中可看到兩個不同的 3 × 3 × 1 之部分灰階圖像透過一個 3 × 3 × 1 的濾波器（或卷積核）進行卷積的過程。卷積是透過將濾波器逐像素與該部分圖像相乘，然後將結果相加起來。當該部分圖像與濾波器高度相符時，輸出值較大；而當部分圖像與濾波器相反時，輸出值則較小。圖片上端的例子與濾波器非常相符，因此產生了一個較大的正值。下方則與濾波器不太相符，因此產生的結果接近零。

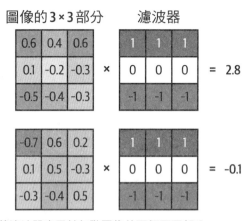

圖像的**3×3**部分　　濾波器

0.6	0.4	0.6	
0.1	-0.2	-0.3	×
-0.5	-0.4	-0.3	

1	1	1
0	0	0
-1	-1	-1

= 2.8

-0.7	0.6	0.2	
0.1	0.5	-0.3	×
-0.3	-0.4	0.5	

1	1	1
0	0	0
-1	-1	-1

= -0.1

圖 2-10　一個 3 × 3 的卷積濾波器應用於灰階圖像的兩個不同部分

如果把濾波器從左到右、從上到下移過整張圖像,並同時記錄卷積輸出,就會得到一個新的陣列,它根據濾波器的數值來抓出輸入的特定特徵。例如,圖 2-11 是用兩個不同的濾波器來強調了橫向與直向邊緣。

執行本範例的程式碼

請由本書 GitHub 儲存庫中的 *notebooks/02_deeplearning/02_cnn/convolutions.ipynb* Jupyter 筆記本來看看這個卷積的逐步運作過程。

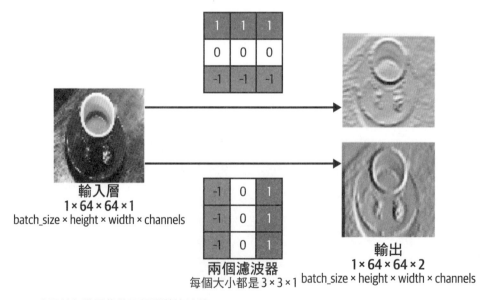

輸入層
1 × 64 × 64 × 1
batch_size × height × width × channels

兩個濾波器
每個大小都是 3 × 3 × 1

輸出
1 × 64 × 64 × 2
batch_size × height × width × channels

圖 2-11　應用於灰階圖像的兩個卷積濾波器

卷積層基本上只是一組濾波器，而儲存於濾波器的數值是神經網路透過訓練所學到的權重。最初這些權重是隨機的，但濾波器會逐漸調整權重來找到一些有趣的特徵，例如邊緣或特定的顏色組合。

Keras 的 Conv2D 層可對具有兩個空間維度（如圖像）的輸入張量進行卷積。例如，範例 2-12 中的程式碼建置了一個具有兩個濾波器的卷積層，好對應到圖 2-11 中的範例。

範例 2-12　應用於灰階輸入圖像的 Conv2D 層

```
from tensorflow.keras import layers

input_layer = layers.Input(shape=(64,64,1))
conv_layer_1 = layers.Conv2D(
    filters = 2
    , kernel_size = (3,3)
    , strides = 1
    , padding = "same"
    )(input_layer)
```

接下來要詳細說明 Conv2D 層中的兩個參數──strides 和 padding。

步長

strides（步長）參數是該層在輸入上的濾波器移動距離。增加步長就能讓輸出張量的尺寸變小。例如，當 strides = 2 時，輸出張量的高度和寬度就會是輸入張量大小的一半。如果想讓張量透過網路時降低其空間大小並同時增加通道數，這是很有用的做法。

填充

padding = "same" 這個輸入參數會對輸入資料填入多個 0，好在 strides = 1 時能讓該層的輸出與輸入的大小完全相同。

圖 2-12 是一個 3 × 3 的核透過了一張 5 × 5 的輸入圖像的過程，其中 padding = "same" 且 strides = 1。這個卷積層的輸出大小也會是 5 × 5，因為填充允許核去延伸到圖像邊緣，以便在兩個方向上都進行五次卷積。如果沒有填充，核在每個方向上就只能卷積三次，使得輸出大小為 3 × 3。

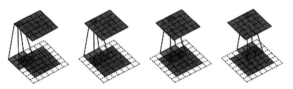

圖 2-12　一個 3×3×1 的核（灰色）在一個 5×5×1 的輸入圖像（藍色）上透過，其中
　　　　padding = "same" 以及 strides = 1 來生成 5×5×1 的輸出（綠色）
　　　　（資料來源：Dumoulin and Visin, 2018）[5]

padding = "same" 是一種確保在張量透過多個卷積層時能夠輕鬆追蹤其大小的好方法。
使用 padding = "same" 的卷積層輸出形狀為：

$$\left(\frac{input\ height}{stride}, \frac{input\ width}{stride}, filters \right)$$

堆疊多個卷積層

Conv2D 層的輸出是另一個四維張量，形狀為 (batch_size, height, width, filters)，因
此我們可以將多個 Conv2D 層堆疊起來以增加神經網路的深度，並使其更加強大。為了示
範這一點，想像我們正在對 CIFAR-10 資料集應用多個 Conv2D 層，並希望預測指定圖像
的標籤。請注意，這次不再使用單一輸入通道（灰階），而是三個通道（紅色、綠色和
藍色）。

範例 2-13 說明如何建置一個簡單的卷積神經網路，我們可以對其進行訓練來成功完成這
個任務。

範例 2-13　使用 Keras 建置卷積神經網路模型的程式碼

```
from tensorflow.keras import layers, models

input_layer = layers.Input(shape=(32,32,3))
conv_layer_1 = layers.Conv2D(
    filters = 10
    , kernel_size = (4,4)
    , strides = 2
    , padding = 'same'
    )(input_layer)
conv_layer_2 = layers.Conv2D(
    filters = 20
    , kernel_size = (3,3)
    , strides = 2
    , padding = 'same'
```

```
    )(conv_layer_1)
flatten_layer = layers.Flatten()(conv_layer_2)
output_layer = layers.Dense(units=10, activation = 'softmax')(flatten_layer)
model = models.Model(input_layer, output_layer)
```

這段程式碼對應到了圖 2-13。

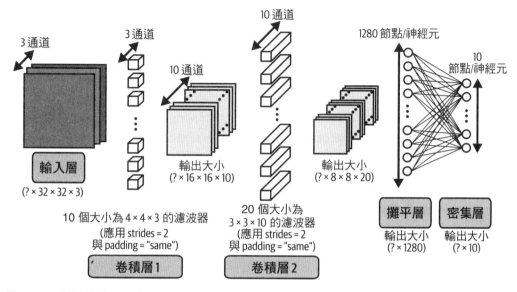

圖 2-13　卷積神經網路示意圖

請注意，我們現在處理的是彩色圖像，第一個卷積層中的每個濾波器的深度為 3，而不再是 1（也就是說，每個濾波器的形狀為 4×4×3，而不是 4×4×1）。這是為了對應到輸入圖像的三個通道（紅色、綠色、藍色）。相同的概念也適用於第二個卷積層中的濾波器，其深度為 10，好對應第一個卷積層所輸出的 10 個通道。

一般來說，一個層中的濾波器深度都會與前一層輸出的通道數量相同。

檢查模型

觀察張量形狀在資料從一個卷積層流向下一層時的變化狀況，可以得到許多有用的資訊。我們可用 model.summary() 方法來檢查張量在透過網路時的形狀，如表 2-2。

表 2-2　CNN 模型摘要

Layer (type)	Output shape	Param #
InputLayer	(None, 32, 32, 3)	0
Conv2D	(None, 16, 16, 10)	490
Conv2D	(None, 8, 8, 20)	1,820
Flatten	(None, 1280)	0
Dense	(None, 10)	12,810

Total params	15,120	
Trainable params	15,120	
Non-trainable params	0	

接著逐層檢視這個網路，並注意張量形狀如何變化：

1. 輸入形狀為 (None, 32, 32, 3)——Keras 使用 None 來代表可以對網路同時送入任意數量的圖像。由於網路基本上只是執行張量運算，因此不需要把圖像逐一送入網路，反之可將它們整理好批次送入。

2. 第一個卷積層中 10 個濾波器的形狀都是 4 × 4 × 3。這是因為我們把每個濾波器的高度和寬度設為 4（kernel_size = (4,4)），並且前一層中有三個通道（紅色、綠色和藍色）。因此，該層中的參數（或權重）數量會是（4 × 4 × 3 + 1）× 10 = 490，其中 +1 是每個濾波器所附加的偏誤。每個濾波器的輸出會是濾波器權重和其所覆蓋的 4 × 4 × 3 部分圖像的逐像素相乘結果。由於已設定 strides = 2 和 padding = "same"，因此輸出的寬度和高度都減半為 16，並且因為有 10 個濾波器，所以第一層的輸出會是一批形狀為 [16, 16, 10] 的張量。

3. 第二個卷積層中把濾波器設定為 3 × 3，它們的深度現在為 10，好對應前一層的通道數量。由於此層中有 20 個濾波器，因此總參數（權重）數量為（3 × 3 × 10 + 1）× 20 = 1,820。在此同樣使用 strides = 2 和 padding = "same"，因此寬度和高度都減半，使得整體輸出形狀為 (None, 8, 8, 20)。

4. 使用 Keras 的 Flatten 層來攤平張量，這會產生一組數量為 8 × 8 × 20 = 1,280 個單元。請注意，Flatten 層中沒有需要學習的參數，這裡只是單純重組張量而已。

5. 最後，把這些單元連接到一個具有 softmax 觸發函數的 10 單元 Dense 層，代表各類別對應到總共 10 個類別之分類任務中的個別機率。這會額外產生 1,280 × 10 = 12,810 個參數（權重）需要學習。

本範例說明了如何串接多個卷積層來建立卷積神經網路。在比較這個模型與前一個全連接神經網路的準確度之前，要先介紹另外兩種可以提高效能的技術：批正規化和 dropout。

批正規化層

訓練深度神經網路的常見問題之一是如何讓網路權重保持在某個合理範圍之內 —— 如果它們開始變得太大，這代表你的網路發生了所謂的梯度爆炸（*exploding gradient*）問題。當錯誤被反向傳播到網路的先前層時，梯度的計算有時會呈指數級增長，導致權重值發生劇烈變動。

 如果你的損失函數開始回傳 NaN，說明了權重很可能已經大到足以造成溢位錯誤的程度了。

這件事不一定會在開始訓練網路時就立即發生。有時候會在模型訓練好幾個小時後，損失函數突然回傳 NaN 然後網路就爆炸了。這真的超級不開心啊。為了防止這種情況發生，你需要理解梯度爆炸問題的根本原因。

共變偏移

縮放輸入資料以供神經網路訓練的原因之一，是為了確保在最初幾次訓練迭代中能有個穩定的開頭。由於網路權重最初是隨機初始化的，未經縮放的輸入可能會導致觸發值過大而馬上引發梯度爆炸問題。例如，與其直接把範圍 0 到 255 的像素值送入輸入層，我們通常會把這些值縮放到 –1 到 1 之間。

由於輸入已縮放完成，自然會希望後續所有層的觸發值也因此能被妥善縮放。這個想法一開始可能是對的，但隨著網路訓練使得權重逐漸遠離其隨機初始值，這個假設可能慢慢失效。這種現象稱為共變偏移（*Covariate Shift*）。

共變偏移的比喻

想像一下，你手上拿著一疊高高的書，然後被一陣強風吹來。你會把書朝著風的反向移動希望能夠抵消，但這樣做使得某些書發生了位移，讓整個書堆比之前更不穩定。剛開始這樣可能還沒什麼問題，但每次只要有風吹來就會讓書堆變得越來越不穩定，直到最後書的位移大到垮下來為止。這就是共變偏移。

將這個比喻投射到神經網路的話，每一層就像書堆中的一本書。為了保持穩定，當網路更新權重時，每一層都會隱含地假設後續層的輸入分布在迭代過程中會大致保持一致。然而，由於沒有任何機制可以阻止任何觸發值分布是否會在某個方向上發生大幅偏移，這有時可能導致權重值失控而使得整個網路崩潰。

使用批正規化進行訓練

批正規化（*batch normalization*）是一種可以大幅減緩這類問題的技術，而且方法出奇地簡單。在訓練過程中，批正規化層會計算批次中每個輸入通道的平均值和標準差，並藉由減去平均值並除以標準差來進行正規化。然後，每個通道都有兩個要學的參數：縮放因子（gamma）和偏移量（beta）。輸出就是乘以縮放因子再加上偏移量之後的正規化輸入。整體流程如圖 2-14...

輸入：小批 $\mathcal{B} = \{x_1 \dots m\}$ 中的 x 值
要學習的參數：γ, β

輸出：$\{y_i = \mathrm{BN}_{\gamma, \beta}(x_i)\}$

$$\mu_{\mathcal{B}} \leftarrow \frac{1}{m} \sum_{i=1}^{m} x_i \qquad \text{// 小批平均數}$$

$$\sigma_{\mathcal{B}}^2 \leftarrow \frac{1}{m} \sum_{i=1}^{m} (x_i - \mu_{\mathcal{B}})^2 \qquad \text{// 小批變異數}$$

$$\widehat{x_i} \leftarrow \frac{x_i - \mu_{\mathcal{B}}}{\sqrt{\sigma_{\mathcal{B}}^2 + \epsilon}} \qquad \text{// 正規化}$$

$$y_i \leftarrow \gamma \widehat{x_i} + \beta \equiv \mathrm{BN}_{\gamma, \beta}(x_i) \qquad \text{// 縮放與偏移}$$

演算法 1：應用於一小批資料中，觸發 x 的批正規化轉換

圖 2-14　批正規化執行流程（資料來源：Ioffe and Szegedy, 2015）[6]

批正規化層可接在密集層或卷積層之後，以對其輸出進行正規化。

以先前的書堆範例來說，這有點像是用一組組的可調式小彈簧將書堆各層連接起來，以確保它們的位置不會隨著時間發生太大的整體位移。

使用批正規化進行預測

你可能會想知道這個層在預測時是如何運作的。在進行預測時，我們可能只想預測某筆觀測值，因此不需要去計算小批的平均值和標準差。為了解決這個問題，在訓練批正規化層的同時也會去計算各通道平均值和標準差的移動平均值，並將此值作為層的一部分以供後續測試使用。

一個批正規化層會有多少個參數呢？對其前一層的每個通道來說，各自要學習兩個權重：縮放因子（gamma）與偏移量（beta）。這些是可訓練的參數。每個通道還需要計算各自的移動平均值和標準差，但由於這兩者是由透過該層的資料得出，而非透過反向傳播進行訓練，所以它們被稱為不可訓練的參數。整體而言，這會讓前一層的每個通道總共有四個參數，其中兩個是可訓練的，兩個是不可訓練的。

Keras 透過 BatchNormalization 層來實作批正規化功能，如範例 2-14。

範例 2-14　*Keras 的 BatchNormalization 層*

```
from tensorflow.keras import layers
layers.BatchNormalization(momentum = 0.9)
```

momentum 參數是在計算移動平均值與移動標準差時，指定給前一個值的權重。

Dropout 層

學生們在準備考試時的常見做法是從考古題中找一些題目來加強對於科目內容的理解。有些學生會試著把這些問題的答案記起來，但因為他們並未真正理解科目內容，到了考試時就常常會卡住。最厲害的學生會運用練習題來加強自身的整體理解力，這樣當碰到之前沒看過的新問題時還是能夠正確回答。

對於機器學習也是如此。任何成功的機器學習演算法都必須確保其對於未見過的資料具備基本的一般化能力，而非單純去記住訓練資料集。如果某個演算法對於訓練資料集的表現良好，但換成測試資料集就表現不佳的話，我們稱這個網路碰到了過擬合（*overfitting*）問題。為了解決這個問題，就需要使用正則化（*regularization*）技術來讓模型在發生過擬合時受到懲罰。

機器學習演算法已有各式各樣的正則化方法，但對於深度學習來說最常見的方法之一是使用 *dropout* 層。這個想法是由 Hinton 等人在 2012 年提出的[7]，並由 Srivastava 等人在 2014 年的一篇論文中所發表[8]。

dropout 層的概念非常簡單。在訓練過程中，每個 dropout 層會隨機從前一層中選擇一組單元，並將它們的輸出設為 0，如圖 2-15。

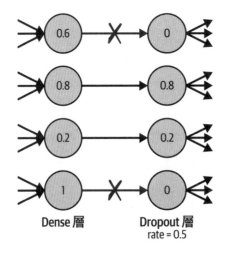

圖 2-15　dropout 層

奇妙的事情發生了，藉由確保網路不會過度依賴某些單元或單元組（也就是記住訓練集中的觀測值），這麼簡單的做法竟然可以大幅降低過擬合的情形。採用 dropout 層之後，網路就不會過於依賴任何一個單元，讓知識可以更均勻地擴散到整個網路中。

這會讓模型對於未見過的資料有更好的一般化能力，因為網路已經被訓練成在不熟悉的狀況下（例如由隨機捨棄單元所造成的狀況）也能產生準確的預測結果。由於要捨棄的單元都是隨機決定的，因此 dropout 層不需學習權重。到了預測時，dropout 層則不會捨棄任何單元，因此將使用完整的網路來進行預測。

Dropout 的比喻

回顧先前的小比喻,這有點像是一個要考數學的學生在練習考古題時,隨機選到了一些課本上沒有的關鍵公式。這樣一來,他們才能透過對核心原則的理解來學會如何回答問題,而不是總是在課本中的同一處去找公式。到了考試時,由於對於訓練內容的一般化能力提升了,他們會發現解出先前從未見過的問題變得簡單多了。

Keras 透過 Dropout 層來實作這個功能,其中會用到 rate 參數來指定要從前一層中捨棄的單元比例,如範例 2-15。

範例 *2-15*　*Keras* 中的 Dropout 層

```python
from tensorflow.keras import layers
layers.Dropout(rate = 0.25)
```

Dropout 層最常接在 Dense 層之後,因為後者的權重數量太多而容易發生過擬合,但你也可以將其放在卷積層之後。

批正規化已被證實也可降低過擬合現象,因此現今許多深度學習架構完全不使用 dropout,而單單透過批正規化來做到正則化。如同多數的深度學習原則,適用於所有狀況的黃金法則其實並不存在——想找出最佳方案的唯一做法就是嘗試不同的架構,看看哪一個對於資料集的表現最好。

建置 CNN 模型

你現在已經看過三種新的 Keras 層:Conv2D、BatchNormalization 和 Dropout。讓我們把它們組合成一個 CNN 模型,並看看它對於 CIFAR-10 資料集的表現如何。

執行本範例的程式碼

本範例的 Jupyter notebook 程式碼請由本書 GitHub 取得:

notebooks/02_deeplearning/02_cnn/cnn.ipynb

我們要測試的模型架構如範例 2-16。

```python
from tensorflow.keras import layers, models

input_layer = layers.Input((32,32,3))

x = layers.Conv2D(filters = 32, kernel_size = 3
        , strides = 1, padding = 'same')(input_layer)
x = layers.BatchNormalization()(x)
x = layers.LeakyReLU()(x)

x = layers.Conv2D(filters = 32, kernel_size = 3, strides = 2, padding = 'same')(x)
x = layers.BatchNormalization()(x)
x = layers.LeakyReLU()(x)

x = layers.Conv2D(filters = 64, kernel_size = 3, strides = 1, padding = 'same')(x)
x = layers.BatchNormalization()(x)
x = layers.LeakyReLU()(x)

x = layers.Conv2D(filters = 64, kernel_size = 3, strides = 2, padding = 'same')(x)
x = layers.BatchNormalization()(x)
x = layers.LeakyReLU()(x)

x = layers.Flatten()(x)

x = layers.Dense(128)(x)
x = layers.BatchNormalization()(x)
x = layers.LeakyReLU()(x)
x = layers.Dropout(rate = 0.5)(x)

output_layer = layers.Dense(10, activation = 'softmax')(x)

model = models.Model(input_layer, output_layer)
```

在此有四個堆疊 Conv2D 層,各自接了一個 BatchNormalization 層和一個 LeakyReLU 層。攤平所產生的張量之後,將資料送入一個大小為 128 的 Dense 層,並再次跟著一個 BatchNormalization 層和一個 LeakyReLU 層。隨後是一個用於正則化的 Dropout 層,網路最後是一個大小為 10 的輸出 Dense 層。

批正規化和觸發層的使用順序完全根據個人喜好而定。批正規化層通常會放在觸發層之前,但有些很棒的架構對於這些層的用法卻又不太一樣。如果你還是想把批正規化放在觸發層之前的話,可以用 BAD (batch normalization、activation,然後是 dropout) 這個縮寫來幫助記憶!

模型摘要如表 2-3。

表 2-3　CIFAR-10 的 CNN 模型摘要

Layer (type)	Output shape	Param #
InputLayer	(None, 32, 32, 3)	0
Conv2D	(None, 32, 32, 32)	896
BatchNormalization	(None, 32, 32, 32)	128
LeakyReLU	(None, 32, 32, 32)	0
Conv2D	(None, 16, 16, 32)	9,248
BatchNormalization	(None, 16, 16, 32)	128
LeakyReLU	(None, 16, 16, 32)	0
Conv2D	(None, 16, 16, 64)	18,496
BatchNormalization	(None, 16, 16, 64)	256
LeakyReLU	(None, 16, 16, 64)	0
Conv2D	(None, 8, 8, 64)	36,928
BatchNormalization	(None, 8, 8, 64)	256
LeakyReLU	(None, 8, 8, 64)	0
Flatten	(None, 4096)	0
Dense	(None, 128)	524,416
BatchNormalization	(None, 128)	512
LeakyReLU	(None, 128)	0
Dropout	(None, 128)	0
Dense	(None, 10)	1290

Total params	592,554	
Trainable params	591,914	
Non-trainable params	640	

在繼續深入之前，請確保你可以手動算出每一層的輸出形狀和參數數量。這是一個很好的練習，可以證明你已充分理解各層的建構內容，以及與前一層的連接方式！不要忘記已經包含在 Conv2D 和 Dense 層中的偏誤權重喔。

訓練以及評估 CNN

模型編譯和訓練的方式與先前的做法完全相同,接著呼叫 evaluate 方法來判斷模型對於測試資料集的準確度,如圖 2-16。

```
model.evaluate(x_test, y_test, batch_size=1000)

10000/10000 [==============================] - 15s 1ms/step

[0.8423407137393951, 0.7155999958515167]
```

圖 2-16　CNN 執行效能

如你所見,這個模型現在的準確率從先前的 49.0% 上升到了 71.5%,改善很多!圖 2-17 是這個新卷積模型的一些預測結果。

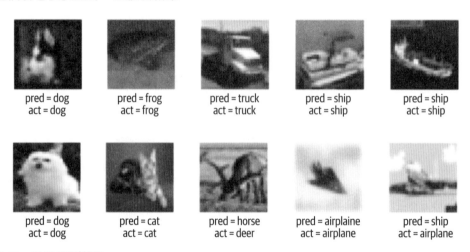

圖 2-17　CNN 預測結果

單純修改模型架構來加入卷積、批正規化和 dropout 層就能有不錯的效能提升。請注意,這個新模型相較於先前的模型,雖然層數增加了,但參數數量反而降低了許多。這說明了對模型設計進行各種實驗,並熟悉如何運用不同類型的層的重要性。在建置生成模型時,了解模型的內部運作方式變得格外重要,因為實際上就是那些中間層在負責擷取你最感興趣的高階特徵。

總結

本章介紹了建置深度生成模型所需的核心深度學習概念。我們首先使用 Keras 框架來建置一個多層感知器，並訓練模型來預測 CIFAR-10 資料集中的圖像類別。然後，藉由加入卷積、批正規化和 dropout 層來改良這個架構，最終產生了一個卷積神經網路。

本章另一個需要牢記的重點在於，深度神經網路在設計上具備極高的彈性，並且在模型架構方面沒有固定的規則。確實有許多教學準則和不錯的實作，但你隨時都可以自由嘗試不同的層和它們的配置順序。不要受限於只去使用本書或其他地方所介紹過的架構！如同玩積木的孩子，如何設計神經網路完全仰賴於你自身的創意。

下一章會介紹如何使用這些「積木」來設計一個能夠生成圖像的網路。

參考文獻

1. Kaiming He et al., "Deep Residual Learning for Image Recognition," December 10, 2015, *https://arxiv.org/abs/1512.03385*.

2. Alex Krizhevsky, "Learning Multiple Layers of Features from Tiny Images," April 8, 2009, *https://www.cs.toronto.edu/~kriz/learning-features-2009-TR.pdf*.

3. Diederik Kingma and Jimmy Ba, "Adam: A Method for Stochastic Optimization," December 22, 2014, *https://arxiv.org/abs/1412.6980v8*.

4. Samuel L. Smith et al., "Don't Decay the Learning Rate, Increase the Batch Size," November 1, 2017, *https://arxiv.org/abs/1711.00489*.

5. Vincent Dumoulin and Francesco Visin, "A Guide to Convolution Arithmetic for Deep Learning," January 12, 2018, *https://arxiv.org/abs/1603.07285*.

6. Sergey Ioffe and Christian Szegedy, "Batch Normalization: Accelerating Deep Network Training by Reducing Internal Covariate Shift," February 11, 2015, *https://arxiv.org/abs/1502.03167*.

7. Hinton et al., "Networks by Preventing Co-Adaptation of Feature Detectors," July 3, 2012, *https://arxiv.org/abs/1207.0580*.

8. Nitish Srivastava et al., "Dropout: A Simple Way to Prevent Neural Networks from Overfitting," *Journal of Machine Learning Research* 15 (2014): 1929–1958, *http://jmlr.org/papers/volume15/srivastava14a/srivastava14a.pdf*.

方法

本書第二篇將深入探討六個生成模型家族,包括它們的理論性工作原理以及建置每種類型模型的實際範例。

第 3 章將介紹本書第一款生成式深度學習模型——變分自動編碼器。這個技術不僅可以生成逼真的人臉,還可以修改現有的圖像,例如加上笑容或改變人物髮色。

第 4 章則探討了近年來最成功的生成模型技術之一——生成對抗網路。我們將看到 GAN 在訓練上的各種微調和改進方法,讓生成建模能力的界限不斷推進。

第 5 章將深入探討幾個自迴歸模型的例子,包括 LSTM 和 PixelCNN。這類模型家族會以序列預測問題來處理生成過程——不但奠基了當今最先進的文字生成模型,也可用於生成圖像。

第 6 章將介紹正規化流模型家族,包括 RealNVP。這個模型是以變數公式為基礎,允許將簡單分布(例如高斯分布)在保持易處理性的前提下轉換為更複雜的分布。

第 7 章要介紹能量模型家族。這些模型透過訓練純量能量函數來評估指定輸入的有效性。我們將介紹名為對比散度的能量模型訓練技術,以及用於抽樣新觀測值的朗之萬動力學技術。

最後在第 8 章要介紹擴散模型家族。這項技術的基本概念是在圖像中逐步加入雜訊，然後訓練一個能夠去除雜訊的模型，至終能把純雜訊轉換為逼真的樣本。

讀完本書第二篇，你將從這六個生成建模家族中實際製作各種生成模型範例，並能夠從理論角度解釋每種模型的運作原理。

第三章

變分自動編碼器

本章目標

本章學習內容如下：

- 理解自動編碼器的架構設計，以及它為何很適用於生成建模。

- 使用 Keras 從頭建置並訓練自動編碼器。

- 使用自動編碼器來生成全新圖像，並理解這類方法的侷限性。

- 理解變分自動編碼器的架構，以及它如何解決標準自動編碼器所面臨的許多問題。

- 使用 Keras 從頭建置變分自動編碼器。

- 使用變分自動編碼器來生成全新圖像。

- 使用變分自動編碼器在潛在空間中進行算術運算，藉此操縱生成的圖像。

Diederik P. Kingma 和 Max Welling 於 2013 年所發表的論文奠定了名為變分自動編碼器（*variational autoencoder*, VAE）[1] 的神經網路基礎。這類網路現在是最基本也最為人所知的生成建模深度學習架構之一，也是我們進入生成式深度學習之旅的絕佳起點。

本章會從建立一個標準自動編碼器開始，然後看看如何延伸這個框架來開發變分自動編碼器。我們在過程中會詳細解析這兩類模型，以微觀角度來了解其運作方式。到了本章最後，你應已充分理解如何建置和操作以自動編碼器為基礎的各種模型，尤其是如何從零打造一個變分自動編碼器，以便根據你自己的資料集來生成圖像。

簡介

讓我們從一個簡單的故事開始吧，這有助於解釋自動編碼器所要解決的基本問題。

布萊恩、縫紉巧手和衣櫃

想像一下在面前的地板上，你所有的衣服都堆在那兒——褲子、上衣、鞋子和外套，各自的風格都不同。你的造型師布萊恩對於要花多少時間才能找到你所需要的東西感到越來越沮喪，因此他想出了一個聰明的計畫。

他要求你把這些衣物整理到一個寬高皆為無限的衣櫃中（圖 3-1）。當你想要取出特定物品時，只需要告訴布萊恩它的位置，然後他就會用他那台可靠的縫紉機從頭開始製作該物品。情況很快明朗起來，你需要將相似的物品放在附近，這樣布萊恩就能在只知道位置的情況下準確地重新做出每個物品。

圖 3-1　站在無限寬高的 2D 衣櫃前的一名男性（本圖使用 Midjourney 生成）

經過數週的練習之後，你和布萊恩已經適應了彼此對衣櫃配置的理解。現在，只要告訴布萊恩你想要的任何衣物位置，他就能準確地從頭開始縫製出來！

這讓你有了一個大膽的想法——如果給布萊恩一個空的衣櫃位置，會發生什麼事呢？令人驚訝的是，你發現布萊恩能夠做出之前從未存在的全新衣物！過程還談不上完美，但你現在對於產生新衣物的選項可說是無窮無盡了，只要在無限衣櫃中選一個空位，就能讓布萊恩與他的縫紉機來施展魔法了。

現在，讓我們來看看這個故事與建置自動編碼器之間的關係。

自動編碼器

圖 3-2 是故事所描述的過程。你扮演的角色是編碼器（*encoder*），將每件衣服移到衣櫃中的某個位置。這個過程稱為編碼（*encoding*）。而布萊恩的角色則是解碼器（*decoder*），他會試著根據衣櫃中的位置來重新產生這件衣服。這個過程稱為解碼（*decoding*）。

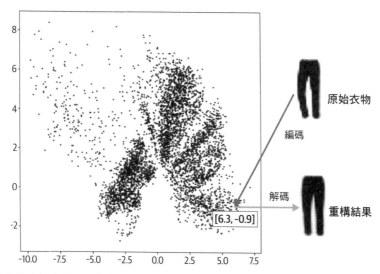

圖 3-2　無限衣櫃中的衣物——每個黑點代表了一件衣物

衣櫃中的每個位置會由兩個數字（也就是 2D 向量）來表示。例如，圖 3-2 中的褲子被編碼為點 [6.3, −0.9]。這個向量也稱為嵌入（*embedding*），因為編碼器會盡量試著去嵌入更多資訊，好讓解碼器可以產生準確的重構結果。

自動編碼器（*autoencoder*）只是一個針對如何對某個項目進行編碼和解碼所訓練完成的神經網路，使得此過程的輸出得以盡可能接近原始項目。關鍵在於它讓我們能夠解碼 2D 空間中的任何點（特別是那些不是原有項目的嵌入）來生成一件全新的衣物，因此它也可以當作生成模型來使用。

現在來看看如何使用 Keras 來建置一個自動編碼器，並將其用於真實的資料集！

執行本範例的程式碼

本範例的 Jupyter notebook 程式碼請由本書 GitHub 取得：

notebooks/03_vae/01_autoencoder/autoencoder.ipynb

Fashion-MNIST 資料集

本範例會用到 Fashion-MNIST 資料集（*https://oreil.ly/DS4-4*）。這是一個包含各種服飾衣物的灰階圖像集，每張圖像大小都是 28 × 28 像素。資料集中的一些範例圖像如圖 3-3。

圖 3-3　Fashion-MNIST 資料集中的圖像範例

該資料集已經整合到 TensorFlow 中了，下載方式請參考範例 3-1。

範例 *3-1　載入 Fashion-MNIST 資料集*

```
from tensorflow.keras import datasets
(x_train,y_train), (x_test,y_test) = datasets.fashion_mnist.load_data()
```

這些都是大小為 28 × 28 的灰階圖像（像素值介於 0 和 255 之間），因此要對其進行預處理好讓像素值介於 0 和 1 之間。我們還要把每個圖像填充到 32 × 32 以便處理張量的形狀，如範例 3-2。

範例 *3-2　資料預處理*

```
def preprocess(imgs):
    imgs = imgs.astype("float32") / 255.0
    imgs = np.pad(imgs, ((0, 0), (2, 2), (2, 2)), constant_values=0.0)
    imgs = np.expand_dims(imgs, -1)
    return imgs
```

```
x_train = preprocess(x_train)
x_test = preprocess(x_test)
```

接下來要介紹自動編碼器的整體結構,以便使用 TensorFlow 和 Keras 來編寫相關程式。

自動編碼器的架構

自動編碼器是由兩個部分所組成的神經網路:

- 編碼器網路:將高維度的輸入資料(例如圖像)壓縮成低維度的嵌入向量。

- 解碼器網路:將指定嵌入向量解碼回原始領域(例如,還原為圖像)。

圖 3-4 為網路架構示意圖。單一輸入圖像會被編碼為潛在嵌入向量 z,然後再被解碼回原始的像素空間。

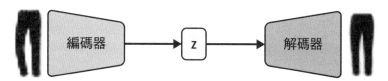

圖 3-4　自動編碼器架構示意圖

自動編碼器在其透過編碼器和解碼器的過程中,被訓練用於重構一張圖像。這乍看可能有點奇怪——為什麼要重構一組已經存在的圖像呢?然而,正如後續所述,自動編碼器的有趣之處在於它的嵌入空間,也稱為潛在空間(*latent space*),對這個空間抽樣就能讓我們生成新的圖像。

首先要定義嵌入是什麼意思。嵌入(z)是把原始圖像壓縮到某個低維度的潛在空間中。概念是在潛在空間中選擇任何一個點,就能透過解碼器來生成全新圖像,這是因為解碼器已經學會如何將潛在空間中的點轉換成可行的圖像。

本範例要把圖像嵌入到一個二維潛在空間中。由於在 2D 空間中畫點很容易做到,因此有助於視覺化呈現出這個潛在空間。但在實務上為了有更高的自由度來進一步擷取圖像中的細微差異,自動編碼器的潛在空間維度通常不只兩個。

自動編碼器作為降噪模型

由於編碼器已學會在潛在空間中擷取隨機雜訊位置不再有益於重構原始圖像，因此自動編碼器也可用於清除含有雜訊的圖像。對於此類任務，2D潛在空間可能太小而無法從輸入中編碼出足夠的相關資訊。然而正如我們將看到的，如果想要把自動編碼器用作生成模型，增加潛在空間的維度很快就會發生問題。

現在來看看如何建置編碼器和解碼器吧。

編碼器

在自動編碼器中，編碼器的任務是將輸入圖像映射到潛在空間中的某個嵌入向量。我們所要建置的編碼器架構如表 3-1。

表 3-1 編碼器模型摘要

Layer (type)	Output shape	Param #
InputLayer	(None, 32, 32, 1)	0
Conv2D	(None, 16, 16, 32)	320
Conv2D	(None, 8, 8, 64)	18,496
Conv2D	(None, 4, 4, 128)	73,856
Flatten	(None, 2048)	0
Dense	(None, 2)	4,098

Total params	96,770
Trainable params	96,770
Non-trainable params	0

為了實作這個模型，我們首先針對所要的圖像建立了一個 Input 層，接著將圖像依序透過三個 Conv2D 層，每一層都會擷取越來越高階的特徵。在此所採用的步長為 2，這會讓每層的輸出大小減半，同時增加通道數。最後一個卷積層會被攤平並連接到一個大小為 2 的 Dense 層，這個數字代表了我們的二維潛在空間。

範例 3-3 說明了如何使用 Keras 來建置這個編碼器。

範例 3-3　編碼器

```
encoder_input = layers.Input(
    shape=(32, 32, 1), name = "encoder_input"
) ❶
x = layers.Conv2D(32, (3, 3), strides = 2, activation = 'relu', padding="same")(
    encoder_input
) ❷
x = layers.Conv2D(64, (3, 3), strides = 2, activation = 'relu', padding="same")(x)
x = layers.Conv2D(128, (3, 3), strides = 2, activation = 'relu', padding="same")(x)
shape_before_flattening = K.int_shape(x)[1:]

x = layers.Flatten()(x) ❸
encoder_output = layers.Dense(2, name="encoder_output")(x) ❹

encoder = models.Model(encoder_input, encoder_output) ❺
```

❶ 定義編碼器的 Input 層（圖像）。

❷ 依序堆疊多個 Conv2D 層。

❸ 將最後一個卷積層攤平成一個向量。

❹ 使用 Dense 層將這個向量連接到 2D 嵌入。

❺ 用於定義這個編碼器的 Keras Model——可接收輸入圖像並將其編碼為 2D 嵌入的
模型。

 我極力建議你嘗試不同的卷積層和過濾器數量，這樣才能了解不同的架構
如何影響模型總參數量、模型效能和執行時間。

解碼器

解碼器就是編碼器的鏡像——但會用卷積轉置層來取代卷積層，如表 3-2。

表 3-2　解碼器模型摘要

Layer (type)	Output shape	Param #
InputLayer	(None, 2)	0
Dense	(None, 2048)	6,144
Reshape	(None, 4, 4, 128)	0

Layer (type)	Output shape	Param #
Conv2DTranspose	(None, 8, 8, 128)	147,584
Conv2DTranspose	(None, 16, 16, 64)	73,792
Conv2DTranspose	(None, 32, 32, 32)	18,464
Conv2D	(None, 32, 32, 1)	289

Total params	246,273	
Trainable params	246,273	
Non-trainable params	0	

卷積轉置層

標準的卷積層在設定 `strides = 2` 之後就能讓輸入張量在兩個維度（高度和寬度）上減半。

卷積轉置層也運用了與標準卷積層相同的原理（在過濾器掃過圖像），但差別在於設定 `strides = 2` 會讓輸入張量的大小在兩個維度上都加倍。

在卷積轉置層中，`strides` 參數決定了圖像像素之間的內部填零方式，如圖 3-5。這裡有一個 3 × 3 × 1 的過濾器（灰色），使用 `strides = 2` 的設定去掃過一張 3 × 3 × 1 的圖像（藍色），結果會產生一個 6 × 6 × 1 的輸出張量（綠色）。

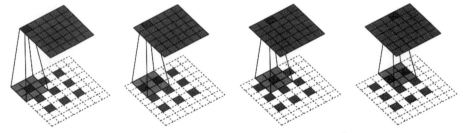

圖 3-5　卷積轉置層的範例（資料來源：Dumoulin and Visin, 2018）[2]

Keras 使用 `Conv2DTranspose` 層來對張量進行卷積轉置運算。把這些層堆疊之後，就能透過長度為 2 的步長來逐漸加大各層的尺寸，直到回復到原始圖像的 32 × 32 大小為止。

範例 3-4 說明了如何使用 Keras 來建置這個解碼器。

範例 3-4　解碼器

```
decoder_input = layers.Input(shape=(2,), name="decoder_input") ❶
x = layers.Dense(np.prod(shape_before_flattening))(decoder_input) ❷
x = layers.Reshape(shape_before_flattening)(x) ❸
x = layers.Conv2DTranspose(
    128, (3, 3), strides=2, activation = 'relu', padding="same"
)(x) ❹
x = layers.Conv2DTranspose(
    64, (3, 3), strides=2, activation = 'relu', padding="same"
)(x)
x = layers.Conv2DTranspose(
    32, (3, 3), strides=2, activation = 'relu', padding="same"
)(x)
decoder_output = layers.Conv2D(
    1,
    (3, 3),
    strides = 1,
    activation="sigmoid",
    padding="same",
    name="decoder_output"
)(x)

decoder = models.Model(decoder_input, decoder_output) ❺
```

❶ 定義解碼器的 Input 層（潛在空間的嵌入向量）。

❷ 將輸入連接到一個 Dense 層。

❸ 將這個向量重塑（Reshape）成一個張量，以作為第一 Conv2DTranspose 層的輸入。

❹ 依序堆疊多個 Conv2DTranspose 層。

❺ 用於定義這個編碼器的 Keras Model——可接收潛在空間中的嵌入向量並將其解碼回原始圖像領域的模型。

結合編碼器和解碼器

為了要同時訓練編碼器和解碼器，需要定義一個模型來表示一張圖像透過編碼器再透過解碼器的過程。幸好有 Keras，讓這件事變得超簡單，如範例 3-5。請注意本範例中的自動編碼器模型輸出只是經過解碼器處理過後的編碼器輸出。

範例 3-5　完整的自動編碼器

```
autoencoder = Model(encoder_input, decoder(encoder_output)) ❶
```

❶ 用於定義完整自動編碼器的 Keras Model——可接收一張圖像，使其透過編碼器之後再透過解碼器來生成對於原始圖像的重構結果。

模型已經定義好了，現在要搭配一個損失函數和最佳化器來編譯它，如範例 3-6。損失函數通常會選用原始圖像與重構圖像之間個別像素的均方根誤差（RMSE）或二元交叉熵。

範例 3-6　編譯自動編碼器

```
# Compile the autoencoder
autoencoder.compile(optimizer="adam", loss="binary_crossentropy")
```

選擇損失函數

最佳化 RMSE 代表所生成的輸出將在平均像素值周圍呈現對稱分布（因為預測過高或過低都會受到同等懲罰）。

另一方面，二元交叉熵損失就是不對稱的——相較於趨近於中央的錯誤，它對於趨近極端的錯誤會給予更高的懲罰。例如，如果真實像素值很高（例如 0.7），那麼生成像素值為 0.8 的懲罰會比生成像素值為 0.6 的懲罰更重。如果真實像素值很低（例如 0.3），那麼生成像素值為 0.2 的懲罰將比生成像素值為 0.4 的懲罰更重。

這會讓二元交叉熵損失所生成的圖像稍微模糊，因為它傾向於將預測推向 0.5，但有時候這個做法還不錯，因為 RMSE 可能會讓邊緣發生明顯的像素化。

在使用上沒有所謂的對或錯——請在多方嘗試之後選出對你的案例效果最好的方法吧。

現在可將多張輸入圖像同時作為輸入與輸出來訓練自動編碼器，如範例 3-7。

範例 3-7　訓練自動編碼器

```
autoencoder.fit(
    x_train,
    x_train,
    epochs=5,
    batch_size=100,
```

```
        shuffle=True,
        validation_data=(x_test, x_test),
    )
```

現在自動編碼器已經訓練完成,首先需要檢查它是否能夠準確地重構輸入圖像。

重構圖像

藉由把測試資料集中的圖像送入自動編碼器,然後將輸出與原始圖像進行比較,這樣就能測試它重構圖像的能力。程式碼如範例 3-8。

範例 3-8　使用自動編碼器重構圖像

```
example_images = x_test[:5000]
predictions = autoencoder.predict(example_images)
```

圖 3-6 中可以看到一些原始圖像(上列)、經過編碼後的 2D 向量,以及解碼後的重構項目(下列)的範例。

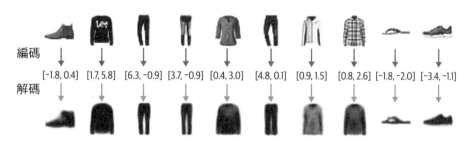

圖 3-6　編碼與解碼各種衣物的範例

請注意,以上重構的結果不算完美 —— 解碼過程中還是沒有擷取到一些原始圖像的細節,例如商標。這是因為在把將每張圖像縮小成只有兩個數字時,很自然地會失去了某些資訊。

現在讓我們來研究一下編碼器在潛在空間中如何表示圖像。

視覺化呈現潛在空間

我們可以把影像在潛在空間中的嵌入方式視覺化呈現出來,做法是把測試資料集送入編碼器之後,再把嵌入結果繪製出來,如範例 3-9。

範例 3-9　使用編碼器來嵌入圖像

```
embeddings = encoder.predict(example_images)

plt.figure(figsize=(8, 8))
plt.scatter(embeddings[:, 0], embeddings[:, 1], c="black", alpha=0.5, s=3)
plt.show()
```

圖 3-2 就是所繪製的散佈圖——每個黑點都是一個嵌入於潛在空間中的圖像。

為了能更清楚理解這個潛在空間的結構，我們可以使用 Fashion-MNIST 資料集的標籤，這些標籤描述了每個圖像中的物品類型。一共有 10 個不同的類別，如表 3-3。

表 3-3　Fashion-MNIST 的所有標籤

ID	Clothing label
0	T-shirt/top
1	Trouser
2	Pullover
3	Dress
4	Coat
5	Sandal
6	Shirt
7	Sneaker
8	Bag
9	Ankle boot

我們可以根據每張圖像所對應的標籤來對每個點上色，結果如圖 3-7。現在結構變得非常清晰！即使模型在訓練過程中從未看過任何衣物的標籤，自動編碼器也能很自然地將外觀相似的物品分組到潛在空間的相同位置。例如，潛在空間右下角的深藍色點群是各種不同的褲子圖像，而指向中央的紅色點群則是所有短靴的圖像。

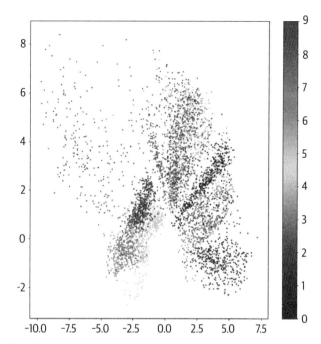

圖 3-7 　根據衣物標籤來著色的潛在空間

生成新圖像

在潛在空間中抽樣一些點，再用解碼器將它們轉換回像素空間，這麼做就能生成全新的圖像，如範例 3-10。

範例 3-10 　使用解碼器生成新圖像

```
mins, maxs = np.min(embeddings, axis=0), np.max(embeddings, axis=0)
sample = np.random.uniform(mins, maxs, size=(18, 2))
reconstructions = decoder.predict(sample)
```

圖 3-8 是一些所生成的範例圖像，以及它們在潛在空間中的嵌入。

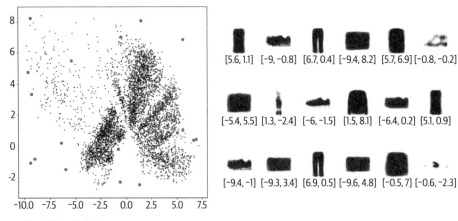

圖 3-8　生成的一些衣物

每個藍點都對應到了右側的一個圖像，嵌入向量則列於圖片下方。觀察一下，某些生成項目比其他更加逼真。這是為什麼呢？

為了回答這個問題，首先來觀察一下潛在空間中各點的整體分布情形，請回顧圖 3-7：

- 某些衣物只出現在一塊非常小的區域中，而其他則散落在更大的區域中。

- 整體分布並非以點 (0, 0) 為對稱中心，也不以此為限。例如，落在 y 軸正向的點比落在 y 軸負向的點來得更多，有些點的 y 值甚至大於 8。

- 點數量較少的顏色之間有著相當明顯的間隔。

這些觀察結果使得從潛在空間中抽樣變得相當有挑戰性。如果再把解碼點所生成的圖像疊上潛在空間，如圖 3-9，就能理解為什麼解碼器所生成的圖像無法總是令人滿意。

首先可以看到，如果在已定義的有界空間中均勻地選出一些點，這些點在解碼之後更有可能看起來像一個包包（ID 8）而不是一雙短靴（ID 9），因為包包（橙色）在潛在空間所占用的區域要比短靴區域（紅色）來得大。

其次，因為這些點的分布尚未定義，我們不知道應該如何在潛在空間中隨機選出一個點。從技術上來說，在這個 2D 平面中選擇任何一點是完全合理的！但這甚至無法保證點會以 (0, 0) 為中心。這使得從潛在空間中抽樣成為一個問題。

最後，我們可以看到在潛在空間中有一些空白區域，其中沒有任何原始影像被編碼在其中。例如，在區域邊緣有大片的白色空間——自動編碼器無須確保這些點在解碼後也能生成足以辨識的衣物圖像，因為訓練集中很少有圖像被編碼到這裡。

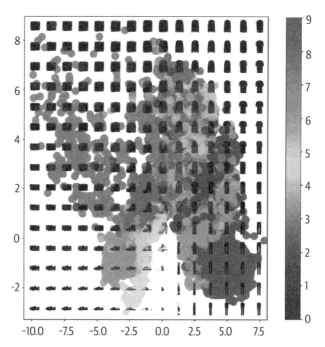

圖 3-9　嵌入被解碼之後所組成的網格，並與資料集中原始圖像的嵌入疊加，根據項目類型來分色

就算是位於區域中心的點可能也無法解碼成形狀良好的圖像。這是因為自動編碼器並無強制要求空間必須是連續的。例如，就算點 (–1, –1) 可能被解碼成一張令人滿意的涼鞋圖像，但並沒有機制去確保點 (–1.1, –1.1) 也能產生另一張不錯的涼鞋圖像。

在二維空間中，這個問題相當難以拿捏；這個自動編碼器只有少數幾個維度可以使用，所以它很自然會去把衣物群組壓縮在一起，而使得衣物群組之間的空間相對較小。然而，隨著我們在潛在空間中使用更多維度來生成更複雜的圖像，比如臉部，這個問題會變得更加明顯。如果讓自動編碼器能夠自由使用潛在空間來編碼圖像的話，那麼相似點群之間的間隙會變得相當大，而不再有任何動機去產生良好成形的圖像。

為了解決這三個問題，就需要將自動編碼器轉換為變分自動編碼器。

變分自動編碼器

為了解釋這一點，回顧一下之前那個無窮大的衣櫥，並做一些改變⋯

現在，讓我們試著理解自動編碼器模型需要做哪些改變才能將其轉換為變分自動編碼器，從而使其成為一個更複雜的生成模型。

所需修改的兩個地方是編碼器和損失函數。

編碼器

在自動編碼器中，每個圖像會被直接映射到潛在空間中的某個點。而在變分自動編碼器中，每個圖像則是被映射到潛在空間中某一點周圍的多變量常態分布中，如圖 3-10。

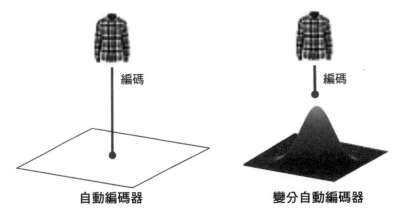

圖 3-10　自動編碼器和變分自動編碼器之間兩者在編碼器上的差異

多變量常態分布

常態分布（或高斯分布）$\mathscr{N}(\mu, \sigma)$ 是一種形狀明顯呈現出鐘形曲線的機率分布，由兩個變量來定義：均值（μ）和變異數（σ^2）。而標準差（σ）則是變異數的平方根。

一維常態分布的機率密度函數為：

$$f\left(x \mid \mu, \sigma^2\right) = \frac{1}{\sqrt{2\pi\sigma^2}} e^{-\frac{(x-\mu)^2}{2\sigma^2}}$$

圖 3-11 是幾個平均數與變異數各自不同的一維常態分布。紅色曲線是標準常態（或單位常態）$\mathscr{N}(0, 1)$——均值為 0，變異數為 1 的常態分布。

我們可用以下方程式從均值 μ 和標準差 σ 的常態分布中抽樣一個點 z：

$$z = \mu + \sigma\epsilon$$

其中 ϵ 是從標準常態分布中抽樣的。

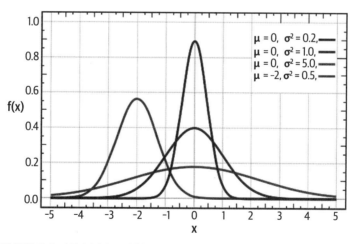

圖 3-11　一維常態分布（資料來源：維基百科（*https://oreil.ly/gWwKV*））

常態分布的概念可以擴展到一維以上——在 k 維度中，具備平均數向量 μ 和對稱共變異數矩陣 Σ 的多變量常態分布（或多變量高斯分布）$\mathcal{N}(\mu, \Sigma)$，其機率密度函數可如下表示：

$$f(x_1, ..., x_k) = \frac{\exp\left(-\frac{1}{2}(\mathbf{x} - \mu)^{\mathrm{T}}\Sigma^{-1}(\mathbf{x} - \mu)\right)}{\sqrt{(2\pi)^k|\Sigma|}}$$

本書通常使用各向同性（isotropic）的多變量常態分布，其中共變異數矩陣是對角矩陣。這意味著該分布在各維度上都是獨立的（代表抽樣一個向量，其中每個元素都以獨立的平均數和變異數來遵守常態分布）。這個變分自動編碼器中所用的多變量常態分布也是如此。

多變量常態分布 $\mathcal{N}(0, \mathbf{I})$ 是指均值向量皆為 0，且具備單位共變異數矩陣的多變量分布。

常態與高斯

本書會把"常態"和"高斯"這兩個詞當作同義詞交替使用，而且通常隱含了該分布具備了各向同性和多變量的特性。例如，"從高斯分布中抽樣"可以理解為"我們從一個各向同性的多變量高斯分布中抽樣"。

編碼器只需要將每個輸入映射到一個均值向量和一個變異數向量，而不需要考慮潛在空間中維度之間的共變異數。變分自動編碼器會假設潛在空間中的各維度之間沒有相關性。

變異數值永遠為正，因此我們實際上要映射的是變異數的對數，因為它可為 $(-\infty, \infty)$ 範圍中的任意實數。這樣，我們就能使用神經網路作為編碼器，將輸入圖像映射到均值和對數變異數向量。

總結一下，編碼器會把每張輸入圖像編碼為兩個向量，這兩個向量共同定義了潛在空間中的某個多變量常態分布：

z_mean

分布的均值點

z_log_var

各維度的變異數對數值

在這些數值所定義的分布中，我們可用以下方程式來抽樣一個點 z：

z = z_mean + z_sigma * epsilon

其中：

z_sigma = exp(z_log_var * 0.5)
epsilon ~ N(0,I)

 推導 z_sigma (σ) 與 z_log_var $(\log(\sigma^2))$ 之間關係的過程如下：

$$\sigma = \exp(\log(\sigma)) = \exp(2\log(\sigma)/2) = \exp\left(\log(\sigma^2)/2\right)$$

變分自動編碼器的結構與普通自動編碼器的解碼器完全相同，整體架構如圖 3-12。

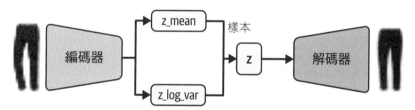

圖 3-12　VAE 架構示意圖

為什麼只做了這個小改變就能讓編碼器更厲害？

我們先前已看到潛在空間並不需要是連續的，即使點 (–2, 2) 能解碼成一張不錯的涼鞋圖像，這也不強制規定 (–2.1, 2.1) 的結果也要看起來像涼鞋。現在，由於我們改為從 z_mean 周圍區域中隨機抽樣一個點，解碼器就必須確保同一鄰近區域中的所有點在解碼之後所產生的圖像能夠非常相近，以確保重構損失能維持在較低的水準。這個特性非常好，能夠確保即使我們選到了潛在空間中某個編碼器從未看過的點，仍然能夠解碼出一張不錯的圖像。

建置 VAE 編碼器

現在來看看如何在 Keras 中建置這個新版本的編碼器。

執行本範例的程式碼

本範例的 Jupyter notebook 程式碼請由本書 GitHub 取得:

notebooks/03_vae/02_vae_fashion/vae_fashion.ipynb

此程式碼是根據 Francois Chollet 的優質 VAE 教學(*https://oreil.ly/A7yqJ*)
修改而來,這份教學可在 Keras 網站上取得。

首先,我們需要建立一個新型的 Sampling 層,以便從由 z_mean 和 z_log_var 所定義的分布中進行抽樣,如範例 3-11。

範例 3-11　Sampling 層

```
class Sampling(layers.Layer): ❶
    def call(self, inputs):
        z_mean, z_log_var = inputs
        batch = tf.shape(z_mean)[0]
        dim = tf.shape(z_mean)[1]
        epsilon = K.random_normal(shape=(batch, dim))
        return z_mean + tf.exp(0.5 * z_log_var) * epsilon ❷
```

❶ 藉由子類別化 Keras 的基本 Layer 類別來建立一個新的層(請參閱以下"子類別化 Layer 類別"段落)。

❷ 使用重新參數化技巧(參考"重新參數化技巧"段落),從由 z_mean 和 z_log_var 所參數化的常態分布中建置樣本。

子類別化 **Layer** 類別

你可對抽象的 Layer 類別進行子類別化並定義 call 方法,藉此在 Keras 中建立新的層,call 方法描述了如何透過該層來轉換張量。

例如在變分自動編碼器中,我們可以建立一個 Sampling 層來處理從由 z_mean 和 z_log_var 定義之常態分布所抽樣的 z。

如果想對尚未被納入 Keras 預設層類型中的張量進行變換時,這個做法相當好用。

> ### 重新參數化技巧
>
> 與其直接從由 z_mean 和 z_log_var 參數化的常態分布中抽樣，我們可改為對標準常態分布中抽樣 epsilon，然後手動調整樣本使其具備正確的平均數與變異數。
>
> 這被稱為重新參數化（*reparameterization*）技巧，其重要性在於代表梯度可以自由地透過該層反向傳播。藉由將該層的所有隨機性都包含在 epsilon 變數中，該層輸出的偏微分對於其輸入就能確認為確定性的（也就是獨立於隨機的 epsilon），這使得透過該層進行反向傳播成為可能。

完整的編碼器程式碼，包括新的 Sampling 層，如範例 3-12。

範例 *3-12* 編碼器

```
encoder_input = layers.Input(
    shape=(32, 32, 1), name="encoder_input"
)
x = layers.Conv2D(32, (3, 3), strides=2, activation="relu", padding="same")(
    encoder_input
)
x = layers.Conv2D(64, (3, 3), strides=2, activation="relu", padding="same")(x)
x = layers.Conv2D(128, (3, 3), strides=2, activation="relu", padding="same")(x)
shape_before_flattening = K.int_shape(x)[1:]

x = layers.Flatten()(x)
z_mean = layers.Dense(2, name="z_mean")(x)  ❶
z_log_var = layers.Dense(2, name="z_log_var")(x)
z = Sampling()([z_mean, z_log_var])  ❷

encoder = models.Model(encoder_input, [z_mean, z_log_var, z], name="encoder")  ❸
```

❶ 把 Flatten 層連接到 z_mean 和 z_log_var 這兩個 Dense 層，而非直接連接到 2D 潛在空間。

❷ Sampling 層會從由 z_mean 和 z_log_var 參數所定義的常態分布中抽樣一個點 z，這個點位於潛在空間中。

❸ 用於定義編碼器的 Keras Model，可接收一張輸入圖像並輸出 z_mean、z_log_var，以及由這兩個參數定義之常態分布中所抽樣的一個點 z。

編碼器摘要如表 3-4。

表 3-4　VAE 編碼器的模型摘要

Layer (type)	Output shape	Param #	Connected to
InputLayer (input)	(None, 32, 32, 1)	0	[]
Conv2D (conv2d_1)	(None, 16, 16, 32)	320	[input]
Conv2D (conv2d_2)	(None, 8, 8, 64)	18,496	[conv2d_1]
Conv2D (conv2d_3)	(None, 4, 4, 128)	73,856	[conv2d_2]
Flatten (flatten)	(None, 2048)	0	[conv2d_3]
Dense (z_mean)	(None, 2)	4,098	[flatten]
Dense (z_log_var)	(None, 2)	4,098	[flatten]
Sampling (z)	(None, 2)	0	[z_mean, z_log_var]

Total params	100,868
Trainable params	100,868
Non-trainable params	0

現在要介紹原始自動編碼器所需修改的另一個地方：損失函數。

損失函數

先前，我們的損失函數只包含了原始圖像和它們透過編碼器和解碼器後所生成結果之間的重構損失。變分自動編碼器也必須考量到重構損失，但還會多一項：*Kullback-Leibler*（*KL*）散度。

KL 散度（KL divergence，譯註：又稱相對熵（relative entropy））是一種衡量兩個機率分布之間差異的方法。在 VAE 中，我們想知道由參數 z_mean 和 z_log_var 所決定之常態分布與標準常態分布之間的差異。在這種特殊情況下，可用以下形式來呈現 KL 散度：

```
kl_loss = -0.5 * sum(1 + z_log_var - z_mean ^ 2 - exp(z_log_var))
```

也可以看看它的數學式：

$$D_{KL}[N(\mu, \sigma \parallel N(0,1)] = -\frac{1}{2}\sum\left(1 + log\left(\sigma^2\right) - \mu^2 - \sigma^2\right)$$

這個和是針對潛在空間中的所有維度進行的。當所有維度上的 z_mean = 0 且 z_log_var = 0 時，kl_loss 會被最小化為 0。隨著這兩個項逐漸不等於 0，kl_loss 也隨之增加。

總之，當網路將觀測值所編碼的 z_mean 和 z_log_var 變數與標準常態分布參數彼此出現顯著差異時，也就是 z_mean = 0 和 z_log_var = 0，KL 散度項就會對網路施加懲罰。

為什麼損失函數加入這一項就會更好？

首先，我們現在有了一個明確定義的機率分布，可用於在潛在空間（標準常態分布）中選出各個點。其次，由於 KL 散度會試著把所有編碼後的分布變成標準常態分布，因此點群之間出現大間隙的機會較少。相反，編碼器會試著對原點周圍的空間進行對稱且高效的運用。

在最初的 VAE 論文中，VAE 的損失函數單純只是重構損失加上 KL 散度損失項。其變體（β-VAE）多了一個 KL 散度權重因子，以確保它與重構損失能達到良好平衡。如果重構損失的權重太高，KL 損失的調節效果將不如預期，普通自動編碼器所面臨的問題依然無法解決。反之如果 KL 散度的權重太高，KL 散度損失將佔主導地位導致重構圖像品質變差。這個權重項是你在訓練 VAE 時所需調整的參數之一。

訓練變分自動編碼器

範例 3-13 示範如何把整個 VAE 模型建置為 Keras Model 類別的子類別。這使我們能夠在自定義的 train_step 方法中加入對損失函數的 KL 散度項的相關計算。

範例 3-13 訓練 VAE

```python
class VAE(models.Model):
    def __init__(self, encoder, decoder, **kwargs):
        super(VAE, self).__init__(**kwargs)
        self.encoder = encoder
        self.decoder = decoder
        self.total_loss_tracker = metrics.Mean(name="total_loss")
        self.reconstruction_loss_tracker = metrics.Mean(
            name="reconstruction_loss"
        )
        self.kl_loss_tracker = metrics.Mean(name="kl_loss")

    @property
    def metrics(self):
        return [
            self.total_loss_tracker,
            self.reconstruction_loss_tracker,
            self.kl_loss_tracker,
        ]

    def call(self, inputs): ❶
        z_mean, z_log_var, z = encoder(inputs)
        reconstruction = decoder(z)
        return z_mean, z_log_var, reconstruction
```

```python
    def train_step(self, data): ❷
        with tf.GradientTape() as tape:
            z_mean, z_log_var, reconstruction = self(data)
            reconstruction_loss = tf.reduce_mean(
                500
                * losses.binary_crossentropy(
                    data, reconstruction, axis=(1, 2, 3)
                )
            ) ❸
            kl_loss = tf.reduce_mean(
                tf.reduce_sum(
                    -0.5
                    * (1 + z_log_var - tf.square(z_mean) - tf.exp(z_log_var)),
                    axis = 1,
                )
            )
            total_loss = reconstruction_loss + kl_loss ❹

        grads = tape.gradient(total_loss, self.trainable_weights)
        self.optimizer.apply_gradients(zip(grads, self.trainable_weights))

        self.total_loss_tracker.update_state(total_loss)
        self.reconstruction_loss_tracker.update_state(reconstruction_loss)
        self.kl_loss_tracker.update_state(kl_loss)

        return {m.name: m.result() for m in self.metrics}

vae = VAE(encoder, decoder)
vae.compile(optimizer="adam")
vae.fit(
    train,
    epochs=5,
    batch_size=100
)
```

❶ 本函數描述了特定輸入圖像呼叫 VAE 時所要回傳的內容。

❷ 本函數描述了 VAE 的一個訓練步驟,包括損失函數的計算。

❸ 重構損失中使用的 beta 值為 500。

❹ 總損失等於重構損失加上 KL 散度損失。

Gradient Tape

TensorFlow 的 *Gradient Tape* 是一種讓模型能在其前向傳遞過程中同時求出運算梯度的機制。要使用它,需要將執行所需操作的程式碼包裝在 `tf.GradientTape()` 上下文中。一旦運算被記錄下來之後,就能呼叫 `tape.gradient()` 來計算損失函數之於特定變數的梯度,再讓最佳化器搭配這些梯度來更新變數。

這種機制在計算自定義損失函數的梯度(如此處所做)時非常有用,同樣對於建立自定義訓練迴圈也超好用,第 4 章就會談到。

分析變分自動編碼器

現在變分自動編碼器(VAE)已經訓練完成,可以使用它的編碼器來編碼測試資料集中的圖像,並在潛在空間中繪製 z_mean 值。我們還可以從標準常態分布中抽樣以在潛在空間中生成多個點,再透過解碼器將這些點解碼回像素空間,藉此看看 VAE 的表現如何。

圖 3-13 是新的潛在空間結構,以及一些抽樣點與其解碼後的圖像。很容易看出潛在空間在組織方式上有一些不同的地方了。

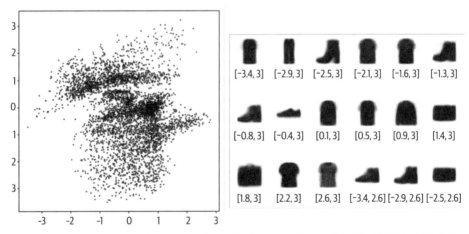

圖 3-13　新的潛在空間:黑色點是各個已編碼圖像的 z_mean 值,而藍色點則是潛在空間中的一些抽樣點(右側為對應的解碼後圖像)

首先,KL 散度損失項確保了已編碼圖像的 z_mean 和 z_log_var 值永遠不會與標準常態分布差太多。其次,由於編碼器現在是隨機性而非確定性,潛在空間因此更加連續而不會有太多形狀不佳的圖像了。

最後，根據服裝類型對潛在空間中的各點著色之後（圖 3-14），我們可以看到模型並沒有偏向處理某種特定的衣物類型。圖 3-14 右側小圖是把空間轉換為 p 值的結果——可看到每種顏色的表示大致相等。再次強調，訓練期間完全沒有用到任何標籤；VAE 已經自行學會了各種形式的衣物，好使它能把重構損失最小化。

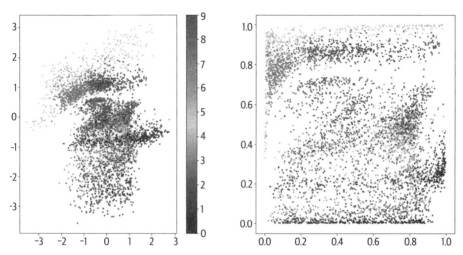

圖 3-14　VAE 中的潛在空間，按照衣物類型著色

探索潛在空間

到目前為止，自動編碼器和變分自動編碼器的所有相關工作都受限於只有兩個維度的潛在空間。這有助於我們以書面方式將 VAE 的內部運作方式視覺化呈現出來，並理解為什麼自動編碼器架構做的小修改就能將其轉變為更厲害的全新生成建模網路。

現在，讓我們將注意力轉向更複雜的資料集，並看看變分自動編碼器在潛在空間維度增加之後所能做到的驚人效果。

執行本範例的程式碼

本範例的 Jupyter notebook 程式碼請由本書 GitHub 取得：

notebooks/03_vae/03_faces/vae_faces.ipynb

CelebA 資料集

我們將使用 CelebFaces Attributes（CelebA）資料集（*https://oreil.ly/tEUnh*）來訓練新的變分自動編碼器。這份資料集包含了超過 200,000 張知名人士臉孔的彩色圖像，每張圖像都具備多個標籤（例如，戴帽子、笑容等）。圖 3-15 是一些範例。

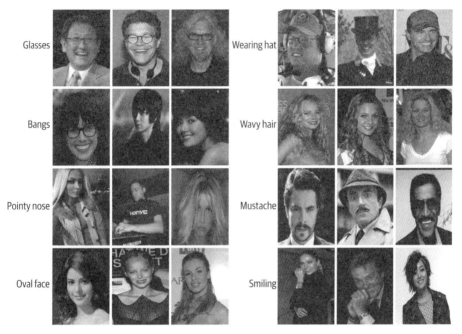

圖 3-15 CelebA 資料集的一些範例（資料來源：Liu et al., 2015）[3]

當然，訓練 VAE 時不需要這些標籤，但後續在探索這些特徵如何在多維度潛在空間中被擷取出來時，這些標籤就非常有用了。VAE 訓練完成後，就能對潛在空間中抽樣來生成新的明星臉案例了。

CelebA 資料集也可以從 Kaggle 取得，你可以執行本書 GitHub 儲存庫中的 Kaggle 資料集下載腳本來下載資料集，如範例 3-14。這會把圖像和對應的元資料保存到本機端的 */data* 資料夾中。

範例 3-14 下載 CelebA 資料集

```
bash scripts/download_kaggle_data.sh jessicali9530 celeba-dataset
```

在此會用到 Keras 的 `image_dataset_from_directory` 函式來產生一個指向儲存圖像目錄的 TensorFlow 資料集，如範例 3-15。這使我們能在必要時（例如訓練期間）將圖像批量讀入記憶體，以便處理大型資料集而不必擔心要把整個資料集放入記憶體中。這個函式還會把圖像大小調整為 64 × 64 大小，並在像素值之間進行插值運算。

範例 3-15　預處理 CelebA 資料集

```
train_data = utils.image_dataset_from_directory(
    "/app/data/celeba-dataset/img_align_celeba/img_align_celeba",
    labels=None,
    color_mode="rgb",
    image_size=(64, 64),
    batch_size=128,
    shuffle=True,
    seed=42,
    interpolation="bilinear",
)
```

原始資料的像素值範圍在 [0, 255] 之間，我們將其重新縮放到 [0, 1] 之間，如範例 3-16。

範例 3-16　預處理 CelebA 資料集

```
def preprocess(img):
    img = tf.cast(img, "float32") / 255.0
    return img

train = train_data.map(lambda x: preprocess(x))
```

訓練變分自動編碼器

人臉生成的網路架構與 Fashion-MNIST 相當類似，除了以下細微差異之外：

1. 資料的輸入通道數量現在為三個（RGB）而非一個（灰階），代表解碼器的最後一個卷積轉置層的通道數量要修改為 3。

2. 潛在空間現在的維度高達 200，而不是之前的 2 維。由於人臉遠比 Fashion-MNIST 圖像來得複雜，因此我們大幅增加了潛在空間的維度，好讓網路能從圖像中編碼出足量的細節。

3. 每個卷積層後都跟著一個批正規化層好讓訓練更穩定。即使每批都會多用掉一點時間，但能達到相同水準損失所需的批數量也因此大幅減少。

---

4. 我們把 KL 散度的 β 因子拉高到 2,000。這是一個需要調整的參數；對於這個資料集和架構來說，這個值已確認可以有不錯的結果。

完整的編碼器和解碼器架構如下，分別如表 3-5 和表 3-6。

表 3-5　VAE 人臉編碼器的模型摘要

Layer (type)	Output shape	Param #	Connected to
InputLayer (input)	(None, 32, 32, 3)	0	[]
Conv2D (conv2d_1)	(None, 16, 16, 128)	3,584	[input]
BatchNormalization (bn_1)	(None, 16, 16, 128)	512	[conv2d_1]
LeakyReLU (lr_1)	(None, 16, 16, 128)	0	[bn_1]
Conv2D (conv2d_2)	(None, 8, 8, 128)	147,584	[lr_1]
BatchNormalization (bn_2)	(None, 8, 8, 128)	512	[conv2d_2]
LeakyReLU (lr_2)	(None, 8, 8, 128)	0	[bn_2]
Conv2D (conv2d_3)	(None, 4, 4, 128)	147,584	[lr_2]
BatchNormalization (bn_3)	(None, 4, 4, 128)	512	[conv2d_3]
LeakyReLU (lr_3)	(None, 4, 4, 128)	0	[bn_3]
Conv2D (conv2d_4)	(None, 2, 2, 128)	147,584	[lr_3]
BatchNormalization (bn_4)	(None, 2, 2, 128)	512	[conv2d_4]
LeakyReLU (lr_4)	(None, 2, 2, 128)	0	[bn_4]
Flatten (flatten)	(None, 512)	0	[lr_4]
Dense (z_mean)	(None, 200)	102,600	[flatten]
Dense (z_log_var)	(None, 200)	102,600	[flatten]
Sampling (z)	(None, 200)	0	[z_mean, z_log_var]

Total params	653,584
Trainable params	652,560
Non-trainable params	1,024

表 3-6　VAE 人臉解碼器的模型摘要

Layer (type)	Output shape	Param #
InputLayer	(None, 200)	0
Dense	(None, 512)	102,912
BatchNormalization	(None, 512)	2,048
LeakyReLU	(None, 512)	0
Reshape	(None, 2, 2, 128)	0
Conv2DTranspose	(None, 4, 4, 128)	147,584

Layer (type)	Output shape	Param #
BatchNormalization	(None, 4, 4, 128)	512
LeakyReLU	(None, 4, 4, 128)	0
Conv2DTranspose	(None, 8, 8, 128)	147,584
BatchNormalization	(None, 8, 8, 128)	512
LeakyReLU	(None, 8, 8, 128)	0
Conv2DTranspose	(None, 16, 16, 128)	147,584
BatchNormalization	(None, 16, 16, 128)	512
LeakyReLU	(None, 16, 16, 128)	0
Conv2DTranspose	(None, 32, 32, 128)	147,584
BatchNormalization	(None, 32, 32, 128)	512
LeakyReLU	(None, 32, 32, 128)	0
Conv2DTranspose	(None, 32, 32, 3)	3,459

Total params	700,803	
Trainable params	698,755	
Non-trainable params	2,048	

大約在訓練五個回合之後，這個 VAE 應該就能生成全新的明星臉圖像了！

分析 VAE

首先來看看一些重構的人臉圖像。圖 3-16 上方列是原始圖像，下方則是經過編碼器和解碼器處理後的重構圖像。

圖 3-16　經過編碼器和解碼器處理的重構人臉圖像

我們可以看到，VAE 成功地擷取了每張臉的關鍵特徵──頭部的角度、髮型與表情等。雖然一些小細節可能遺失了，但別忘了，建置變分自動編碼器的目標並非讓重構損失越低越好。我們的最終目標是從潛在空間中進行抽樣來生成新的人臉。

為了實現這一目標,我們必須檢查潛在空間中的點分布是否大致符合多變量標準常態分布。如果有任何維度與標準常態分布明顯不同,代表 KL 散度項的影響力不足,就可能需要降低重構損失因子。

圖 3-17 是目前潛在空間中的前 50 個維度。沒有任何分布與標準常態分布顯著不同,因此可以進一步來生成新的人臉了!

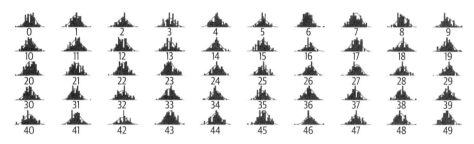

圖 3-17　潛在空間中的前 50 個維度的點分布

生成新人臉

請用範例 3-17 中的程式碼來生成新的人臉圖像。

範例 3-17　從潛在空間中生成新的人臉

```
grid_width, grid_height = (10,3)
z_sample = np.random.normal(size=(grid_width * grid_height, 200)) ❶

reconstructions = decoder.predict(z_sample) ❷

fig = plt.figure(figsize=(18, 5))
fig.subplots_adjust(hspace=0.4, wspace=0.4)
for i in range(grid_width * grid_height):
    ax = fig.add_subplot(grid_height, grid_width, i + 1)
    ax.axis("off")
    ax.imshow(reconstructions[i, :, :]) ❸
```

❶ 從一個具有 200 維度的標準多變量常態分布中抽樣 30 個點。

❷ 解碼這些抽樣點。

❸ 把圖畫出來!

輸出結果如圖 3-18。

圖 3-18　新生成的人臉

令人驚訝的是，VAE 已可將從標準常態分布中抽樣的一組點，各自轉換成相當不錯的人臉圖像。這是我們第一次看到生成模型的真正威力！

接下來看看是否可以透過潛在空間，對生成後的圖像進行一些有趣的操作。

潛在空間相關運算

將圖像映射到低維度潛在空間的好處之一是可以在這個潛在空間中對向量進行算術運算，並在解碼回原始圖像領域時能有視覺上的類比效果。

例如，假設我們想對一張看起來悲傷的人臉圖像加點笑容。為了做到這一點，首先要找到一個在潛在空間中指向增加笑容方向的向量。如果把這個向量加入原始圖像在潛在空間中的編碼，就可給出一個新的點。這個點在解碼之後應該能夠得到笑容更加明顯的圖像版本。

那麼，要如何找到這個笑容向量呢？ CelebA 資料集中的每張圖像都已被標註了多個屬性，其中一個就是 "Smiling（笑容）"。如果我們把具有 "Smiling" 屬性編碼圖像的平均位置減去沒有 "Smiling" 屬性編碼圖像的平均位置，就能取得指向 "Smiling" 的向量，這正是我們要的。

在概念上來說，我們是在潛在空間中執行以下向量算術，其中 alpha 是一個用於決定加減多少特徵向量的因子：

```
z_new = z + alpha * feature_vector
```

來看看實際效果如何。圖 3-19 是幾張已編碼到潛在空間中的圖像。我們接著進行加入或減去某個向量的倍數，例如 Smiling（笑容）、Black_Hair（黑髮）、Eyeglasses（眼鏡）、Young（年輕）、Male（男性）、Blond_Hair（金髮），藉此產生只修改了對應特徵的不同版本圖像。

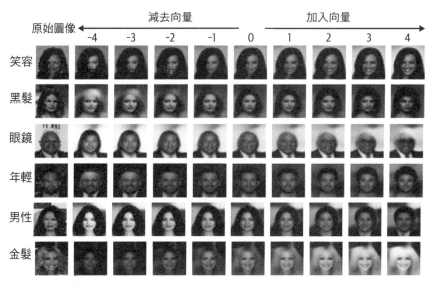

圖 3-19 　對人臉加入或減去特徵

令人驚訝的是，即使資料點在潛在空間中移動了相當大的距離，人臉中除了我們想要調整的特徵之外，核心圖像仍可大致保持相同。這證實了變分自動編碼器在擷取和調整圖像高階特徵方面的強大能力。

臉部轉換

類似的想法也可用於在兩張臉之間進行形態轉換。想像潛在空間中分別代表著兩張圖像的兩點 A 和 B。如果你從點 A 出發，沿著一條直線走向點 B，同時對這條直線上的每一個點進行解碼，就能看到從起始臉部到結束臉部的漸變過程。

在數學上，如果想要遍歷一條直線，可以用以下方程式來描述：

```
z_new = z_A * (1- alpha) + z_B * alpha
```

在此，alpha 是一個介於 0 和 1 之間的數字，用於決定某個位置在直線上離點 A 有多遠。

圖 3-20 是這個過程的情況。我們把兩張圖像編碼到潛在空間中，然後在兩者之間的直線上以等距間隔來解碼各個點。

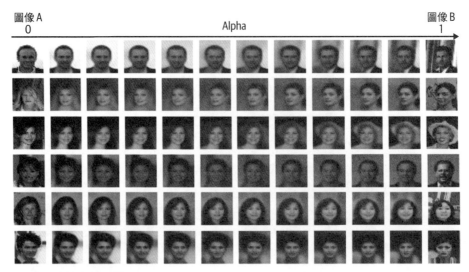

圖 3-20　兩張人臉之間的變形

值得注意的是轉換之間的平滑性——即使在需要同時改變多個特徵的情況下（例如，去掉眼鏡、改變頭髮顏色、性別），VAE 仍然能夠流暢地達到這一點，這表明 VAE 的潛在空間確實是連續的，可在其中遍歷和探索來生成各種不同的人臉。

總結

本章說明了變分自動編碼器如何成為生成建模工具箱中的一套強大工具。我們首先介紹了普通自動編碼器將高維度圖像映射到低維度潛在空間的過程，以便從各個無資訊的像素中擷取出高階特徵。然而我們很快就發現到，使用普通自動編碼器作為生成模型存在著一些缺點——例如，從學會的潛在空間中抽樣是有問題的。

變分自動編碼器藉由導入隨機性並限制潛在空間中的點分布狀況來解決這些問題。我們已看到，只要稍加調整就能把自動編碼器轉換為變分自動編碼器，從而賦予它成為真正生成模型的強大威力。

最後，我們把這項新技術應用於人臉生成問題，看到了如何解碼來自標準常態分布的點就能生成全新的人臉。此外，藉由在潛在空間內進行向量算術就能做到一些驚人的效果，例如人臉變形和特徵操作。

下一章要介紹在生成圖像建模中仍然大受歡迎的另一款模型：生成對抗網路（GAN）。

參考文獻

1. Diederik P. Kingma and Max Welling, "Auto-Encoding Variational Bayes," December 20, 2013, *https://arxiv.org/abs/1312.6114*.

2. Vincent Dumoulin and Francesco Visin, "A Guide to Convolution Arithmetic for Deep Learning," January 12, 2018, *https://arxiv.org/abs/1603.07285*.

3. Ziwei Liu et al., "Large-Scale CelebFaces Attributes (CelebA) Dataset," 2015, *http://mmlab.ie.cuhk.edu.hk/projects/CelebA.html*.

第四章

生成對抗網路

本章目標

本章學習內容如下：

- 學習生成對抗網路（GAN）的架構設計。

- 使用 Keras 從頭開始建置並訓練一個深度卷積 GAN（DCGAN）。

- 使用 DCGAN 生成新的圖像。

- 理解在訓練 DCGAN 時可能遇到的一些常見問題。

- 了解 Wasserstein GAN（WGAN）架構如何解決這些問題。

- 了解可對 WGAN 進行的額外增強，例如將梯度懲罰（GP）加入損失函數。

- 使用 Keras 從頭建置 WGAN-GP。

- 使用 WGAN-GP 生成人臉。

- 學習條件生成對抗網路（CGAN）如何根據給定的標籤條件生成輸出。

- 使用 Keras 建置和訓練 CGAN，並將其用於操作生成的圖像。

在 2014 年，Ian Goodfellow 等人在蒙特利的神經資訊處理系統研討會（NeurIPS）上發表了名為「Generative Adversarial Nets」[1] 的這篇重量級論文。生成對抗網路（或常稱為GAN）的誕生被視為生成建模歷史上的重要轉折點，因為這篇論文中提出的核心思想催生了許多最成功和令人印象深刻的生成模型。

本章首先介紹 GAN 的理論基礎，接著介紹如何使用 Keras 來自行建置一個 GAN。

簡介

讓我們用一則短篇故事來說明 GAN 訓練過程中的一些基本概念。

Brickki 造磚廠與偽造者

這是你上任 Brickki 公司品管主管這項新工作的第一天，這家公司專門生產各種形狀和尺寸的高品質磚頭（如圖 4-1）。

圖 4-1　造磚廠的生產線，可生成各種形狀與大小的磚頭（圖片使用 Midjourney 生成）

你馬上注意到生產線上出現了一個問題。競爭對手開始製造 Brickki 磚頭的仿冒品，並找到一種方法將它們混入發送給你客戶的袋子中。你決定成為辨識真假磚頭的專家，這樣才能在假磚頭交到客戶手中之前攔截它們。隨著時間推移並聆聽客戶回饋，你對於辨識仿冒品逐漸變得更加熟練了。

偽造者對此當然不開心啦 —— 他們對自己的造假過程做了點修改，使得現在真假磚頭之間的差異變得更難以察覺了。

堅持不懈的你，不斷重新訓練自己來辨識更精湛的假貨，並試著比偽造者領先一步。這個過程持續進行，偽造者不斷更新磚頭製作技術，而你則試著在攔截假貨方面變得越來越嫻熟。

一週又一週，真正的 Brickki 磚頭和偽造者製作的磚頭之間的區別變得越來越難以辨認。這樣看來，這個簡單的貓鼠遊戲還真的能讓偽造和檢測兩者的品質都大幅提升。

Brickki 磚頭和偽造者的故事就是生成對抗網路的訓練過程。

GAN 是生成器和鑑別器之間的對抗。生成器試圖將隨機雜訊轉換為看起來像從原始資料集中抽樣的觀測值，而鑑別器則試圖預測某筆觀測值是來自原始資料集還是生成器的贗品。圖 4-2 是兩個網路的輸入和輸出範例。

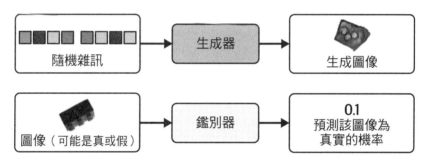

圖 4-2　GAN 中兩種網路的輸入與輸出

流程一開始，生成器只能輸出充滿雜訊的圖像，而鑑別器也就是隨便猜猜。GAN 的關鍵在於如何交替訓練這兩個網路，使得生成器在欺騙鑑別器方面變得更加嫻熟的同時，鑑別器也要適應來保持自身能夠正確辨識觀測值真偽的能力。這會讓生成器不斷去找出新的方法來騙過鑑別器，並不斷循環進行。

深度卷積生成對抗網路（DCGAN）

為了實際看到這個過程，讓我們用 Keras 來建置第一個 GAN 作為出發點，並用它來生成各種積木的圖片。

我們將徹底遵循一份重要的 GAN 論文，名為「Unsupervised Representation Learning with Deep Convolutional Generative Adversarial Networks」[2]。在這篇 2015 年的論文中，作者示範了如何建置一個能夠從各種資料集中生成逼真圖像的深度卷積 GAN。他們還引入了幾個改進措施來大幅提高生成圖像的品質。

執行本範例的程式碼

本範例的 Jupyter notebook 程式碼請由本書 GitHub 取得：

notebooks/04_gan/01_dcgan/dcgan.ipynb

積木資料集

首先要下載訓練資料，我們會用從 Kaggle 取得的樂高積木圖像資料集（*https://oreil. ly/3vp9f*）。這個資料集是由電腦渲染而得，包含了 40,000 張、50 種不同種玩具積木的多角度拍攝圖像。Brickki 產品的一些範例圖像如圖 4-3。

圖 4-3　積木資料集的一些範例圖像

請執行本書 GitHub 儲存庫中的 Kaggle 資料集下載腳本來下載資料集，如範例 4-1。這會把圖像和對應的元資料保存到本機端的 */data* 資料夾中。

範例 4-1　下載積木資料集

```
bash scripts/download_kaggle_data.sh joosthazelzet lego-brick-images
```

在此會用到 Keras 的 `image_dataset_from_directory` 函式來產生一個指向儲存圖像目錄的 TensorFlow 資料集，如範例 4-2。這使我們能在必要時（例如訓練期間）將圖像批量讀入記憶體，以便處理大型資料集而不必擔心要把整個資料集搬到記憶體中。這個函式還會把圖像大小調整為 64 × 64 大小，並在像素值之間進行插值運算。

範例 4-2　從目錄中的圖像檔來建立 TensorFlow 資料集

```
train_data = utils.image_dataset_from_directory(
    "/app/data/lego-brick-images/dataset/",
    labels=None,
    color_mode="grayscale",
    image_size=(64, 64),
```

```
        batch_size=128,
        shuffle=True,
        seed=42,
        interpolation="bilinear",
    )
```

原始資料的像素強度範圍在 [0, 255] 之間。在訓練 GAN 時，我們會把資料重新縮放到 [−1, 1] 之間，這樣才能在生成器的最後一層使用 tanh 觸發函數，該函數可提供比 sigmoid 函數更強的梯度（範例 4-3）。

範例 4-3　預處理積木資料集

```
def preprocess(img):
    img = (tf.cast(img, "float32") - 127.5) / 127.5
    return img


train = train_data.map(lambda x: preprocess(x))
```

現在來看看如何建置鑑別器吧。

鑑別器

鑑別器的目標是預測某個圖像到底是真是假。這是一個監督式圖像分類問題，因此可以使用類似於第 2 章所用的架構：具備單一輸出節點的堆疊卷積層。

我們要建置的鑑別器完整架構如表 4-1。

表 4-1　鑑別器的模型摘要

Layer (type)	Output shape	Param #
InputLayer	(None, 64, 64, 1)	0
Conv2D	(None, 32, 32, 64)	1,024
LeakyReLU	(None, 32, 32, 64)	0
Dropout	(None, 32, 32, 64)	0
Conv2D	(None, 16, 16, 128)	131,072
BatchNormalization	(None, 16, 16, 128)	512
LeakyReLU	(None, 16, 16, 128)	0
Dropout	(None, 16, 16, 128)	0
Conv2D	(None, 8, 8, 256)	524,288
BatchNormalization	(None, 8, 8, 256)	1,024
LeakyReLU	(None, 8, 8, 256)	0

Layer (type)	Output shape	Param #
Dropout	(None, 8, 8, 256)	0
Conv2D	(None, 4, 4, 512)	2,097,152
BatchNormalization	(None, 4, 4, 512)	2,048
LeakyReLU	(None, 4, 4, 512)	0
Dropout	(None, 4, 4, 512)	0
Conv2D	(None, 1, 1, 1)	8,192
Flatten	(None, 1)	0

Total params	2,765,312
Trainable params	2,763,520
Non-trainable params	1,792

建立鑑別器的 Keras 程式碼如範例 4-4。

範例 4-4　鑑別器

```
discriminator_input = layers.Input(shape=(64, 64, 1)) ❶
x = layers.Conv2D(64, kernel_size=4, strides=2, padding="same", use_bias = False)(
    discriminator_input
) ❷
x = layers.LeakyReLU(0.2)(x)
x = layers.Dropout(0.3)(x)
x = layers.Conv2D(
    128, kernel_size=4, strides=2, padding="same", use_bias = False
)(x)
x = layers.BatchNormalization(momentum = 0.9)(x)
x = layers.LeakyReLU(0.2)(x)
x = layers.Dropout(0.3)(x)
x = layers.Conv2D(
    256, kernel_size=4, strides=2, padding="same", use_bias = False
)(x)
x = layers.BatchNormalization(momentum = 0.9)(x)
x = layers.LeakyReLU(0.2)(x)
x = layers.Dropout(0.3)(x)
x = layers.Conv2D(
    512, kernel_size=4, strides=2, padding="same", use_bias = False
)(x)
x = layers.BatchNormalization(momentum = 0.9)(x)
x = layers.LeakyReLU(0.2)(x)
x = layers.Dropout(0.3)(x)
x = layers.Conv2D(
    1,
    kernel_size=4,
```

```
        strides=1,
        padding="valid",
        use_bias = False,
        activation = 'sigmoid'
)(x)
discriminator_output = layers.Flatten()(x) ❸

discriminator = models.Model(discriminator_input, discriminator_output) ❹
```

❶ 定義了鑑別器的 Input 層，在此為圖像。

❷ 透過堆疊多個 Conv2D 層，並在其中加入 BatchNormalization、LeakyReLU 觸發函數和 Dropout 等層。

❸ 攤平最後一個卷積層──這時會得到 1 × 1 × 1 的張量，這樣就不需要再使用 Dense 作為最後一層了。

❹ 用於定義鑑別器的 Keras 模型──本模型使用圖像作為輸入，並輸出一個介於 0 和 1 之間的數字。

請注意在鑑別器的程式碼中，有一些 Conv2D 層的步長為 2，這是為了減少張量在透過網路時的空間形狀（原始圖像為 64，然後逐步降到 32、16、8、4，最終為 1），同時卻讓通道數增加（在灰階輸入圖像中為 1，然後變為 64、128、256，最後為 512），最後收斂成一個單一預測結果。

最後一個 Conv2D 層使用 sigmoid 觸發函數來輸出一個介於 0 到 1 之間的數字，以代表圖像的真假機率。

生成器

接下來要建置生成器。生成器的輸入是從多變量標準常態分布中抽取的單一向量。輸出則是一張與原始訓練資料相同大小的圖像。

這個描述可能讓你想起了變分自動編碼器中的解碼器。事實上，GAN 的生成器與 VAE 的解碼器兩者的目的完全相同：將潛在空間中的向量轉換為圖像。在生成建模中，將潛在空間映射回原始領域的概念非常普遍，因為它使我們能夠在潛在空間中操縱向量來改變原始領域中圖像的高階特徵。

我們所要建置的生成器完整架構如表 4-2。

表 4-2　生成器的模型摘要

Layer (type)	Output shape	Param #
InputLayer	(None, 100)	0
Reshape	(None, 1, 1, 100)	0
Conv2DTranspose	(None, 4, 4, 512)	819,200
BatchNormalization	(None, 4, 4, 512)	2,048
ReLU	(None, 4, 4, 512)	0
Conv2DTranspose	(None, 8, 8, 256)	2,097,152
BatchNormalization	(None, 8, 8, 256)	1,024
ReLU	(None, 8, 8, 256)	0
Conv2DTranspose	(None, 16, 16, 128)	524,288
BatchNormalization	(None, 16, 16, 128)	512
ReLU	(None, 16, 16, 128)	0
Conv2DTranspose	(None, 32, 32, 64)	131,072
BatchNormalization	(None, 32, 32, 64)	256
ReLU	(None, 32, 32, 64)	0
Conv2DTranspose	(None, 64, 64, 1)	1,024

Total params	3,576,576	
Trainable params	3,574,656	
Non-trainable params	1,920	

生成器的程式碼如範例 4-5。

範例 4-5　生成器

```
generator_input = layers.Input(shape=(100,)) ❶
x = layers.Reshape((1, 1, 100))(generator_input) ❷
x = layers.Conv2DTranspose(
    512, kernel_size=4, strides=1, padding="valid", use_bias = False
)(x) ❸
x = layers.BatchNormalization(momentum=0.9)(x)
x = layers.LeakyReLU(0.2)(x)
x = layers.Conv2DTranspose(
    256, kernel_size=4, strides=2, padding="same", use_bias = False
)(x)
x = layers.BatchNormalization(momentum=0.9)(x)
x = layers.LeakyReLU(0.2)(x)
x = layers.Conv2DTranspose(
    128, kernel_size=4, strides=2, padding="same", use_bias = False
)(x)
```

```
x = layers.BatchNormalization(momentum=0.9)(x)
x = layers.LeakyReLU(0.2)(x)
x = layers.Conv2DTranspose(
    64, kernel_size=4, strides=2, padding="same", use_bias = False
)(x)
x = layers.BatchNormalization(momentum=0.9)(x)
x = layers.LeakyReLU(0.2)(x)
generator_output = layers.Conv2DTranspose(
    1,
    kernel_size=4,
    strides=2,
    padding="same",
    use_bias = False,
    activation = 'tanh'
)(x) ❹
generator = models.Model(generator_input, generator_output) ❺
```

❶ 定義生成器的 Input 輸入層——這是一個長度為 100 的向量。

❷ 使用 Reshape 層來取得一個 $1 \times 1 \times 100$ 的張量，以便後續進行卷積轉置運算。

❸ 將上一層結果透過四個 Conv2DTranspose 層，每層之間夾有 BatchNormalization 和 LeakyReLU 層。

❹ 最後一個 Conv2DTranspose 層使用了 tanh 觸發函數，將輸出範圍控制在 [−1, 1] 來符合原始圖像域。

❺ 用於定義生成器的 Keras 模型——可接受長度為 100 的向量作為輸入並輸出形狀為 [64, 64, 1] 的張量。

請注意，我們在某些 Conv2DTranspose 層中使用步長 2 來增加張量的空間形狀（從 1 開始到 4、8、16、32，最後到 64），同時減少通道數（從 512、256、128、64，最後到 1 來符合灰階輸出）。

上抽樣與 Conv2DTranspose

Conv2DTranspose 層的另一個替代方案是使用 UpSampling2D 層，然後再跟隨一個步長 1 的一般 Conv2D 層，如範例 4-6。

範例 4-6　上抽樣範例

```
x = layers.UpSampling2D(size = 2)(x)
x = layers.Conv2D(256, kernel_size=4, strides=1, padding="same")(x)
```

UpSampling2D 層只是單純複製輸入的每一行和每一列，從而使尺寸加倍。接著再由步長為 1 的 Conv2D 層來執行卷積運算。這在概念上與卷積轉置相當類似，差別在於卷積轉置是在像素之間的空格之間填入 0，上抽樣只不過是複製現有的像素值。

研究表明，Conv2DTranspose 方法可能會讓圖像產生瑕疵或細小的棋盤格紋，導致輸出品質變差，如圖 4-4。然而，文獻中許多最引人注目的 GAN 還是使用這項方法，且已被證明是深度學習實踐者工具箱中的強大工具。

圖 4-4　使用卷積轉置層時所產生的瑕疵（資料來源：Odena et al., 2016）[3]

這兩種方法──UpSampling2D + Conv2D 以及 Conv2DTranspose──都是將輸出轉換回原始圖像域的可行方法。實際上，你得根據自身的問題情境來測試兩種方法，並查看哪種做法的效果更好。

訓練 DCGAN

正如我們所見，DCGAN 中生成器和鑑別器的架構非常簡單，與第 3 章所介紹的 VAE 模型差異不大。理解 GAN 的關鍵在於理解生成器和生成器的訓練過程。

訓練鑑別器時，首先要建立一個訓練資料集，其中一些圖像是來自訓練資料集的真實觀測資料，而另一些圖像則是生成器的偽造輸出。然後，我們將其視為監督式學習問題來處理，其中真實圖像的標籤為 1，假圖像的標籤為 0，並使用二元交叉熵作為損失函數。

那麼應該要如何訓練生成器呢？我們需要找到一種方法來對每個生成圖像評分，好讓它能朝著高得分圖像來最佳化。幸運的是，鑑別器正是為此而存在的！我們可以生成一批圖像，送入鑑別器來對每個圖像評分。如此一來，由於我們希望生成器能夠產出可被鑑別器判斷為真實的圖像，因此生成器的損失函數就是這些機率值和一個全為 1 的向量之間的二元交叉熵。

關鍵在於，這兩個網路必須輪流交替訓練，確保每次只更新其中一個網路的權重。例如，在生成器訓練過程中就只會更新生成器的權重。如果同時也讓鑑別器權重被更新的話，鑑別器就會調整自身預測使其更傾向將生成圖像預測為真實，這不是我們想要的結果。我們希望生成圖像能被預測為接近 1（真實）是因為生成器夠強，而不是鑑別器太差。

鑑別器與生成器的訓練過程示意圖如圖 4-5。

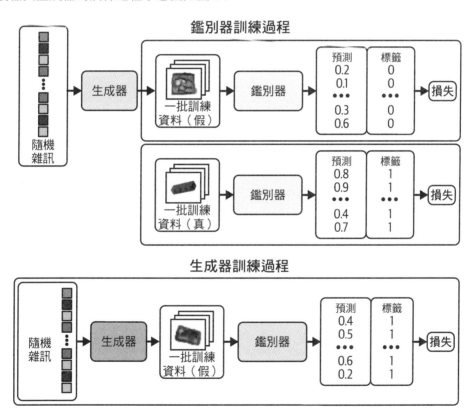

圖 4-5　訓練 DCGAN——灰色方框表示在訓練期間被凍結的權重

Keras 可讓我們自行定義 train_step 函數來實作以上邏輯。範例 4-7 是完整的 DCGAN 模型類別。

範例 4-7　編譯 DCGAN

```python
class DCGAN(models.Model):
    def __init__(self, discriminator, generator, latent_dim):
        super(DCGAN, self).__init__()
        self.discriminator = discriminator
        self.generator = generator
        self.latent_dim = latent_dim

    def compile(self, d_optimizer, g_optimizer):
        super(DCGAN, self).compile()
        self.loss_fn = losses.BinaryCrossentropy() ❶
        self.d_optimizer = d_optimizer
        self.g_optimizer = g_optimizer
        self.d_loss_metric = metrics.Mean(name="d_loss")
        self.g_loss_metric = metrics.Mean(name="g_loss")

    @property
    def metrics(self):
        return [self.d_loss_metric, self.g_loss_metric]

    def train_step(self, real_images):
        batch_size = tf.shape(real_images)[0]
        random_latent_vectors = tf.random.normal(
            shape=(batch_size, self.latent_dim)
        ) ❷

        with tf.GradientTape() as gen_tape, tf.GradientTape() as disc_tape:
            generated_images = self.generator(
                random_latent_vectors, training = True
            ) ❸
            real_predictions = self.discriminator(real_images, training = True) ❹
            fake_predictions = self.discriminator(
                generated_images, training = True
            ) ❺

            real_labels = tf.ones_like(real_predictions)
            real_noisy_labels = real_labels + 0.1 * tf.random.uniform(
                tf.shape(real_predictions)
            )
            fake_labels = tf.zeros_like(fake_predictions)
            fake_noisy_labels = fake_labels - 0.1 * tf.random.uniform(
                tf.shape(fake_predictions)
            )
```

```
            d_real_loss = self.loss_fn(real_noisy_labels, real_predictions)
            d_fake_loss = self.loss_fn(fake_noisy_labels, fake_predictions)
            d_loss = (d_real_loss + d_fake_loss) / 2.0 ❻

            g_loss = self.loss_fn(real_labels, fake_predictions) ❼

        gradients_of_discriminator = disc_tape.gradient(
            d_loss, self.discriminator.trainable_variables
        )
        gradients_of_generator = gen_tape.gradient(
            g_loss, self.generator.trainable_variables
        )

        self.d_optimizer.apply_gradients(
            zip(gradients_of_discriminator, discriminator.trainable_variables)
        ) ❽
        self.g_optimizer.apply_gradients(
            zip(gradients_of_generator, generator.trainable_variables)
        )

        self.d_loss_metric.update_state(d_loss)
        self.g_loss_metric.update_state(g_loss)

        return {m.name: m.result() for m in self.metrics}

dcgan = DCGAN(
    discriminator=discriminator, generator=generator, latent_dim=100
)

dcgan.compile(
    d_optimizer=optimizers.Adam(
        learning_rate=0.0002, beta_1 = 0.5, beta_2 = 0.999
    ),
    g_optimizer=optimizers.Adam(
        learning_rate=0.0002, beta_1 = 0.5, beta_2 = 0.999
    ),
)

dcgan.fit(train, epochs=300)
```

❶ 生成器和鑑別器的損失函數都是 BinaryCrossentropy。

❷ 訓練網路時，首先從多變量標準常態分布中抽取一批向量。

❸ 然後，將這些向量送入生成器來產生一批生成的圖像。

❹ 現在請鑑別器來預測一批真實圖像的真實性 ...

❺ ... 和一批生成的圖像的真實性。

❻ 鑑別器的損失是真圖像（標籤為 1）和假圖像（標籤為 0）的平均二元交叉熵。

❼ 生成器的損失是鑑別器針對生成圖像的預測結果和標籤 1 之間的二元交叉熵。

❽ 分別更新鑑別器和生成器的權重。

鑑別器和生成器不斷地爭奪主導地位，這可能使 DCGAN 訓練過程很不穩定。理想情況下，訓練過程會找到一個平衡點，使得生成器能夠從鑑別器中學到有意義的資訊，使得圖像品質開始改善。在充分訓練之後，鑑別器往往會占上風，如圖 4-6，但這應該不是問題，因為生成器這時可能早已學會如何生成品質夠好的圖像了。

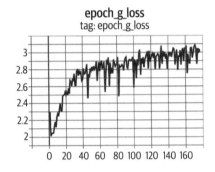

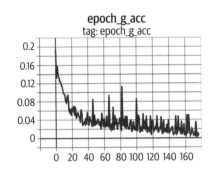

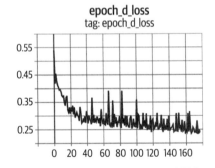

圖 4-6　鑑別器與生成器在訓練過程中的變化

 對標籤加入雜訊

訓練 GAN 的實用技巧之一是對訓練標籤加入少量的隨機雜訊。這有助於提高訓練過程穩定性和改善生成圖像品質。這種標籤平滑技巧可視為一種馴服鑑別器的方法，使其所面臨的任務更具挑戰性卻又不會壓過生成器。

分析 DCGAN

觀察一下生成器在特定訓練回合中所生成的圖像（圖 4-7），可以清楚看到生成器在生成如同來自訓練資料集的圖像方面變得越來越熟練了呢。

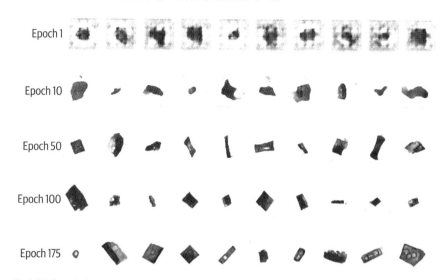

圖 4-7　指定訓練回合中的生成器輸出

這真是奇跡耶，神經網路居然能將隨機雜訊轉換為有意義的東西。值得注意的是，除了原始像素之外，我們沒有對模型提供任何其他特徵，因此它必須自行找出高階概念，例如如何繪製陰影、立方體和圓圈。

生成模型的另一項成功條件，在於它不能只是重現訓練資料集中的圖像。為了測試這一點，我們可以找到訓練資料集中與某個生成範例最接近的圖像。一項好的距離衡量指標是 *L1* 距離，定義如下：

```python
def compare_images(img1, img2):
    return np.mean(np.abs(img1 - img2))
```

圖 4-8 是一組在訓練資料集中與生成圖像最相似的觀測案例。我們可以看到，儘管生成圖像與訓練資料集之間有一定程度的相似性，但它們並不完全相同。這代表生成器已經理解了這些高階特徵，並且可以生成與已見過的案例不同的圖像。

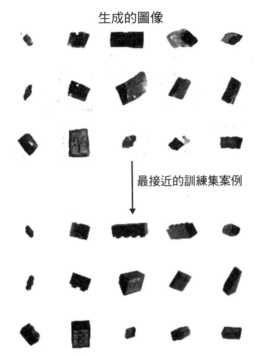

生成的圖像

最接近的訓練集案例

圖 4-8　訓練資料集中與生成圖像最符合的案例

GAN 訓練：技巧與訣竅

儘管 GAN 是生成建模的重大突破，但它們的訓練難度之高也是惡名遠播。本段要介紹訓練 GAN 時遇到的一些最常見的問題和挑戰，以及可能的解決方法。下一段則會對 GAN 框架進行一些更基本的調整，希望能解決這些問題中某些部分。

鑑別器壓過生成器

如果鑑別器變得太厲害，損失函數的訊號就會太弱而無法推動生成器做出任何有意義的改進。在最壞的情況下，鑑別器完美地學會了如何區別真假圖像，這樣會讓梯度完全消失而不再有任何訓練，如圖 4-9。

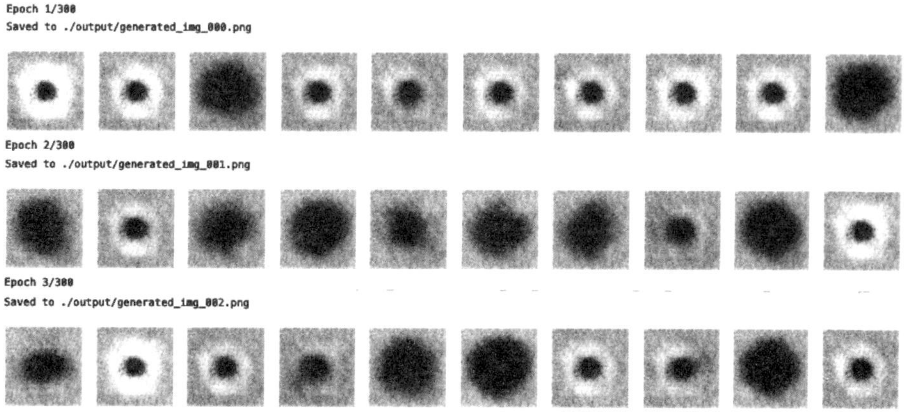

```
Epoch 1/300
Saved to ./output/generated_img_000.png
```

```
Epoch 2/300
Saved to ./output/generated_img_001.png
```

```
Epoch 3/300
Saved to ./output/generated_img_002.png
```

圖 4-9　鑑別器壓過生成器時的範例輸出

如果你發現鑑別器的損失函數崩潰了，請嘗試以下建議來弱化鑑別器：

- 提高鑑別器中 Dropout 層的 rate 參數，藉此減弱在網路中的資訊流動量。

- 降低鑑別器的學習率。

- 減少鑑別器中的卷積過濾器數量。

- 在訓練鑑別器時，對標籤加入雜訊。

- 在訓練鑑別器時，隨機翻轉某些圖像的標籤。

生成器壓過鑑別器

如果鑑別器的能力不足，生成器只要找到少量幾乎完全相同的圖像樣本就能輕鬆騙過鑑別器的方法。這種現象稱為模式崩潰（*mode collapse*）。

例如，假設連續以多批資料來訓練生成器，但在這之間不更新鑑別器。生成器會傾向找到一個總是騙過鑑別器的單一觀測點（也稱為模式），並且開始將潛在輸入空間中的每一個點都映射到該圖像。此外，損失函數的梯度將崩潰到接近零，因此它無法從此狀態中掙脫。

即使我們之後試圖重新訓練鑑別器來避免它被這一點欺騙，生成器還是很快會找到另一個欺騙鑑別器的模式，因為它已經對其輸入變得麻木，也不再有動機去產生多樣化的輸出了。

模式崩潰的狀況如圖 4-10。

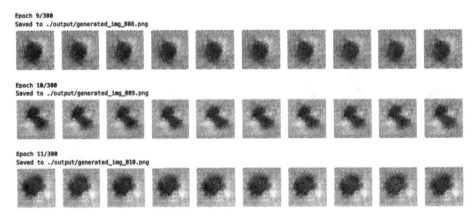

Epoch 9/300
Saved to ./output/generated_img_008.png

Epoch 10/300
Saved to ./output/generated_img_009.png

Epoch 11/300
Saved to ./output/generated_img_010.png

圖 4-10　當生成器壓過鑑別器時產生的模式崩潰

當生成器已發生模式崩潰時，你可試著把先前所列的建議反著做來強化鑑別器。另外，你也可以降低兩者的學習率與增加批大小。

無資訊損失

由於深度學習模型的編譯目的是把損失函數最小化，因此很自然會認為生成器的損失函數越小就能讓生成圖像品質越好。然而，由於生成器僅根據當前的鑑別器進行評分，而鑑別器其實是不斷改進的，因此無法比較訓練過程中不同時間的損失函數評估結果。實際上在圖 4-6 中，儘管圖像品質明顯改善很多，但生成器的損失函數卻隨著時間在增加。生成器損失和圖像品質之間的這種非相關性，有時會讓 GAN 訓練變得難以監控。

超參數

如前所述，即便是再簡單的 GAN 也有非常多量的超參數要調整。除了鑑別器和生成器的整體架構外，也要考慮控制批正規化、dropout、學習率、觸發層、卷積濾波器、核心大小、步長、批大小和潛在空間大小等各樣參數。GAN 對所有這些參數的微小變化非常敏感，找到適合的參數組合通常是一種試誤性的慘痛教育，而非遵循一套既定的指導方針。

這就是為什麼重點在於了解 GAN 的內部運作方式，並知道如何判讀損失函數——這樣你就可以找出合理的超參數調整方法，進而改善模型的穩定性。

面對 GAN 挑戰

近年來，幾項關鍵進展讓 GAN 模型的整體穩定性顯著提高，之前列出的一些問題（例如模式崩潰）的發生機會也隨之減低。

本章後續會介紹具梯度懲罰的 Wasserstein GAN（Wasserstein GAN with Gradient Penalty, WGAN-GP），它對目前我們所介紹過的 GAN 框架進行了幾項重要調整，藉此改善圖像生成過程的穩定性和品質。

具梯度懲罰的 Wasserstein GAN（WGAN-GP）

本段要建置一個 WGAN-GP，並運用第 3 章的 CelebA 資料集來生成人臉圖像。

執行本範例的程式碼

本範例的 Jupyter notebook 程式碼請由本書 GitHub 取得，
notebooks/04_gan/02_wgan_gp/wgan_gp.ipynb

此程式碼是根據 Aakash Kumar Nain 的優質 WGAN-GP 教學（*https://oreil.ly/dHYbC*）修改而來，這份教學可在 Keras 網站上取得。

Wasserstein GAN（WGAN）是由 Arjovsky 等人 [4] 於 2017 年發表的論文中所提出的，它是穩定 GAN 訓練過程的一個重要邁進。經過些許修改之後，作者們展示了如何訓練具有以下兩個特性的 GAN（引用自論文）：

• 一個與生成器收斂情形和樣本品質相關的有意義損失指標

• 最佳化過程的穩定性提升

具體而言，該論文導入了用於鑑別器和生成器的 *Wasserstein* 損失函數。使用這個損失函數而非以往的二元交叉熵，就能讓 GAN 收斂更穩定。

本段要定義 Wasserstein 損失函數，然後看看需要對模型架構和訓練過程進行哪些額外更改來整合這個新的損失函數。

請由本書 GitHub 儲存庫中的 *chapter05/wgangp/faces/train.ipynb* 這份 Jupyter 筆記本中看看這個模型類別的完整內容。

Wasserstein 損失

首先，讓我們回顧一下二元交叉熵損失的定義——目前就是用它來訓練 GAN 的鑑別器和生成器（方程式 4-1）。

方程式 4-1　二元交叉熵損失

$$-\frac{1}{n}\sum_{i=1}^{n}\left(y_i \log\left(p_i\right) + \left(1 - y_i\right) \log\left(1 - p_i\right)\right)$$

訓練 GAN 的鑑別器 D 時，我們計算實際圖像的預測 $p_i = D\left(x_i\right)$ 與回應 $y_i = 1$ 之間的損失，以及生成圖像的預測 $p_i = D\left(G(z_i)\right)$ 與回應 $y_i = 0$ 之間的損失。因此，GAN 鑑別器的損失函數最小化過程可表示為方程式 4-2。

方程式 4-2　GAN 鑑別器損失最小化

$$\min_{D} -\left(\mathbb{E}_{x \sim p_X}[\log D(x)] + \mathbb{E}_{z \sim p_Z}[\log\left(1 - D(G(z))\right)]\right)$$

訓練 GAN 的生成器 G 時，則是計算生成圖像的預測 $p_i = D\left(G(z_i)\right)$ 與回應 $y_i = 1$ 之間的損失。因此，GAN 生成器的損失函數最小化過程可以表示為方程式 4-3。

方程式 4-3　GAN 生成器損失最小化

$$\min_{G} -\left(\mathbb{E}_{z \sim p_Z}[\log D(G(z))]\right)$$

現在，將它與 Wasserstein 損失函數進行比較。

首先，Wasserstein 損失的 y_i 標籤要改為 1 和 –1，而不是 1 和 0。另外還從鑑別器的最後一層移除 sigmoid 觸發函數，這樣預測 p_i 不再受限於 [0, 1] 的範圍，而改為範圍 (–∞, ∞) 中的任何數字。因此，WGAN 中的鑑別器通常稱為評判器（*critic*），因為它的輸出是得分而非機率。

Wasserstein 損失函數的定義如下：

$$-\frac{1}{n}\sum_{i=1}^{n}\left(y_i p_i\right)$$

訓練 WGAN 的評判器 D 時，我們計算實際圖像的預測 $p_i = D(x_i)$ 與回應 $y_i = 1$ 之間的損失，以及生成圖像的預測 $p_i = D(G(z_i))$ 與回應 $y_i = -1$ 之間的損失。因此，WGAN 評判器的損失函數最小化過程可表示如下：

$$\min_D \; -\left(\mathbb{E}_{x \sim p_X}[D(x)] - \mathbb{E}_{z \sim p_Z}[D(G(z))] \right)$$

換句話說，WGAN 評判器會試著去最大化它對實際圖像和生成圖像兩者預測之間的差異。

訓練 WGAN 的生成器時，則是計算生成圖像的預測 $p_i = D(G(z_i))$ 與回應 $y_i = 1$ 之間的損失。因此，WGAN 生成器的損失函數最小化過程可表示如下：

$$\min_G \; -\left(\mathbb{E}_{z \sim p_Z}[D(G(z))] \right)$$

換言之，WGAN 生成器會試著產生得分盡可能高的圖像（也就是讓評判器誤以為是真實的圖像）。

Lipschitz 限制

你也許會感到驚訝，我們現在居然讓評判器的輸出變成介於 $(-\infty, \infty)$ 之間的任意數字，而不是應用 sigmoid 函數將輸出限制在以往的 [0, 1] 之間。因此，Wasserstein 的損失可能非常大，這讓人不太安心──一般來說，神經網路絕對要避免使用太大的數字才對啊！

實際上，WGAN 論文作者已說明為了讓 Wasserstein 損失函數順利運作，我們還需要對評判器加入額外的限制。具體而言，該評判器必須為 *1-Lipschitz* 連續函數。接著讓我們詳細談談這是什麼意思。

評判器是個能將圖像轉換成預測的函數 D。如果該函數對於任意兩個輸入圖像 x_1 和 x_2 能滿足以下不等式，就稱其為 1-Lipschitz 連續函數：

$$\frac{|D(x_1) - D(x_2)|}{|x_1 - x_2|} \leq 1$$

在這裡，$|x_1 - x_2|$ 是兩張圖之間的平均像素差之絕對值，而 $|D(x_1) - D(x_2)|$ 則是評判器預測之差的絕對值。基本上，我們要讓評判器的預測在兩個圖像之間的變化速率有某個限制（例如梯度絕對值在所有地方都不能超過 1）。圖 4-11 中是將此應用於一個 Lipschitz

連續 1D 函數——不論把圓錐體放在線上的哪個位置，這條線都不會進入圓錐體。換句話說，該線在任何一點的上升或下降速率都有一個限制。

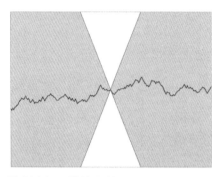

圖 4-11　Lipschitz 連續函數（資料來源：維基百科，https://oreil.ly/Ki7ds）

 如果你想要深入了解為什麼 Wasserstein 損失只有在強制加入此限制時才能順利運作背後的數學原理，請參考 Jonathan Hui 這篇優質教學（*https://oreil.ly/devy5*）。

強制實施 Lipschitz 限制

在原本的 WGAN 論文中，作者說明了如何在每批訓練後將評判器的權重裁剪到一個較小範圍（[−0.01, 0.01]）中，藉此來強制實施 Lipschitz 限制。

對這種方法的批評之一是，由於評判器的權重被裁剪了，其學習能力也因此大幅降低。事實上，即使在原始的 WGAN 論文中，作者也寫道："裁剪權重顯然是一種糟糕的 Lipschitz 限制實施方法。" 評判器是否夠強大對於 WGAN 的成功至關重要，因為如果缺乏準確的梯度，生成器就無法學會如何調整其權重來產生更好的樣本。

因此，其他研究人員正在尋找各種替代方案來實施 Lipschitz 限制並提高 WGAN 學習複雜特徵的能力。其中一種是具備梯度懲罰的 Wasserstein GAN（Wasserstein GAN with Gradient Penalty）。

在引入這種變體的論文中[5]，作者說明了如何在評判器的損失函數中加入梯度懲罰項來直接實施 Lipschitz 限制，該項會在模型梯度範數偏離 1 時進行懲罰，結果會讓訓練過程更加穩定。

下一段要介紹如何將這個額外項加入評判器的損失函數中。

梯度懲罰損失

圖 4-12 是 WGAN-GP 評判器的訓練過程。如果將此與圖 4-5 中的原始鑑別器訓練過程來比較，就可知道關鍵點在於加入了梯度懲罰損失，再加上與真假圖像的 Wasserstein 損失之後來構成損失函數。

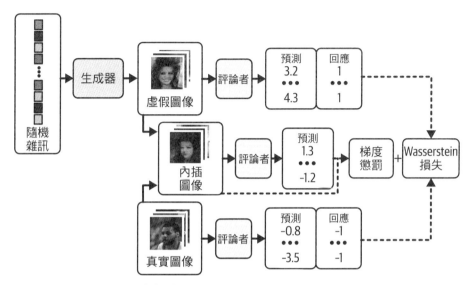

圖 4-12　WGAN-GP 評判器的訓練過程

梯度懲罰損失測量了預測分別對於輸入圖像的梯度範數與 1 之間的平方差。模型會傾向於找出能夠確保梯度懲罰項最小化的權重，從而鼓勵模型去符合 Lipschitz 限制。

在訓練過程中計算每處的梯度是不可行的，因此 WGAN-GP 只會在少數點處評估梯度。為了確保混合均勻，我們使用了一組插值圖像，這些圖像位於連接一批真實圖像和一批虛假圖像的線上所隨機選出的點，如圖 4-13。

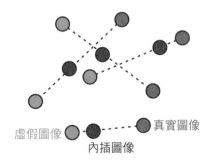

圖 4-13　圖像之間的插值

範例 4-8 說明如何在程式碼中計算梯度懲罰。

範例 4-8　梯度懲罰損失函數

```
def gradient_penalty(self, batch_size, real_images, fake_images):
    alpha = tf.random.normal([batch_size, 1, 1, 1], 0.0, 1.0) ❶
    diff = fake_images - real_images
    interpolated = real_images + alpha * diff ❷

    with tf.GradientTape() as gp_tape:
        gp_tape.watch(interpolated)
        pred = self.critic(interpolated, training=True) ❸

    grads = gp_tape.gradient(pred, [interpolated])[0] ❹
    norm = tf.sqrt(tf.reduce_sum(tf.square(grads), axis=[1, 2, 3])) ❺
    gp = tf.reduce_mean((norm - 1.0) ** 2) ❻
    return gp
```

❶ 一批中每個圖像都會取得一個介於 0 到 1 之間的隨機數，並儲存為向量 alpha。

❷ 計算一組插值圖像。

❸ 評判器對這些插值圖像逐一評分。

❹ 計算預測對於輸入圖像的梯度。

❺ 計算這個向量的 L2 範數。

❻ 函數回傳 L2 範數與 1 之間的平均平方距離。

訓練 WGAN-GP

使用 Wasserstein 損失函數的一個主要好處是不必再擔心評判器和生成器之間的訓練平衡了——實際上，使用 Wasserstein 損失時，必須在更新生成器之前將評判器訓練到收斂，以確保生成器的更新梯度是準確的。這與標準 GAN 相反，標準 GAN 的重點在於不要讓鑑別器變得太強。

因此，對於 Wasserstein GAN，我們很容易就能在兩次生成器更新之間多次訓練評判器，藉此確保它接近收斂。通常使用的比率是生成器每次更新一次，評判器則更新三到五次。

我們現在介紹了 WGAN-GP 的兩個關鍵概念——Wasserstein 損失，以及包含在評判器損失函數中的梯度懲罰項。整合以上所有想法的 WGAN 模型訓練步驟請參考範例 4-9。

範例 4-9　訓練 WGAN-GP

```python
def train_step(self, real_images):
    batch_size = tf.shape(real_images)[0]

    for i in range(3): ❶
        random_latent_vectors = tf.random.normal(
            shape=(batch_size, self.latent_dim)
        )

        with tf.GradientTape() as tape:
            fake_images = self.generator(
                random_latent_vectors, training = True
            )
            fake_predictions = self.critic(fake_images, training = True)
            real_predictions = self.critic(real_images, training = True)

            c_wass_loss = tf.reduce_mean(fake_predictions) - tf.reduce_mean(
                real_predictions
            ) ❷
            c_gp = self.gradient_penalty(
                batch_size, real_images, fake_images
            ) ❸
            c_loss = c_wass_loss + c_gp * self.gp_weight ❹

        c_gradient = tape.gradient(c_loss, self.critic.trainable_variables)
        self.c_optimizer.apply_gradients(
            zip(c_gradient, self.critic.trainable_variables)
        ) ❺

    random_latent_vectors = tf.random.normal(
        shape=(batch_size, self.latent_dim)
    )
    with tf.GradientTape() as tape:
        fake_images = self.generator(random_latent_vectors, training=True)
        fake_predictions = self.critic(fake_images, training=True)
        g_loss = -tf.reduce_mean(fake_predictions) ❻

    gen_gradient = tape.gradient(g_loss, self.generator.trainable_variables)
    self.g_optimizer.apply_gradients(
        zip(gen_gradient, self.generator.trainable_variables)
    ) ❼

    self.c_loss_metric.update_state(c_loss)
    self.c_wass_loss_metric.update_state(c_wass_loss)
```

```
        self.c_gp_metric.update_state(c_gp)
        self.g_loss_metric.update_state(g_loss)

        return {m.name: m.result() for m in self.metrics}
```

❶ 執行三次評判器更新。

❷ 計算評判器的 Wasserstein 損失——虛假圖像和真實圖像兩者的平均預測差異。

❸ 計算梯度懲罰項（範例 4-8）。

❹ 評判器損失函數是 Wasserstein 損失和梯度懲罰的加權總和。

❺ 更新評判器的權重。

❻ 計算生成器的 Wasserstein 損失。

❼ 更新生成器的權重。

> **在 WGAN-GP 中使用批正規化**
>
> 在訓練 WGAN-GP 之前，最後一個考量點是評判器中不應使用批正規化。這是因為批正規化會在同一批圖像之間建立相關性，這會讓梯度懲罰損失的效果變差。實驗結果指出，即使在評判器中不使用批正規化，WGAN-GP 的表現一樣很不錯。

標準 GAN 和 WGAN-GP 之間的所有關鍵差別已經介紹完了，統整如下：

- WGAN-GP 使用 Wasserstein 損失。
- WGAN-GP 使用 1 作為真實標籤，使用 -1 作為虛假標籤。
- 評判器的最後一層沒有使用 sigmoid 觸發。
- 評判器的損失函數中包含了梯度懲罰項。
- 每次生成器更新之間都會讓評判器訓練多次。
- 評判器中沒有批正規化層。

分析 WGAN-GP

來看看生成器經過 25 個訓練回合之後的一些輸出範例，如圖 4-14。

模型已經學會了人臉的明確高階特徵，並且沒有發現模式崩潰的跡象。

還可以看到模型的損失函數隨著時間的變化情形（圖 4-15）──評判器和生成器的損失
函數都非常穩定且收斂。

圖 4-14　WGAN-GP 人臉範例

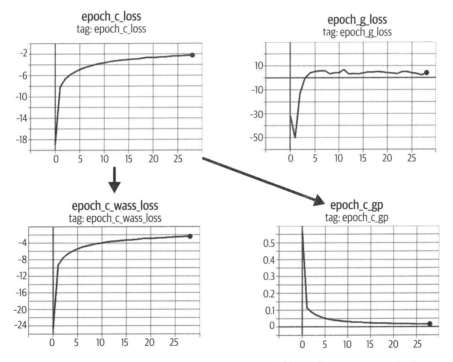

圖 4-15　WGAN-GP 損失曲線：評判器損失（epoch_c_loss）被拆分為 Wasserstein 損失
　　　　（epoch_c_wass）和梯度懲罰損失（epoch_c_gp）

如果將 WGAN-GP 的輸出與上一章的 VAE 輸出進行比較，不難發現 GAN 的圖像通常更加銳利——特別是頭髮和背景之間的定義。這在一般情況下都是如此；VAE 往往會產生顏色邊界模糊的較柔和圖像，而 GAN 則會產生更銳利、更清晰的圖像。

另一個事實擺在眼前，GAN 通常比 VAE 來得更難訓練，並且需要更長的時間才能達到滿意的品質。然而，現今許多最先進的生成模型都是以 GAN 為基礎，因為在 GPU 上長期訓練大型 GAN 所獲得的回報是非常亮眼的。

條件生成對抗網路（CGAN）

本章到目前為止，我們所建置的 GAN 已能夠從指定訓練資料集來生成逼真的圖像。然而，我們還無法控制想要生成的圖像類型——例如男性或女性的臉部，或是讓積木大一點或小一點。我們可以從潛在空間中隨機抽取一個點，但依然無法輕易理解在選定某個潛在變量之後會生成什麼類型的圖像。

本章最後一段要把焦點轉到如何建置一個能夠控制其輸出的 GAN——這就是所謂的條件（*conditional*）*GAN*。這個想法最早是由 Mirza 和 Osindero 於 2014 年在「Conditional Generative Adversarial Nets」論文中提出的 [6]，是對於 GAN 架構的一項相對簡易的延伸。

執行本範例的程式碼

本範例的 Jupyter notebook 程式碼請由本書 GitHub 取得：

notebooks/04_gan/03_cgan/cgan.ipynb

此程式碼是根據 Sayak Paul 的優質 CGAN 教學（*https://oreil.ly/Ey11I*）修改而來，這份教學可在 Keras 網站上取得。

CGAN 架構

本範例將在臉部資料集的金髮屬性上對 CGAN 加入條件控制。也就是說，我們有辦法明確指定是否要生成一個有金髮的人臉圖像。這個標籤是作為 CelebA 資料集的一部分所提供的。

CGAN 的高階架構如圖 4-16。

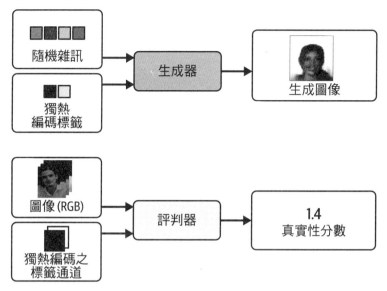

圖 4-16　CGAN 中生成器和評判器的輸入和輸出

標準 GAN 和 CGAN 之間的關鍵差異在於，CGAN 中對於生成器和評判器傳入了與標籤相關的額外資訊。在生成器中，這個額外資訊單純是以一個獨熱編碼向量來附加到潛在空間的樣本之中。在評判器中，則是把標籤資訊作為額外通道加入 RGB 圖像中。做法是複製獨熱編碼向量來填出與輸入圖像相同的形狀。

CGAN 之所以有效，是因為評判器現在可以取得關於圖像內容的額外資訊，因此生成器必須確保其輸出與所提供的標籤一致，這樣才能繼續騙過評判器。如果生成器生成了與圖像標籤不符的完美圖像，評判器就能根據圖像和標籤不符這項事實來判斷出圖像是假的。

本範例中的獨熱編碼標籤的長度為 2，這是因為有兩個類別（金色頭髮和非金色頭髮）。但是，你想要有多少個標籤都沒問題——例如，你可以使用長度為 10 的獨熱編碼標籤向量來訓練一個 CGAN，以輸出 Fashion-MNIST 資料集中的 10 種不同時尚物品其中之一，做法是將這個長度為 10 的標籤向量加入生成器的輸入，以及把 10 個額外的獨熱編碼標籤通道加入評判器的輸入。

架構上唯一要修改的地方是把標籤資訊與生成器和評判器的現有輸入彼此串接起來，如範例 4-10。

範例 4-10　CGAN 中的輸入層

```
critic_input = layers.Input(shape=(64, 64, 3)) ❶
label_input = layers.Input(shape=(64, 64, 2))
x = layers.Concatenate(axis = -1)([critic_input, label_input])
...
generator_input = layers.Input(shape=(32,)) ❷
label_input = layers.Input(shape=(2,))
x = layers.Concatenate(axis = -1)([generator_input, label_input])
x = layers.Reshape((1,1, 34))(x)
...
```

❶ 分別將圖像通道和標籤通道送入評判器,再進行串接。

❷ 分別將潛在向量和標籤類別送入生成器,並在調整形狀之前進行串接。

訓練 CGAN

我們還必須對 CGAN 的 train_step 進行一些更改,才能符合生成器和評判器的新輸入格式,如範例 4-11。

範例 4-11　CGAN 的 train_step

```
def train_step(self, data):
    real_images, one_hot_labels = data ❶

    image_one_hot_labels = one_hot_labels[:, None, None, :] ❷
    image_one_hot_labels = tf.repeat(
        image_one_hot_labels, repeats=64, axis = 1
    )
    image_one_hot_labels = tf.repeat(
        image_one_hot_labels, repeats=64, axis = 2
    )

    batch_size = tf.shape(real_images)[0]

    for i in range(self.critic_steps):
        random_latent_vectors = tf.random.normal(
            shape=(batch_size, self.latent_dim)
        )

        with tf.GradientTape() as tape:
            fake_images = self.generator(
                [random_latent_vectors, one_hot_labels], training = True
            ) ❸

            fake_predictions = self.critic(
```

```
            [fake_images, image_one_hot_labels], training = True
        ) ❹
        real_predictions = self.critic(
            [real_images, image_one_hot_labels], training = True
        )

        c_wass_loss = tf.reduce_mean(fake_predictions) - tf.reduce_mean(
            real_predictions
        )
        c_gp = self.gradient_penalty(
            batch_size, real_images, fake_images, image_one_hot_labels
        ) ❺
        c_loss = c_wass_loss + c_gp * self.gp_weight

    c_gradient = tape.gradient(c_loss, self.critic.trainable_variables)
    self.c_optimizer.apply_gradients(
        zip(c_gradient, self.critic.trainable_variables)
    )

random_latent_vectors = tf.random.normal(
    shape=(batch_size, self.latent_dim)
)

with tf.GradientTape() as tape:
    fake_images = self.generator(
        [random_latent_vectors, one_hot_labels], training=True
    ) ❻
    fake_predictions = self.critic(
        [fake_images, image_one_hot_labels], training=True
    )
    g_loss = -tf.reduce_mean(fake_predictions)

gen_gradient = tape.gradient(g_loss, self.generator.trainable_variables)
self.g_optimizer.apply_gradients(
    zip(gen_gradient, self.generator.trainable_variables)
)
```

❶ 將圖像和標籤從輸入資料中拆分出來。

❷ 將獨熱編碼向量擴展成與輸入圖像（64 × 64）相同大小的獨熱編碼圖像。

❸ 生成器現在接受由兩筆輸入所組成的清單──隨機潛在向量和獨熱編碼標籤向量。

❹ 評判器現在也是接受由兩筆輸入所組成的清單──虛假 / 真實圖像和獨熱編碼標籤
通道。

❺ 由於梯度懲罰函數也運用了評判器，因此也需要送入獨熱編碼之標籤通道。

❻ 對評判器訓練步驟所做的更改，也會一併應用於生成器的訓練步驟。

分析 CGAN

我們可將特定的獨熱編碼標籤送入生成器來控制 CGAN 的輸出。例如，要生成一張非金髮的人臉，就送入向量 [1, 0]。反之要生成一張金髮人臉的話，就送入向量 [0, 1]。

CGAN 的輸出如圖 4-17。在這裡，我們讓所有案例的隨機潛在向量維持不變，改變的只有條件標籤向量。顯然，CGAN 已經學會如何使用標籤向量來做到僅有控制圖像的頭髮顏色屬性。令人印象深刻的是，圖像的其餘部分幾乎不變——這證明了 GAN 已足以運用這樣的方式來組織潛在空間中的各點，以便將個別特徵彼此解耦。

圖 4-17　對潛在樣本附加金髮與非金髮向量時，CGAN 的對應輸出

如果你的資料集中已有標籤，比較好的做法是把它們包含在 GAN 的輸入中，即使你不一定需要透過標籤來條件約束所生成的輸出也建議這麼做，因為這些標籤傾向於改善生成圖像的品質。你可以將標籤視為像素輸入的高度資訊化延伸。

總結

本章介紹了三種不同的生成對抗網路（GAN）模型：深度卷積 GAN（DCGAN）、複雜一點的梯度懲罰 Wasserstein GAN（WGAN-GP）和條件 GAN（CGAN）。

所有的 GAN（生成對抗網路）都以生成器之於鑑別器（或評判器）的架構為特徵，鑑別器試圖 "找出真假圖像的差異"，而生成器則旨在騙過鑑別器。藉由平衡這兩個死對頭的訓練方式，GAN 生成器就能逐漸學會如何產生出類似於訓練資料集中觀測值的東西。

我們首先說明了如何訓練 DCGAN 來生成玩具積木的圖像。它已學會如何逼真地將 3D 物體呈現為圖像，包括陰影、形狀和材質的準確表示。我們還探討了 GAN 可能訓練失敗的不同方式，包括模式崩潰和梯度消失。

然後，我們探討了 Wasserstein 損失函數如何改善這些問題，好讓 GAN 訓練更可預測並可靠。WGAN-GP 藉由在損失函數中多加一項來將梯度範數拉向 1，藉此將訓練過程核心聚焦於滿足 1-Lipschitz 這項要求。

將 WGAN-GP 應用於人臉生成問題時，我們明白了只要從標準常態分布中選擇點就能生成全新的人臉。這個抽樣過程與 VAE 非常相似，不過 GAN 生成的人臉與 VAE 有很大的不同——通常更加清晰，且圖像不同部分之間的差異更為明顯。

最後，我們建置了一個能夠控制生成圖像類型的 CGAN。這是透過將標籤作為輸入傳遞給評判器和生成器來實現的，賦予網路在針對特定標籤進行條件約束時所需的額外資訊。

整體來說，我們已經看到了 GAN 框架是極其靈活的，能夠適應許多有趣的問題領域。特別是，GAN 在圖像生成領域引領了顯著的進展，其基礎框架也多了各種有趣的延伸，第 10 章會進一步說明。

下一章要介紹另一種適合於建模序列資料的生成模型家族——自迴歸模型。

參考文獻

1. Ian J. Goodfellow et al., "Generative Adversarial Nets," June 10, 2014, *https://arxiv.org/abs/1406.2661*.

2. Alec Radford et al., "Unsupervised Representation Learning with Deep Convolutional Generative Adversarial Networks," January 7, 2016, *https://arxiv.org/abs/1511.06434*.

3. Augustus Odena et al., "Deconvolution and Checkerboard Artifacts," October 17, 2016, *https://distill.pub/2016/deconv-checkerboard*.

4. Martin Arjovsky et al., "Wasserstein GAN," January 26, 2017, *https://arxiv.org/abs/1701.07875*.

5. Ishaan Gulrajani et al., "Improved Training of Wasserstein GANs," March 31, 2017, *https://arxiv.org/abs/1704.00028*.

6. Mehdi Mirza and Simon Osindero, "Conditional Generative Adversarial Nets," November 6, 2014, *https://arxiv.org/abs/1411.1784*.

自迴歸模型

到目前為止，我們已經探討了兩種與潛在變數有關的生成模型——變分自動編碼器（VAE）和生成對抗網路（GAN）。在這兩種情況下，都對資料分布引入了一個易於從中抽樣的新變數，好讓模型學習如何將該變數解碼回到原始領域中。

現在把注意力轉到自迴歸模型——這是將生成建模問題簡化為序列流程來處理的一系列模型。自迴歸模型會根據序列中的先前數值來條件化預測，而非使用潛在的隨機變數。

因此，這類模型會試著對資料生成分布明確地建模，而非只是近似（如同變分自動編碼器）。

本章會介紹兩種不同的自迴歸模型：長短期記憶網路（LSTM）和像素卷積神經網路（PixelCNN）。我們會把 LSTM 用於處理文字資料，而 PixelCNN 神經網路則是處理圖像資料。第 9 章會詳細介紹另一個超級厲害的自迴歸模型——Transformer。

簡介

為了理解 LSTM 如何運作，我們要先造訪一所奇特的監獄，裡面的囚犯們居然組了一個文學社 ...

搗蛋罪犯文學社

愛德華·索普不喜歡他這份監獄管理員的工作。他整天監視著囚犯，沒有時間追尋他真正的熱情——寫短篇小說。他的靈感越來越匱乏，需要找到一種方法來生成新的內容。

有一天，他想出了一個絕妙的主意，不只能讓他以自身風格來創作新的小說，囚犯們也有事可做——他打算讓囚犯們一起為他寫故事！他將這個新的社團稱為「搗蛋罪犯文學社（Literary Society for Troublesome Miscreants）」，簡稱 LSTM（圖 5-1）。

圖 5-1　一群囚犯在大牢房裡讀著書（圖片使用 Midjourney 生成）

這所監獄特別奇怪，因為它只有一間大牢房，裡面關著 256 名囚犯。每個囚犯對愛德華目前故事的發展都有自己的看法。每天，愛德華會把他小說中的最新一個詞發布到牢房裡，囚犯們的工作就是各自根據這個新詞和前一天囚犯們的意見來更新自己對故事目前狀態的看法。

每個囚犯都各自有特定的思考過程來更新自己的看法，這包括平衡來自新傳入詞和其他囚犯的意見，同時還會結合他們自己原有的信念。首先，他們得決定要忘記昨天意見的程度多寡，這要考慮到新詞的資訊和牢房內其他囚犯的意見。他們還會運用這些資訊來形成新的想法，並決定將這些新想法與他們選擇從前一天帶來的舊想法混合起來。這樣，囚犯在當天的新意見就形成了。

然而，囚犯們相當守口如瓶，並且不一定都會把所有意見告訴其他囚犯。他們還會根據最新選擇的詞和其他囚犯的意見來決定要透露多少自己的意見。

當愛德華希望讓牢房生成文章的下一個詞時，囚犯們會各自把自己可公開的意見告訴門口的警衛，警衛再把這些資訊結合起來，最終決定要加到小說結尾的下一個詞。然後，這個新詞會被再次回饋到牢房中，整個過程會持續到故事完成為止。

為了訓練囚犯和警衛，愛德華會把他之前寫過的一段短句送進牢房，並監控囚犯們選擇的下一個詞是否正確。他會更新囚犯們的準確率，好讓他們能逐漸開始學會如何用愛德華的獨特風格來寫故事。

多次迭代之後，愛德華發現這個系統已經非常擅長生成如同他本人所寫的文章。滿意這個結果之後，他把這些生成故事合輯出版，書名為《E. 索普寓言》。

愛德華•索普和他的群眾外包寓言這段故事是針對文字等序列資料的最著名的自迴歸技術之一：長短期記憶網路。

長短期記憶網路（LSTM）

LSTM 是一種特殊的遞歸神經網路（recurrent neural network, RNN）。RNN 包含一個遞歸層，或稱單元（*cell*），該層能夠處理序列資料，做法是把在特定時步（timestep）所生成的輸出作為下一個時步的部分輸入。

當 RNN 首次問世時，其遞歸層非常簡單，只由一個 tanh 運算子組成，用於確保在時步之間傳遞的資訊會被縮放到 −1 和 1 之間。然而，這種方法已被證明存在梯度消失問題，因此對於較長序列的資料表現不佳。

LSTM 單元首次出現在 1997 年 Sepp Hochreiter 和 Jürgen Schmidhuber 所提出的論文中[1]。作者在這篇論文中描述了 LSTM 不會碰到一般 RNN 所苦惱的梯度消失問題，並且可用長達數百個時步的序列來訓練。從那時開始，LSTM 網路的架構已被不斷改良，並且像是門控循環單元等變體（本章後續會介紹），現也已被廣泛應用，且已被作為 Keras 的現成層來提供。

LSTM 已經被應用於與序列資料相關的各種問題上，包括時間序列預測、情感分析和聲音分類。本章將使用 LSTM 來處理文字生成這項挑戰。

> **執行本範例的程式碼**
>
> 本範例的 Jupyter notebook 程式碼請由本書 GitHub 取得：
>
> *notebooks/05_autoregressive/01_lstm/lstm.ipynb*

食譜資料集

我們要使用來自 Kaggle 的 Epicurious Recipes 資料集（*https://oreil.ly/laNUt*）。這是一個包含了超過 20,000 份食譜的資料集，還附帶了營養資訊和成分清單等元資料。

請執行本書 GitHub 中的 Kaggle 資料集下載腳本來下載這個資料集，如範例 5-1。這會把食譜和相關元資料儲存到本地端的 */data* 資料夾中。

範例 5-1　下載 Epicurious Recipe 資料集

```
bash scripts/download_kaggle_data.sh hugodarwood epirecipes
```

範例 5-2 說明如何載入並篩選資料，只留下具備標題與描述的食譜。範例 5-3 則是一段處理完成後的食譜文字。

範例 5-2　載入資料

```
with open('/app/data/epirecipes/full_format_recipes.json') as json_data:
    recipe_data = json.load(json_data)
```

```
filtered_data = [
    'Recipe for ' + x['title']+ ' | ' + ' '.join(x['directions'])
    for x in recipe_data
    if 'title' in x
    and x['title'] is not None
    and 'directions' in x
    and x['directions'] is not None
]
```

範例 5-3　來自食譜資料集的一段文字

Recipe for Ham Persillade with Mustard Potato Salad and Mashed Peas | Chop enough
parsley leaves to measure 1 tablespoon; reserve. Chop remaining leaves and stems
and simmer with broth and garlic in a small saucepan, covered, 5 minutes.
Meanwhile, sprinkle gelatin over water in a medium bowl and let soften 1 minute.
Strain broth through a fine-mesh sieve into bowl with gelatin and stir to dissolve.
Season with salt and pepper. Set bowl in an ice bath and cool to room temperature,
stirring. Toss ham with reserved parsley and divide among jars. Pour gelatin on top
and chill until set, at least 1 hour. Whisk together mayonnaise, mustard, vinegar,
1/4 teaspoon salt, and 1/4 teaspoon pepper in a large bowl. Stir in celery,
cornichons, and potatoes. Pulse peas with marjoram, oil, 1/2 teaspoon pepper, and
1/4 teaspoon salt in a food processor to a coarse mash. Layer peas, then potato
salad, over ham.

在說明如何使用 Keras 來建置 LSTM 網路之前，首先得先岔出來簡單談一下文字資料的
結構，以及它與本書中到目前為止所用的圖像資料到底有何不同。

處理文字資料

文字資料與圖像資料之間有一些關鍵性差異，代表許多適用於圖像資料的方法換成文字
資料之後就沒那麼好用了。說明如下：

- 文字資料由多個離散區塊所組成（可能是字元或單詞），而圖像中的像素則是連續顏
  色光譜中的各個點。我們很容易就能把一個綠色像素變得更藍一點，但是要讓貓這
  個詞變得更接近狗，這就不太知道怎麼做了。這代表圖像資料要進行反向傳播是相
  當簡單的，因為我們可以計算出損失函數之於個別像素的梯度，從而確定像素顏色
  要朝著哪個方向來改變才能讓損失最小化。但如果是離散的文字資料，就無法直接
  以同樣的方式來進行反向傳播了，所以需要找出解決這個問題的方法才行。

- 文字資料具有時間維度但沒有空間維度，而圖像資料則是具有兩個空間維度但沒有時間維度。在文字資料中，詞的順序非常重要，把詞倒著講是沒有意義的，但圖像內容通常在翻轉之後也不會受影響。此外，模型通常需要捕捉各單詞之間的長期依賴性，例如回答問題或者延續某個代詞的上下文。但圖像資料中的所有像素是可以同時處理的。

- 文字資料對個別單位（單詞或字元）的微小變化相當敏感。相比之下，圖像資料對於單一像素的變化就沒那麼敏感 —— 就算某些像素被改變了，一幅房屋的圖片還是可被辨識為房屋 —— 但如果是文字資料，哪怕只是改了幾個詞都可能讓整段文句的意思大大不同，甚至變得毫無意義。這使得想要訓練出一個能夠生成流暢文字的模型非常困難，因為每個單詞對於段落的整體意義來說都非常重要。

- 文字資料有其規則式的語法結構，但圖像資料則沒有一套用於指定像素值的規則。例如，不論在任何情況下，"The cat sat on the having" 這句話在語法上都是沒有意義的。再者，要對語義規則建模是相當困難的；例如，"I am in the beach" 這句話並不合理，雖然它在語法上並沒有錯。

基於文字的生成深度學習之相關進展

直到不久之前，大多數最複雜的生成式深度學習模型都專注於圖像資料，因為上述提到的許多挑戰即便是最厲害的技術都無法解決。然而，多虧了 Transformer 模型架構，文字生成深度學習領域在過去五年已有驚人的進展，後續在第 9 章會深入介紹。

考慮到這些因素，現在來看看要採取哪些步驟才能把文字資料轉換為適合訓練 LSTM 網路的正確形狀吧。

標記化

第一步是對文字進行清理和分詞。分詞（*tokenization*）是指將文字分割成個別單元，例如單詞或字元的過程。

如何分詞將取決於你希望這個文字生成模型能做到怎樣的目標。使用單詞和字元標記各有其優缺點，而你的選擇將會影響在建模之前應該如何清理文字與模型輸出。

如果使用單詞標記：

- 所有文字都可轉換為小寫來確保句子開頭的大寫單詞與句子中間出現的相同單詞是以相同方式來標記。然而這在某些情況下可能不是最好的做法；例如，某些專有名詞（例如姓名或地點）可能要保持大寫使得它們能被獨立標記。

- 文字詞彙（*vocabulary*，訓練集中的不同單詞集合）可能會變得非常大，其中某些單詞的出現狀況可能非常稀疏，甚至只出現一次。比較好的做法是把稀疏單詞換成代表未知單詞的標記，而不是獨立標記它們，這樣做可減少神經網路所需學習的權重數量。

- 單詞可以進行詞幹（*stemmed*）處理，代表把它們縮減為最簡單的形式，好讓同一個動詞的不同時態可被標記在一起。例如，*browse*、*browsing*、*rowses* 和 *browsed* 可全部被整理為 *brows*。

- 標點符號也可被分詞，或全部刪除。

- 使用單詞標記代表模型將永遠無法預測出未包含在訓練詞彙表中的單詞。

如果使用字元標記：

- 模型能夠生成由字元組成的序列，形成未包含在訓練詞彙表中的新詞——這在某些情況下可能是很棒的效果，但在其他情況下就不一定了。

- 大寫字母可以轉換為對應的小寫，或者單獨標記也可以。

- 使用字元標記的詞彙表通常會小巧許多。這有助於提升模型的訓練速度，因為最終輸出層所需學習的權重較少。

以下範例將使用小寫單詞分詞，且不進行詞幹處理。另外還會對標點符號進行分詞，因為我們希望模型能夠預測何時應該結束句子或使用逗號等標點符號。

範例 5-4 的程式碼進行了文字的清理和分詞。

範例 5-4　標記化

```
def pad_punctuation(s):
    s = re.sub(f"([{string.punctuation}])", r' \1 ', s)
    s = re.sub(' +', ' ', s)
    return s
```

```
text_data = [pad_punctuation(x) for x in filtered_data] ❶

text_ds = tf.data.Dataset.from_tensor_slices(text_data).batch(32).shuffle(1000) ❷

vectorize_layer = layers.TextVectorization( ❸
    standardize = 'lower',
    max_tokens = 10000,
    output_mode = "int",
    output_sequence_length = 200 + 1,
)

vectorize_layer.adapt(text_ds) ❹
vocab = vectorize_layer.get_vocabulary() ❺
```

❶ 將標點符號補全，以將它們視為單獨的單詞。

❷ 將其轉換為 TensorFlow Dataset。

❸ 建立一個 Keras TextVectorization 層，將文字轉換為小寫，為最常見的 10,000 個單詞分配對應的整數標記，並將序列修剪或填充到 201 個標記的長度。

❹ 將 TextVectorization 層應用於訓練資料。

❺ vocab 變數用於儲存單詞標記的清單。

範例 5-5 是經過分詞處理後的食譜。訓練模型時使用的序列長度是訓練過程的一個參數。本範例使用的序列長度為 200，因此要把食譜填充或裁剪到比這個長度再加 1 以便建立目標變數（下一段詳述）。為了滿足這個期望長度，向量的尾端要填 0。

 停止標記

標記 0 稱為停止標記（*stop token*）表示文字字串已經結束。

範例 5-5 經過分詞處理的範例 5-3 食譜

```
[  26   16  557    1    8  298  335  189    4 1054  494   27  332  228
  235  262    5  594   11  133   22  311    2  332   45  262    4  671
    4   70    8  171    4   81    6    9   65   80    3  121    3   59
   12    2  299    3   88  650   20   39    6    9   29   21    4   67
  529   11  164    2  320  171  102    9  374   13  643  306   25   21
    8  650    4   42    5  931    2   63    8   24    4   33    2  114
   21    6  178  181 1245    4   60    5  140  112    3   48    2  117
```

```
557     8   285   235     4   200   292   980     2   107   650    28    72     4
108    10   114     3    57   204    11   172     2    73   110   482     3   298
  3   190     3    11    23    32   142    24     3     4    11    23    32   142
 33     6     9    30    21     2    42     6   353     3  3224     3     4   150
  2   437   494     8  1281     3    37     3    11    23    15   142    33     3
  4    11    23    32   142    24     6     9   291   188     5     9   412   572
  2   230   494     3    46   335   189     3    20   557     2     0     0     0
  0     0     0     0     0]
```

在範例 5-6 中,可以看到單詞標記的部分清單以及它們對應的索引。該層將數字 0 保留為填充(就是停止標記),而數字 1 用於未包含在前 10,000 個單詞中的未知單詞(例如 persillade)。其他單詞則按照出現頻率高低來分配標記。詞彙表要納入多少單詞中也是訓練過程的一個參數。包含的單詞越多,其中的未知標記就會越少;然而,你的模型也需要更大的容量才能容納更大的詞彙表。

範例 5-6 *TextVectorization 層的詞彙表*

```
0:
1: [UNK]
2: .
3: ,
4: and
5: to
6: in
7: the
8: with
9: a
```

建立訓練資料集

我們的 LSTM 將被訓練在給定某一點之前的一串單詞之後,可預測出序列中的下一個單詞。例如,我們可以將 *grilled chicken with boiled* 作為標記送入模型,並期望它輸出適當的下一個單詞(例如 *potatoes* 而不是 *bananas*)。

因此,只需將整個序列向後移動一個標記就能建立目標變數了。

資料集生成步驟可藉由範例 5-7 的程式碼完成。

範例 5-7 *建立訓練資料集*

```
def prepare_inputs(text):
    text = tf.expand_dims(text, -1)
    tokenized_sentences = vectorize_layer(text)
    x = tokenized_sentences[:, :-1]
```

```
        y = tokenized_sentences[:, 1:]
        return x, y

    train_ds = text_ds.map(prepare_inputs) ❶
```

❶ 建立訓練資料集，由食譜標記輸入以及向後移動一個標記的相同向量（目標）所
組成。

LSTM 架構

LSTM 模型的整體架構如表 5-1。模型的輸入是一系列整數標記，輸出是每個詞在長度
10,000 的詞彙中下一次出現的機率。如果要詳細了解其運作原理，需要介紹兩種新類型
的網路層：Embedding 和 LSTM。

表 5-1　LSTM 的模型摘要

Layer (type)	Output shape	Param #
InputLayer	(None, None)	0
Embedding	(None, None, 100)	1,000,000
LSTM	(None, None, 128)	117,248
Dense	(None, None, 10000)	1,290,000

Total params	2,407,248
Trainable params	2,407,248
Non-trainable params	0

LSTM 的輸入層

請注意，Input 層不需要事先指定序列長度。批大小和序列長度都可彈性
調整（代表形狀為 (None, None)）。這是因為所有的後續層都無法得知對
於要送入的序列長度。

嵌入層

嵌入層本質上是一個查找表，將每個整數標記轉換為長度為 embedding_size 的向量，如
圖 5-2。這些查找向量是由模型作為權重來學習的。因此，該層所需學習的權重數量等
於詞彙表的大小乘以嵌入向量的維度（即 $10,000 \times 100 = 1,000,000$）。

圖 5-2　嵌入層是各個整數標記的查找表

我們將每個整數標記嵌入到一個連續向量中，因為這可讓模型透過反向傳播來學習每個單詞的表示。單純對每個輸入標記進行獨熱編碼也是可以的，但是嵌入層是更受歡迎的做法，因為它使嵌入本身就能夠被訓練，從而使模型在嵌入標記來提高效能方面變得更加靈活。

因此，輸入層會把形狀為 [batch_size, seq_length] 的整數序列張量送入 Embedding 層，後者再輸出形狀為 [batch_size, seq_length, embedding_size] 的張量。然後，該張量再被送入 LSTM 層（圖 5-3）。

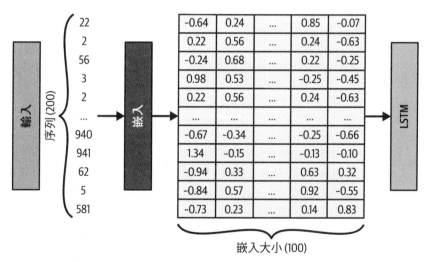

圖 5-3　流經嵌入層的單一序列

LSTM 層

要理解 LSTM 層,首先要先知道一般遞歸層的運作原理。

遞歸層具有特殊的特性,能夠處理序列輸入資料 $x_1, ..., x_n$。它包含了一個單元,當序列 x_t 中的每個元素依序透過它時,它會以每次一個時步來更新自身的隱藏狀態 h_t。

隱藏狀態是一個長度等於單元中單位數量的向量,可將其視為單元對序列的當前理解。在時步 t,單元會運用上一個隱藏狀態 h_{t-1} 和來自當前時步 x_t 的資料產生一個更新後的隱藏狀態向量 h_t。這個循環過程會一直持續到序列結束為止。一旦序列結束,該層會輸出單元的最終隱藏狀態 h_n,並送入網路的下一層,過程如圖 5-4。

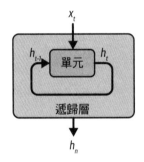

圖 5-4 遞歸層的簡單示意圖

為了更詳細地解釋這一點,讓我們展開這個過程,以便觀察單個序列是如何透過該層的 (圖 5-5)。

單元權重

重點在於,本圖中的所有單元共享了相同的權重(因為它們根本就是同一個單元)。本圖與圖 5-4 是一樣的;只是改用不同的方式來描述遞歸層的機制。

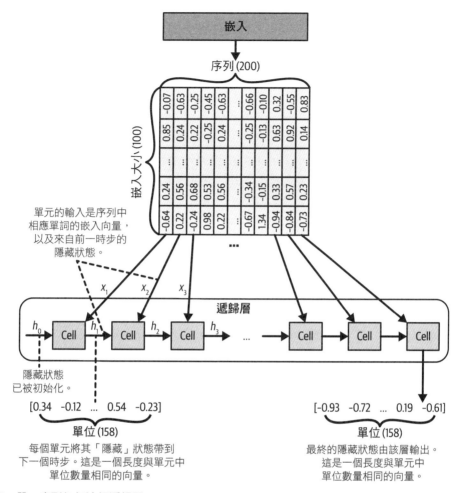

圖 5-5　單一序列如何流經遞歸層

整個遞歸過程現在的表示方式是在每個時步中另外畫出該單元的複製，並顯示隱藏狀態如何在透過單元時被不斷更新。我們可以清楚地看到先前的隱藏狀態是如何與序列的當前資料點（即當前的嵌入詞向量）混合以產生下一個隱藏狀態。該層的輸出就是該單元在處理輸入序列中的每個詞之後的最終隱藏狀態。

　實際上，將單元輸出的結果稱為隱藏狀態是一個不太恰當的命名慣例——它並非真的隱藏，你也不應該這樣去理解。事實上，最後一個隱藏狀態就是該層的整體輸出，本章稍後就會運用這一點來存取個別時步的隱藏狀態。

LSTM 單元

明白了一般遞歸層的工作原理之後,讓我們來看看單個 LSTM 單元的內部結構。

LSTM 單元的任務是在給定前一個隱藏狀態 h_{t-1} 和當前詞嵌入 x_t 的情況下,輸出新的隱藏狀態 h_t。回顧一下,h_t 的長度等於 LSTM 中的單位數。這是在定義本層時所需設定的參數,與序列長度無關。

 請不要將單元(cell)與單位(unit)混淆。LSTM 層中有一個單元,它是由其中包含的單位數量來定義,如同之前故事中的監獄牢房包含了許多囚犯一樣。我們通常會把遞歸層繪製成一系列展開的單元,這有助於視覺化呈現隱藏狀態在每個時步是如何更新的。

LSTM 單元會保留一個單元狀態 C_t,它可以被視為單元對序列當前狀態的內部信念。這與隱藏狀態 h_t 不同,後者會在最後一個時步之後由單元輸出。單元狀態的長度與隱藏狀態相同(單元中的單位數量)。

讓我們更深入理解一個單元的隱藏狀態更新方式(圖 5-6)。

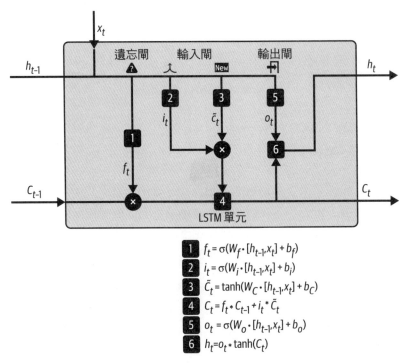

1   $f_t = \sigma(W_f \cdot [h_{t-1}, x_t] + b_f)$
2   $i_t = \sigma(W_i \cdot [h_{t-1}, x_t] + b_i)$
3   $\tilde{C}_t = \tanh(W_C \cdot [h_{t-1}, x_t] + b_C)$
4   $C_t = f_t * C_{t-1} + i_t * \tilde{C}_t$
5   $o_t = \sigma(W_o \cdot [h_{t-1}, x_t] + b_o)$
6   $h_t = o_t * \tanh(C_t)$

圖 5-6   LSTM 單元

隱藏狀態更新包含以下六個步驟：

1. 將前一時步的隱藏狀態 h_{t-1} 和當前詞嵌入 x_t 連接起來，並使其透過遺忘閘（*forget gate*）。這個閘單純是具備權重矩陣 W_f、偏誤 b_f 和 sigmoid 觸發函數的密集層。結果向量 f_t 的長度會等於單元中的單位數，其中的數值會介於 0 到 1 之間，用於決定前一個單元狀態 C_{t-1} 的保留程度。

2. 連接後的向量也會透過一個輸入閘（*input gate*），與遺忘閘類似，它是一個具備權重矩陣 W_i、偏誤 b_i 和 sigmoid 觸發函數的密集層。該閘的輸出 i_t 的長度也會等於單元中的單位數，其中的數值會介於 0 到 1 之間，用於決定要將多少新資訊加入前一個單元狀態 C_{t-1} 中。

3. 連接後的向量透過具備權重矩陣 W_C、偏誤 b_C 和 tanh 觸發函數的密集層，結果產生一個向量 $\tilde{C}_t$，其中包含單元所考慮保留的新資訊。它的長度也等於單元中的單位數，其中的數值會介於 –1 到 1 之間。

4. f_t 與 C_{t-1} 接著會將各個元素彼此相乘，再與 i_t 和 $\tilde{C}_t$ 的各元素相乘的結果相加。這代表忘記前一個單元狀態的一部分，然後加入新的相關資訊，最後產生更新後的單元狀態 C_t。

5. 連接後的向量透過一個輸出閘（*output gate*），也就是一個具備權重矩陣 W_o、偏差 b_o 和 sigmoid 觸發函數的密集層。該閘的輸出 o_t 的長度會等於單元中的單位數，其中的數值會介於 0 到 1 之間，用於決定要從單元輸出多少更新後的單元狀態 C_t。

6. 然後，o_t 再與更新後的單元狀態 C_t 進行各元素相乘，並應用 tanh 觸發函數來產生新的隱藏狀態 h_t。

Keras 的 LSTM 層

這些所有的複雜事兒都已封裝在 Keras 的 LSTM 層中了，你不用擔心還要自行實作！

訓練 LSTM

建置、編譯和訓練 LSTM 的程式碼如範例 5-8。

範例 5-8　建置、編譯和訓練 LSTM

```
inputs = layers.Input(shape=(None,), dtype="int32") ❶
x = layers.Embedding(10000, 100)(inputs) ❷
x = layers.LSTM(128, return_sequences=True)(x) ❸
outputs = layers.Dense(10000, activation = 'softmax')(x) ❹
lstm = models.Model(inputs, outputs) ❺

loss_fn = losses.SparseCategoricalCrossentropy()
lstm.compile("adam", loss_fn) ❻
lstm.fit(train_ds, epochs=25) ❼
```

❶ Input 層不需要事先指定序列長度（它相當彈性），在此使用 None 作為占位符。

❷ Embedding 層需要兩個參數：詞彙的大小（10,000 個標記）和詞嵌入向量的維度（100）。

❸ LSTM 層需要指定隱藏向量的維度（128）。我們還指定了要回傳完整的隱藏狀態序列，而不只是最後一個時步的隱藏狀態。

❹ Dense 層會把每個時步的隱藏狀態轉換為下一個標記的機率向量。

❺ 在指定一個標記序列作為輸入之後，Model 就會預測下一個標記。它會對序列中的每個標記都進行這樣的預測。

❻ 本模型使用 SparseCategoricalCrossentropy 損失來編譯 —— 這與分類交叉熵相同，但適用於標籤為整數而非獨熱編碼向量時。

❼ 模型對訓練資料集進行擬合。

圖 5-7 中可以看到 LSTM 訓練過程的前幾個回合 —— 請注意隨著損失指標的下降，輸出結果變得更加易懂。圖 5-8 是交叉熵損失指標在訓練過程中的下降情況。

```
Epoch 1/25
628/629 [===========================>.] - ETA: 0s - loss: 4.4536
generated text:
recipe for mold salad are high 8 pickled to fold cook the dish into and warm in baking reduced but halves beans
and cut

629/629 [============================] - 29s 43ms/step - loss: 4.4527
Epoch 2/25
628/629 [===========================>.] - ETA: 0s - loss: 3.2339
generated text:
recipe for racks - up-don with herb fizz | serve checking thighs onto sanding butter and baking surface in a hea
vy heavy large saucepan over blender ; stand overnight . [UNK] over moderate heat until very blended , garlic ,
about 8 minutes . cook airtight until cooked are soft seeds , about 1 45 minutes . sugar , until s is brown , 5
to sliced , parmesan , until browned and add extract . wooden crumb to outside of out sheets . flatten and prehe
ated return to the paste . add in pecans oval and let transfer day .

629/629 [============================] - 30s 48ms/step - loss: 3.2336
Epoch 3/25
629/629 [============================] - ETA: 0s - loss: 2.6229
generated text:
recipe for grilled chicken | preheat oven to 400°f . cook in large 8 - caramel grinder or until desired are firm
, about 6 minutes

629/629 [============================] - 27s 42ms/step - loss: 2.6229
Epoch 4/25
629/629 [============================] - ETA: 0s - loss: 2.3426
generated text:
recipe for pizza salad with sweet red pepper and star fruit | combine all ingredients except lowest ingredients
in a large skillet . working with batches and deglaze , cook until just cooked through , about 1 minute . meanwh
ile , boil potatoes and paprika in a little oil over medium - high heat , stirring it just until crisp , about 3
minutes . stir in bell pepper , onion and cooked paste and jalapeño until clams well after most - reggiano , abo
ut 5 minutes . transfer warm 2 tablespoons flesh of eggplants to medium bowl . serve .
```

圖 5-7　LSTM 訓練過程中的前幾個回合

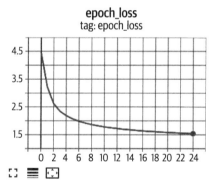

圖 5-8　LSTM 訓練過程於各回合的交叉熵損失指標

分析 LSTM

現在 LSTM 已經編譯並訓練完成，我們可開始使用它來生成一長串的文字，步驟如下：

1. 將現有的單詞序列送入網路，並要求它預測接下來的單詞。

2. 將這個單詞附加到現有的序列中，並重複上述過程。

網路會輸出一組針對每個單詞的機率，我們可從中抽樣。這樣就能讓文字生成有一定的隨機性，而非只是確定性的。此外，還可以導入溫度（*temperature*）參數來調整抽樣過程中的確定性程度。

溫度參數

溫度值接近 0 會讓抽樣的確定性更高（例如，極有可能選中機率最高的單詞），而溫度值為 1 則會讓每個單詞都是根據模型的輸出機率來選擇。

程式實作如範例 5-9，其中建立了一個能在每個訓練時期結束時生成文字的回呼函數。

範例 5-9　*TextGenerator* 回呼函數

```python
class TextGenerator(callbacks.Callback):
    def __init__(self, index_to_word, top_k=10):
        self.index_to_word = index_to_word
        self.word_to_index = {
            word: index for index, word in enumerate(index_to_word)
        } ❶

    def sample_from(self, probs, temperature): ❷
        probs = probs ** (1 / temperature)
        probs = probs / np.sum(probs)
        return np.random.choice(len(probs), p=probs), probs

    def generate(self, start_prompt, max_tokens, temperature):
        start_tokens = [
            self.word_to_index.get(x, 1) for x in start_prompt.split()
        ] ❸
        sample_token = None
        info = []
        while len(start_tokens) < max_tokens and sample_token != 0: ❹
            x = np.array([start_tokens])
            y = self.model.predict(x) ❺
            sample_token, probs = self.sample_from(y[0][-1], temperature) ❻
            info.append({'prompt': start_prompt , 'word_probs': probs})
            start_tokens.append(sample_token) ❼
            start_prompt = start_prompt + ' ' + self.index_to_word[sample_token]
        print(f"\ngenerated text:\n{start_prompt}\n")
        return info

    def on_epoch_end(self, epoch, logs=None):
        self.generate("recipe for", max_tokens = 100, temperature = 1.0)
```

❶ 建立反向詞彙映射（從單詞到標記）。

❷ 本函數使用 temperature 縮放因子來更新機率。

❸ 起始提示是一串單詞，送入模型就能開始生成過程（例如，*recipe for*）。這些單詞首先會被轉換為標記清單。

❹ 不斷序列，直到其長度達到 max_tokens 或產生停止標記（0）為止。

❺ 模型輸出每個單詞在序列中出現的機率。

❻ 這些機率值透過取樣器傳遞，並根據 temperature 參數來輸出下一個單詞。

❼ 將新單詞附加到提示文字中，準備進行生成過程的下一次迭代。

來看看使用兩種不同溫度值在實際中的應用，如圖 5-9。

```
temperature = 1.0

generated text:
recipe for sour japanese potatoes julienne | in a bowl stir together the yeast mixture with the milk and the
peanut butter crumbs , the sour cream , and the butter mixture with a fork , gently fold in the prunes gently
or until incorporated . lightly stir the oil and yeast until it just holds soft peaks , but not runny , on bo
ttom of a 7 - sided sheet of aluminum foil , top it with a round , and a pinch of each brownies into a goblet
, or with the baking dish . serve each with sorbet
```

```
temperature = 0.2

generated text:
recipe for grilled chicken with mustard - herb sauce | combine first 6 ingredients in medium bowl . add chick
en to pot . add chicken and turn to coat . cover and refrigerate at least 1 hour and up to 1 day . preheat ov
en to 450°f . place turkey on rock in roasting pan . roast until thermometer inserted into thickest part of t
high registers 175°f , about 1 hour longer . transfer to rack in center of oven and preheat to 450°f . brush
chicken with oil . sprinkle with salt and pepper . roast until thermometer inserted into
```

圖 5-9　temperature = 1.0 與 temperature = 0.2 的生成輸出

這兩段文字有幾點值得注意一下。首先，它們在風格上都與原始訓練資料集中的食譜相當類似。它們都是從食譜標題開始，並包含大致正確的語法結構。不同之處在於，溫度值 1.0 的生成文字更加大膽，因此準確程度會低於溫度值 0.2 的範例。使用溫度值 1.0 來生成多個樣本會使差異更大，因為模型正在從變異數更大的機率分布中進行抽樣。

為了證明這一點，圖 5-10 顯示了在溫度值為 1.0 和 0.2 的情況下，各種提示機率前五高的標記。

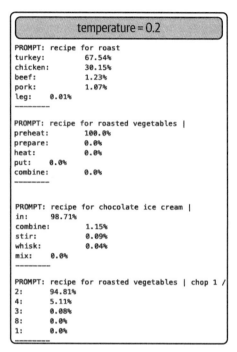

圖 5-10　根據不同序列的單詞機率分布，溫度值 1.0 與 0.2

該模型能夠生成合適的單詞分布，以便在各種情境下預測下一個最可能的單詞。例如，即使模型從未被告知名詞、動詞或數字等詞類，它已大致能把單詞區分為這些類別並以語法正確的形式來使用。

此外，模型已能夠根據先前的標題選擇適當的動詞來說明菜單。對於烤菜（roasted vegetables），它選擇了 preheat、prepare、heat、put 或 combine 作為最可能的選擇，而對於冰淇淋（ice cream），它則選擇了 in、combine、stir、whisk 和 mix。這表明模型針對不同食材食譜之間的差異，已有一些脈絡上的理解。

同時也請看到在 temperature = 0.2 的範例中，機率更傾向於選擇第一個選項的標記。這就是為什麼當溫度較低時，生成的多樣性通常也會較低的原因。

儘管我們的基本 LSTM 模型在生成逼真的文字方面表現得相當不錯，但它在理解所生成單詞的某些語義方面顯然還有困難。它會帶入一些可能不適合搭配使用的食材（例如，sour Japanese potatoes、pecan crumbs 和 sorbet）！但在某些情況下，這說不定正是我們所要的——例如，希望 LSTM 能生成有趣又獨特的單詞組合——但在其他情況下，我們則需要模型對單詞的組合方式有更深入的理解，並對文字段落中較早期引入的想法有更長久的記憶。

下一段要介紹一些改進基本 LSTM 網路的方法。第 9 章則是要深入探討一種新型的自迴歸模型，Transformer，將語言建模帶入了全新的境界。

遞歸神經網路（RNN）的延伸

前一段介紹了簡易的 LSTM 模型，該模型經過訓練後可以生成特定風格的文字。本段要探討這個想法的幾種延伸。

堆疊遞歸網路

先前登場過的網路只包含了一個 LSTM 層，但我們也可以訓練包含了多個彼此堆疊 LSTM 層的網路，以便從文字中學習更深層次的特徵。

要實現這一點，只需在第一層之後接著另一個 LSTM 層。然後，第二個 LSTM 層可以使用第一層的隱藏狀態作為其輸入資料。示意圖如圖 5-11，整體模型架構請參考表 5-2。

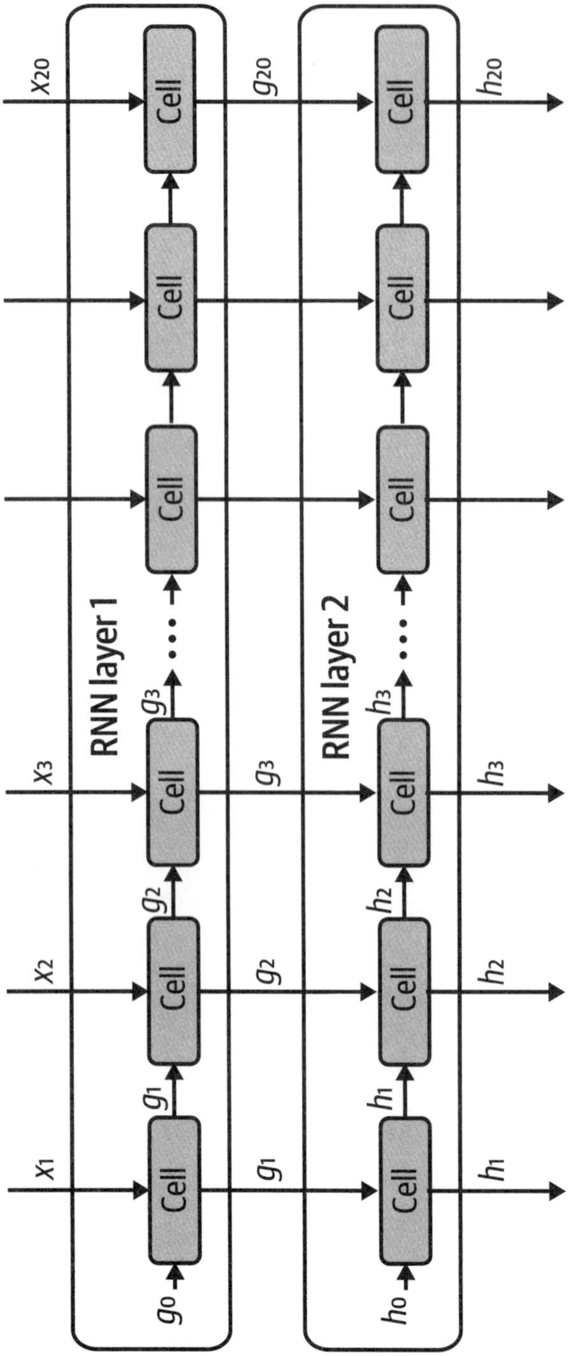

圖 5-11　多層 RNN 的示意圖：g_t 代表第一層的各個隱藏狀態，h_t 則代表第二層的各個隱藏狀態

表 5-2　堆疊 LSTM 的模型摘要

Layer (type)	Output shape	Param #
InputLayer	(None, None)	0
Embedding	(None, None, 100)	1,000,000
LSTM	(None, None, 128)	117,248
LSTM	(None, None, 128)	131,584
Dense	(None, None, 10000)	1,290,000

Total params	2,538,832
Trainable params	2,538,832
Non-trainable params	0

範例 5-10 為建置堆疊 LSTM 的程式碼。

範例 5-10　建置堆疊 LSTM

```
text_in = layers.Input(shape = (None,))
embedding = layers.Embedding(total_words, embedding_size)(text_in)
x = layers.LSTM(n_units, return_sequences = True)(x)
x = layers.LSTM(n_units, return_sequences = True)(x)
probabilites = layers.Dense(total_words, activation = 'softmax')(x)
model = models.Model(text_in, probabilites)
```

門控循環單元

另一種常用的 RNN 層是門控遞歸單元（*gated recurrent unit, GRU*）[2]。與 LSTM 單元的主要不同之處如下：

1. LSTM 單元的遺忘閘和輸入閘換為重置閘和更新閘。

2. GRU 沒有單元狀態或輸出閘，只有從單元輸出的隱藏狀態。

隱藏狀態更新包含了四個步驟，如圖 5-12。

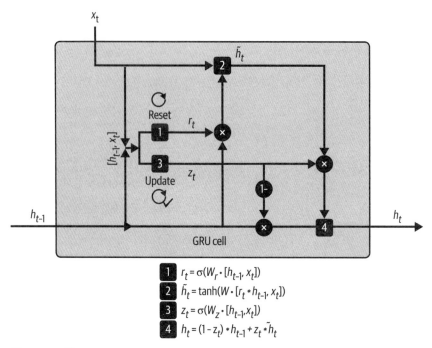

$$1 \quad r_t = \sigma(W_r \cdot [h_{t-1}, x_t])$$
$$2 \quad \tilde{h}_t = \tanh(W \cdot [r_t * h_{t-1}, x_t])$$
$$3 \quad z_t = \sigma(W_z \cdot [h_{t-1}, x_t])$$
$$4 \quad h_t = (1 - z_t) * h_{t-1} + z_t * \tilde{h}_t$$

圖 5-12　單一 GRU 單元

步驟如下：

1. 將前一時步的隱藏狀態 h_{t-1} 和當前單詞嵌入 x_t 序聯起來，用於建立重置閘。本閘是一個具備權重矩陣 W_r 和 sigmoid 觸發函數的密集層。結果向量 r_t 的長度會等於單元中的單元數，其中的數值會介於 0 到 1 之間，用於決定前一隱藏狀態 h_{t-1} 會有多少被用於計算新的單元信念中。

2. 將重置閘應用於隱藏狀態 h_{t-1}，並將其與當前單詞嵌入 x_t 序聯起來。然後，將該向量送入具備權重矩陣 W 和 tanh 觸發函數的密集層，結果產生一個用於儲存新單元信念的向量 $\tilde{h}_t$。它的長度與單元中的單位數相同，其中的數值會介於 –1 和 1 之間。

3. 將前一時步的隱藏狀態 h_{t-1} 和當前單詞嵌入 x_t 的序聯結果也會用於建立更新閘。本閘是一個具備權重矩陣 W_z 和 sigmoid 觸發函數的密集層。生成的向量 z_t 長度與單元中的單位數相同，儲存的值會介於 0 到 1 之間，用於決定要將多少新信念 $\tilde{h}_t$ 混合到當前的隱藏狀態 h_{t-1} 中。

4. 將單元的新信念 $\tilde{h}_t$ 和當前的隱藏狀態 h_{t-1} 按照更新閘 z_t 所決定的比例來混合，藉此得到從單元輸出的更新後隱藏狀態 h_t。

雙向單元

對於預測問題,模型在推論時可以取用完整的文字段落,可沒規定一定只能順著做,當然也可以反向處理。Bidirectional 層利用了這一點,它儲存了兩組隱藏狀態:一組是在正向處理序列時產生的,另一組是在逆向處理序列時產生的。這樣一來,該層就能根據指定時步之前與之後的資訊來學習了。

Keras 是以封裝遞歸層來實作,如範例 5-11。

範例 5-11 建置雙向 GRU 層

```
layer = layers.Bidirectional(layers.GRU(100))
```

隱藏狀態

最終層的隱藏狀態是一個向量,其長度為被封裝單元數量的兩倍(正向和反向隱藏狀態的序聯結果)。因此,在這個範例中,該層的隱藏狀態是一個長度為 200 的向量。

到目前為止,我們只把自迴歸模型(LSTM)應用於文字資料。下一段將說明自迴歸模型如何用於生成圖像。

PixelCNN

在 2016 年,van den Oord 等人 [3] 提出了一種可以逐像素來生成圖像的模型,做法是根據先前的像素來預測下一個像素的機率。該模型稱為 *PixelCNN*,可透過自迴歸方式訓練後來生成圖像。

了解 PixelCNN 需要先介紹兩個新概念——遮罩卷積層和殘差區塊。

執行本範例的程式碼

本範例的 Jupyter notebook 程式碼請由本書 GitHub 取得:
notebooks/05_autoregressive/02_pixelcnn/pixelcnn.ipynb

此程式碼是根據 ADMoreau 的優質 PixelCNN 教學(*https://keras.io/examples/generative/pixelcnn*)修改而來,這份教學可在 Keras 網站上取得。

遮罩卷積層

如第 2 章所述，卷積層可藉由應用一系列過濾器來從圖像中萃取出各種特徵。該層在特定像素處的輸出是過濾器權重乘上前一層數值的加權和，範圍是以該像素為中心之周圍小區域。這種方法可以偵測邊緣和紋理，而到了較深的層還能偵測形狀和更高階的特徵。

儘管卷積層在特徵偵測方面非常有用，但由於像素之間沒有順序關係，因此它們無法直接用於自迴歸情境。這些層的基礎仰賴於所有像素都會被平等對待──不會有任何像素被視為圖像的起點或終點。這與本章所談到的文字資料恰恰相反，文字資料的順序非常明確，因此很容易就能套用 LSTM 等各種遞歸模型。

為了能順利在自迴歸情境中應用卷積層來生成圖像，我們必須先為各個像素制定順序，並確保過濾器只能看到問題像素前面的像素。接著就能以像素為單位來生成圖像，做法是將卷積過濾器應用於當前圖像，並根據所有先前像素來預測下一個像素的值。

首先，要為像素選定一套順序──合理的建議是從左上角開始，以從上到下（逐列）、從左到右（逐行）的順序來排列像素。

接著對卷積過濾器進行遮罩，藉此確保每個像素的層輸出只會受到先前像素值的影響。做法是將一個由 1 和 0 組成的遮罩乘以過濾器的權重矩陣，這樣會讓目標像素之後的所有像素值都為零。

PixelCNN 實際上有兩種不同的遮罩，如圖 5-13：

- A 型遮罩：中心像素的值被遮罩
- B 型遮罩：中心像素的值沒有被遮罩

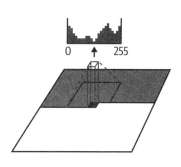

圖 5-13　左：卷積過濾器遮罩；右：應用於一組像素的遮罩，藉此預測中心像素值的分布
（資料來源：van den Oord et al., 2016）。

初始的遮罩卷積層（例如直接應用於輸入圖像的那一層）無法使用中心像素，因為這正是我們希望網路去猜測的像素！但是，後續的層就能使用中心像素了，因為這些像素的值只是根據原始輸入圖像中先前像素的資訊計算而來。

範例 5-12 說明如何在 Keras 中建置 MaskedConvLayer。

範例 5-12　Keras 的 MaskedConvLayer

```
class MaskedConvLayer(layers.Layer):
    def __init__(self, mask_type, **kwargs):
        super(MaskedConvLayer, self).__init__()
        self.mask_type = mask_type
        self.conv = layers.Conv2D(**kwargs) ❶

    def build(self, input_shape):
        self.conv.build(input_shape)
        kernel_shape = self.conv.kernel.get_shape()
        self.mask = np.zeros(shape=kernel_shape) ❷
        self.mask[: kernel_shape[0] // 2, ...] = 1.0 ❸
        self.mask[kernel_shape[0] // 2, : kernel_shape[1] // 2, ...] = 1.0 ❹
        if self.mask_type == "B":
            self.mask[kernel_shape[0] // 2, kernel_shape[1] // 2, ...] = 1.0 ❺

    def call(self, inputs):
        self.conv.kernel.assign(self.conv.kernel * self.mask) ❻
        return self.conv(inputs)
```

❶ MaskedConvLayer 是基於一般的 Conv2D 層。

❷ 遮罩被初始化為全零。

❸ 前一列的像素使用 1 來取消遮罩。

❹ 同一列的前一行像素使用 1 來取消遮罩。

❺ 如果遮罩類型是 B，則中心像素使用 1 來取消遮罩。

❻ 遮罩與過濾器權重相乘。

請注意，這個簡化範例假設圖像是灰階（也就是只有一個通道）。如果是彩色圖像則會有三個顏色通道，我們也可以將它們進行排序，例如紅色通道在藍色通道之前，藍色通道在綠色通道之前。

殘差區塊

知道如何對卷積層進行遮罩處理之後，接下來就可以開始建置 PixelCNN 了。在此使用的核心區塊是殘差區塊。

殘差區塊（*residual block*）是多層的集合，其輸出會在傳遞給網路其餘部分之前先被加入到輸入中。換句話說，輸入有一條無須經過中間層就能直接通往輸出的快速通道，這稱為捷徑連接（*skip connection*）。導入捷徑連接的原因是，如果最佳轉換方式就是讓輸入保持不變的話，那麼只要把中間層的權重設為零就能輕鬆實現這一點。如果沒有捷徑連接的話，則網路需要透過各個中間層來找到一個等價映射，這可是困難多了呢。

圖 5-14 為 PixelCNN 中的殘差區塊示意圖。

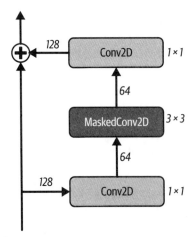

圖 5-14　PixelCNN 的殘差區塊（箭頭旁的數字為過濾器數量，而各層旁的數字則是過濾器大小）

建置 ResidualBlock 的程式碼如範例 5-13。

範例 5-13　*ResidualBlock*

```python
class ResidualBlock(layers.Layer):
    def __init__(self, filters, **kwargs):
        super(ResidualBlock, self).__init__(**kwargs)
        self.conv1 = layers.Conv2D(
            filters=filters // 2, kernel_size=1, activation="relu"
        ) ❶
        self.pixel_conv = MaskedConv2D(
            mask_type="B",
            filters=filters // 2,
            kernel_size=3,
            activation="relu",
            padding="same",
        ) ❷
        self.conv2 = layers.Conv2D(
            filters=filters, kernel_size=1, activation="relu"
        ) ❸

    def call(self, inputs):
        x = self.conv1(inputs)
        x = self.pixel_conv(x)
        x = self.conv2(x)
        return layers.add([inputs, x]) ❹
```

❶ 最初的 Conv2D 層將通道數減半。

❷ Type B 的 MaskedConv2D 層的卷積核大小為 3，僅使用來自五個像素的資訊——來自焦點像素上一列的三個像素，左側的一個像素與焦點像素本身。

❸ 最後的 Conv2D 層將通道數加倍，這樣才能符合輸入形狀。

❹ 卷積層輸出再加上輸入——這就是捷徑連接。

訓練 PixelCNN

範例 5-14 大致按照了原始論文所提出的結構來復刻了一個 PixelCNN 網路。在原始論文中，輸出層是一個具有 256 個過濾器且使用 softmax 觸發的 Conv2D 層。換句話說，網路會試著預測出正確的像素值來重新建立其輸入，這和自動編碼器有點像。不同之處在於，PixelCNN 受限於自身設計方式而採用了 MaskedConv2D 層，因此先前像素的資訊無法向後流通去影響到每個像素的預測。

這種方法的挑戰之一在於，網路無法理解像素值 200 與像素值 201 很接近這項事實。它必須獨立地學習每個像素輸出值，這代表就算是最簡單的資料集，訓練速度也可能非常慢。因此本次實作中簡化了輸入，讓每個像素只能取得四筆數值中的其中之一。這樣只要使用 4 個過濾器的 Conv2D 輸出層就好，而不是 256 個。

範例 5-14　*PixelCNN 架構*

```
inputs = layers.Input(shape=(16, 16, 1)) ❶
x = MaskedConv2D(mask_type="A"
                    , filters=128
                    , kernel_size=7
                    , activation="relu"
                    , padding="same")(inputs) ❷

for _ in range(5):
    x = ResidualBlock(filters=128)(x) ❸

for _ in range(2):
    x = MaskedConv2D(
        mask_type="B",
        filters=128,
        kernel_size=1,
        strides=1,
        activation="relu",
        padding="valid",
    )(x) ❹

out = layers.Conv2D(
    filters=4, kernel_size=1, strides=1, activation="softmax", padding="valid"
)(x) ❺

pixel_cnn = models.Model(inputs, out) ❻

adam = optimizers.Adam(learning_rate=0.0005)
pixel_cnn.compile(optimizer=adam, loss="sparse_categorical_crossentropy")

pixel_cnn.fit(
    input_data
    , output_data
    , batch_size=128
    , epochs=150
) ❼
```

❶ 該模型的 Input 是一個大小為 $16 \times 16 \times 1$ 的灰階圖像,其中數值已被調整到介於 0 和 1 之間。

❷ 第一個卷積核大小為 7 的 A 類型 MaskedConv2D 層使用了來自 24 個像素的資訊——焦點像素上面三列的 21 個像素以及左側的 3 個像素(焦點像素本身不使用)。

❸ 五個 ResidualBlock 層組彼此依序堆疊。

❹ 兩個卷積核大小為 1 的 B 類型 MaskedConv2D 層作為 Dense 層,針對每個像素的通道數進行操作。

❺ 最後的 Conv2D 層將通道數減為 4——本範例中的像素層級數量。

❻ Model 會被建置為可接受一張圖像並輸出相同大小的圖像。

❼ 擬合模型——input_data 的資料範圍在 [0, 1](浮點數);output_data 的資料範圍則是在 [0, 3](整數)。

分析 PixelCNN

我們可用第 3 章中的 Fashion-MNIST 資料集來訓練 PixelCNN 生成全新的圖像。生成新的圖像時,則是要求模型根據先前所有像素來依序預測出下一個像素。相較於變分自動編碼器這樣的模型來說,這樣的過程超級慢!以大小為 32×32 的灰階圖像來說,模型就要依序進行 1024 次預測,相較之下,變分自動編碼器只要預測一次就好。這是 PixelCNN 這樣的自迴歸模型的主要缺點之一——它們的抽樣過程本質上是一個一個來,所以速度慢很多。

因此,為了加快生成新圖像的速度,本範例的圖像尺寸改用 16×16,而非 32×32。生成新圖像的回呼類別如範例 5-15。

範例 5-15 使用 PixelCNN 生成新的圖像

```
class ImageGenerator(callbacks.Callback):
    def __init__(self, num_img):
        self.num_img = num_img

    def sample_from(self, probs, temperature):
        probs = probs ** (1 / temperature)
        probs = probs / np.sum(probs)
        return np.random.choice(len(probs), p=probs)

    def generate(self, temperature):
        generated_images = np.zeros(
            shape=(self.num_img,) + (pixel_cnn.input_shape)[1:]
```

```
    )  ❶
    batch, rows, cols, channels = generated_images.shape

    for row in range(rows):
        for col in range(cols):
            for channel in range(channels):
                probs = self.model.predict(generated_images)[
                    :, row, col, :
                ]  ❷
                generated_images[:, row, col, channel] = [
                    self.sample_from(x, temperature) for x in probs
                ]  ❸
                generated_images[:, row, col, channel] /= 4  ❹
    return generated_images

def on_epoch_end(self, epoch, logs=None):
    generated_images = self.generate(temperature = 1.0)
    display(
        generated_images,
        save_to = "./output/generated_img_%03d.png" % (epoch)
    s)

img_generator_callback = ImageGenerator(num_img=10)
```

❶ 從一批空白圖像開始（全部為零）。

❷ 遍歷當前圖像的列、行和通道，預測下一個像素值的分布。

❸ 從預測的分布中抽樣一個像素（本範例中會介於 [0, 3] 之間）。

❹ 將像素級別轉換為範圍 [0, 1]，並將其覆寫當前圖像的像素值，再進行迴圈的下一次
迭代。

圖 5-15 中分別是一些來自原始訓練集的圖像，以及由 PixelCNN 生成的圖像。

這個模型在重新建立原始圖像的整體形狀和風格方面表現得很棒！令人驚訝的是，我們
已可將圖像視為一連串的標記（像素值），並應用 PixelCNN 這樣的自迴歸模型來生成逼
真的樣本。

如前所述，自迴歸模型的缺點之一是它們的抽樣速度較慢，這就是為什麼本書中只展示
了它們的簡單應用範例。然而，正如後續在第 10 章所要談到的，更複雜的自迴歸模型
已可應用於圖像來生成最厲害的輸出結果。在這些情況下，生成速度變慢是為了高品質
輸出所必須付出的代價。

圖 5-15　來自原始訓練集的範例圖像，以及由 PixelCNN 所生成的圖像

自原始論文發表以來，PixelCNN 的架構和訓練過程已經進行了一些改進。下一節將介紹其中一種——使用混合分布，並示範如何使用內建的 TensorFlow 函式來訓練具備這一改進的 PixelCNN 模型。

混合分布

在先前範例中，我們將 PixelCNN 的輸出縮減到只有 4 個像素等級，以確保網路不必學習關於 256 個獨立像素值的分布，後者會大幅拖慢訓練過程。然而，這也談不上是理想的做法——對於彩色圖像，我們當然不會希望畫布被侷限於少數幾種可能的顏色而已。

為了解決這個問題，我們可以讓網路輸出變成一個混合分布，而不是 256 個離散像素值的 softmax 結果，這是根據 Salimans 等人[4] 的想法而來。混合分布實際上是兩個或更多其他機率分布的混合。例如，我們可用來自於五個具備不同參數之邏輯分布的混合分布。混合分布還需要一個離散的分類分布，用於表示混合中每個分布被選中的機率，如圖 5-16。

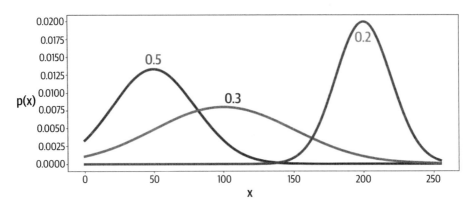

圖 5-16　三個具備不同參數之常態分布的混合分布——之於三個常態分布的類別分布為
[0.5, 0.3, 0.2]

為了從混合分布中抽樣，首先要對分類分布抽樣來選出一個特定的子分布，然後再按照以往做法對這個子分布抽樣。這樣就能藉由相對少量的參數來建立更複雜的分布了。

例如，圖 5-16 中的混合分布只需要八個參數——兩個用於分類分布，以及三個常態分布各自的均值和變異數。相較於定義整個像素範圍上的分類分布所需的 255 個參數，這樣是相當少的。

方便的是，TensorFlow 的 Probability 函式庫提供了對應的函數，讓我們只需要一行程式碼就能建立具備混合分布輸出的 PixelCNN。範例 5-16 說明如何使用這個函式來建置 PixelCNN。

執行本範例的程式碼

本範例的 Jupyter notebook 程式碼請由本書 GitHub 取得：

notebooks/05_autoregressive/03_pixelcnn_md/pixelcnn_md.ipynb

範例 5-16　使用 *TensorFlow* 建置 *PixelCNN*

```
import tensorflow_probability as tfp

dist = tfp.distributions.PixelCNN(
    image_shape=(32, 32, 1),
    num_resnet=1,
    num_hierarchies=2,
```

```
        num_filters=32,
        num_logistic_mix=5,
        dropout_p=.3,
) ❶

image_input = layers.Input(shape=(32, 32, 1)) ❷

log_prob = dist.log_prob(image_input)

model = models.Model(inputs=image_input, outputs=log_prob) ❸
model.add_loss(-tf.reduce_mean(log_prob)) ❹
```

❶ 定義 PixelCNN 作為一個分布——輸出層是由五個邏輯分布所組成的混合分布。

❷ 輸入是大小為 32 × 32 × 1 的灰階圖像。

❸ Model 的輸入是一張灰階圖像,並可根據 PixelCNN 針對混合分布計算結果來輸出圖像的對數似然。

❹ 損失函數是針對一批輸入圖像的負對數似然均值。

Model 訓練的方式與之前一樣,但這次的輸入值會改為範圍介於 [0, 255] 之間的整數像素值。可用 sample 函數從分布中生成輸出,如範例 5-17。

範例 5-17 從 PixelCNN 混合分布中進行抽樣

```
dist.sample(10).numpy()
```

圖 5-17 是生成的範例圖像,與先前範例的差異在於現在運用了完整的像素值範圍。

圖 5-17 運用混合分布輸出之 PixelCNN 輸出結果

總結

本章介紹了像是遞歸神經網路這類的自迴歸模型如何用於生成特定寫作風格的文字序列，以及 PixelCNN 如何依序來逐個像素生成圖像。

我們介紹了兩種不同類型的遞歸層 —— 長短期記憶（LSTM）和門控遞歸單元（GRU）—— 並看到這些單元如何堆疊或雙向配置來形成更複雜的網路架構。我們使用 Keras 建置了一個能夠生成逼真食譜的 LSTM，也示範了如何調整抽樣過程的溫度來增減輸出的隨機性。

接著還說明了如何使用 PixelCNN 來以自迴歸方式生成圖像。我們使用 Keras 從頭建置了一個 PixelCNN，編寫了遮罩卷積層和殘差區塊好讓資訊能在網路中流動，這樣就能單純使用先前的像素來生成當下像素。最後登場的是 TensorFlow Probability 函式庫所提供的獨立 PixelCNN 函數，它能把混合分布作為輸出層好讓我們能進一步改善學習過程。

下一章要介紹另一種可針對資料生成分布明確建模的生成建模家族——正規化流模型。

參考文獻

1. Sepp Hochreiter and Jürgen Schmidhuber, "Long Short-Term Memory," *Neural Computation* 9 (1997): 1735–1780, *https://www.bioinf.jku.at/publications/older/2604.pdf*.

2. Kyunghyun Cho et al., "Learning Phrase Representations Using RNN Encoder-Decoder for Statistical Machine Translation," June 3, 2014, *https://arxiv.org/abs/1406.1078*.

3. Aaron van den Oord et al., "Pixel Recurrent Neural Networks," August 19, 2016, *https://arxiv.org/abs/1601.06759*.

4. Tim Salimans et al., "PixelCNN++: Improving the PixelCNN with Discretized Logistic Mixture Likelihood and Other Modifications," January 19, 2017, *http://arxiv.org/abs/1701.05517*.

正規化流模型

到目前為止，我們已經介紹了三大生成模型家族：變分自動編碼器（VAE）、生成對抗網路（GAN）和自迴歸模型。每個家族都以不同的方式來應對建模分布 $p(x)$ 的挑戰，做法包含導入可輕鬆抽樣的潛在變數（再使用 VAE 的解碼器或 GAN 的生成器來轉換），或是以可追蹤的方式將分布建模為先前元素值的函數（自迴歸模型）。

本章要介紹一個新的生成模型家族——正規化流模型。正如後續即將看到的，正規化流與自迴歸模型和變分自動編碼器有一些相似之處。如同自迴歸模型，正規化流能夠明確且可追蹤地建模資料來生成分布 $p(x)$。另一方面與 VAE 相同之處則在於，正規化流會試著把資料映射到一個更簡單的分布，例如高斯分布。關鍵差異則是正規化流對映射函數的形式加入了相關限制，使其可逆並可用於生成新的資料點。

本章第一節將詳細介紹這個定義，然後使用 Keras 實作一個名為 RealNVP 的正規化流模型。我們還會介紹如何延伸正規化流來建立更強大的模型，例如 GLOW 和 FFJORD。

簡介

讓我們用一則短篇故事說明正規化流背後的關鍵概念。

雅各與 F.L.O.W. 機器

你在造訪某個小村莊時注意到了一家神秘的商店，門上掛著一個招牌寫著「*JACOB'S*」。好奇地走進去，你問了問站在櫃檯後的老人到底賣些什麼（圖 6-1）。

圖 6-1　蒸汽龐克風格的商店中有著一個金屬大鐘（圖片使用 Midjourney 生成）

他回答說，他提供的服務是將各種繪畫數位化，還能與眾不同。在短暫的翻找後，他從店後方拿出了一個銀色的盒子，上面壓印著字母 F.L.O.W。他告訴你，這代表「找到水彩的相似之處（Finding Likenesses Of Watercolors）」，這大致說明了機器的功用。你決定要玩玩看這台機器。

你第二天回來，將一組你最喜愛的畫作交給店長，他將它們放進機器中。F.L.O.W. 機器開始嗡嗡作響，過了一會兒輸出了一組看起來像是隨機生成的數字。店長把這份清單給你，然後走向收銀處算了一下你因為這套數位化過程和使用 F.L.O.W. 機器所要付的錢。這不太令人滿意啊，你詢問店長這一長串數字要怎麼處理，以及如何拿回你心愛的畫作。

店長翻了翻白眼，好像答案再明顯不過一樣。他走回機器那裡，這次將那串數字從機器另一側放進去。你聽到機器再次轉動，困惑地等待，最後看到原先的那批畫作從它們進入的地方掉落出來。

終於拿回畫作讓你總算鬆了一口氣，決定還是把它們放在閣樓保存比較好。然而就在你離開之前，店長將你帶到商店的另一個角落，那裡有一個掛在橫樑的大鐘。他用一根大棒子敲鐘，使得整個商店都震動起來。

幾乎是同時，你手邊的 F.L.O.W. 機器開始反向嘶嘶作響，好像輸入了一組新的數字。過了幾秒鐘，更多美麗的水彩畫作開始從 F.L.O.W. 機器跑出來，但並不是你最初數位化的那些畫作。新的畫作保留了你原始畫作的風格和形式，但每幅都是獨一無二的！

你問店長這台令人難以置信的裝置是如何運作的。他解釋說，絕妙之處在於他開發了一套特別的流程，不但能確保轉換過程又快又簡單，同時還是有一定的複雜度，足以把大鐘產生的震動轉換成畫作裡的複雜圖案和形狀。

意識到這個裝置的潛力之後，你趕緊付清了裝置使用費後離開了商店。你高興地發現，現在只要造訪商店、敲響大鐘，然後等待 F.L.O.W. 機器發揮魔力，就能以你喜愛的風格來生成新的畫作！

雅各和 F.L.O.W. 機器的故事其實是在描述正規化流模型。在使用 Keras 實作各種實務性範例之前，首先得進一步介紹正規化流的理論。

正規化流

正規化流模型的動機類似於第 3 章登場的變分自動編碼器。回顧一下在變分自動編碼器中，我們學會了一個介於某個可從中抽樣的較簡易分布與另一個複雜分布兩者之間的編碼器映射函數。然後，我們還學會了一個從簡單分布到複雜分布的解碼器映射函數，這樣就能從簡單分布中抽樣一個點 z，然後應用所學會的變換方式來生成新的資料

點。從機率的角度來看，解碼器建模為 $p(x|z)$，但編碼器只是真實 $p(z|x)$ 的近似結果 $q(z|x)$——編碼器和解碼器是兩個完全不同的神經網路。

在正規化流模型中，解碼函數被設計為恰好是編碼函數的反函數，並且可快速計算完成，這賦予了正規化流模型可追蹤的這項特性。然而，神經網路本身並不是可逆函數。這就引出了一個問題，也就是如何建立一個能在複雜分布（例如一組水彩畫的資料生成分布）與簡單分布（例如鐘形高斯分布）之間進行轉換的可逆過程，同時還能充分運用深度學習的靈活性和強大效能。

為了回答這個問題，首先需要理解一項名為變數變換（*change of variables*）的技術。本段的簡單範例只有兩個維度，好讓你更清楚看到正規化流模型的運作方式。更複雜的例子也是延伸自這裡介紹的基本技術。

變數變換

假設在二維平面 ($x = (x_1, x_2)$) 中，有一個對於矩形 X 定義的機率分布 $p_X(x)$，如圖 6-2。

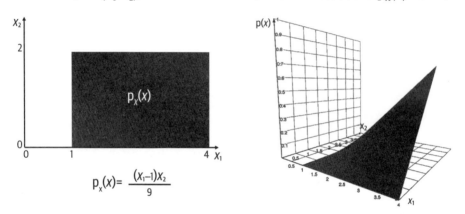

$$p_X(x) = \frac{(x_1-1)x_2}{9}$$

圖 6-2　在二維中定義的機率分布 $p_X(x)$，分別以 2D（左）和 3D（右）顯示

該函數在機率分布定義域（也就是 x_1 在範圍 [1, 4] 中，x_2 在範圍 [0, 2] 中）上的積分為 1，因此它代表著一個明確定義的機率分布。我們可以將其表示為：

$$\int_0^2 \int_1^4 p_X(x) dx_1 dx_2 = 1$$

假設我們想要平移和縮放這個分布，使其定義在一個單位正方形 Z 上。我們可以透過定義一個新變數 $z = (z_1, z_2)$ 和一個函數 f，將 X 中的每個點確實映射到 Z 中的一個點，方法如下：

$$z = f(x)$$

$$z_1 = \frac{x_1 - 1}{3}$$

$$z_2 = \frac{x_2}{2}$$

值得注意的是，這個函數是可逆的。也就是說，存在一個函數 g 能將每個 z 反向映射回其相應的 x。這對於變數變換來說是絕對必要的，否則無法在這兩個空間之間一致地來回映射。只要重新排列定義 f 的方程式就能找到 g，如圖 6-3。

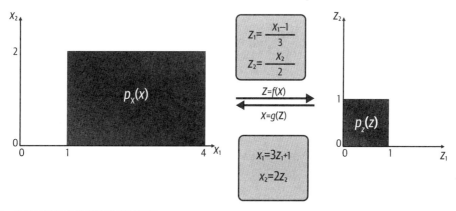

圖 6-3　在 X 和 Z 之間進行變數變換

現在來看看從 X 到 Z 的變數變換如何影響機率分布 $p_X(x)$。我們可將定義 g 的方程式代入 $p_X(x)$ 來進行，將其轉換為一個以 z 為變數來定義的函數 $p_Z(z)$：

$$p_Z(z) = \frac{((3z_1 + 1) - 1)(2z_2)}{9}$$

$$= \frac{2z_1 z_2}{3}$$

然而，如果在單位正方形上對 $p_Z(z)$ 進行積分，問題就來啦！

$$\int_0^1 \int_0^1 \frac{2z_1 z_2}{3} dz_1 dz_2 = \frac{1}{6}$$

由於轉換後函數 $p_Z(z)$ 的積分結果只為 1/6，因此它不再是有效的機率分布了。如果希望將這個複雜的資料機率分布轉換成另一個方便抽樣的簡單分布，就必須確保它積分為 1。

這個分母 6 是因為轉換後機率分布的定義域只有原始定義域的六分之一──原始矩形 X 的面積為 6，而它被壓縮到了面積為 1 的單位正方形 Z 中。因此，我們需要將新的機率分布乘以一個等於面積（或以更高維度來說為體積）相對變化的正規化因子。

幸好，有一種方法可以計算指定變換的這類體積變化──就是該變換的雅可比行列式絕對值。讓我們來解釋一下吧！

雅可比行列式

函數 $z = f(x)$ 的雅可比行列式是其一階偏微分的矩陣，如下所示：

$$J = \frac{\partial z}{\partial x} = \begin{bmatrix} \frac{\partial z_1}{\partial x_1} & \cdots & \frac{\partial z_1}{\partial x_n} \\ \ddots & \vdots \\ \frac{\partial z_m}{\partial x_1} & \cdots & \frac{\partial z_m}{\partial x_n} \end{bmatrix}$$

範例是最好的說明方式。如果我們用 x_1 對 z_1 進行偏微分，結果為 $\frac{1}{3}$。如果用 x_2 對 z_1 進行偏微分，結果為 0。同樣，如果用 x_1 對 z_2 進行偏微分，結果為 0。最後，如果 x_2 對 z_2 進行偏微分，結果為 $\frac{1}{2}$。

因此，函數 $f(x)$ 的雅可比行列式如下：

$$J = \begin{pmatrix} \frac{1}{3} & 0 \\ 0 & \frac{1}{2} \end{pmatrix}$$

行列式定義上只適用於正方形的矩陣，其值等於由該矩陣表示的變換應用於單位（超）立方體之後，所形成的平行六面體之有號體積。在二維空間中，這就是將該矩陣所表示的變換應用於單位正方形之後所得平行四邊形之有號面積。

有一個通用的公式（*https://oreil.ly/FuDCf*）可以計算 n 維矩陣的行列式，其運行複雜度為 $\mathcal{O}(n^3)$。本範例只需要兩維就好，如下所示：

$$\det\begin{pmatrix} a & b \\ c & d \end{pmatrix} = ad - bc$$

因此，本範例的雅可比行列式計算結果為 $\frac{1}{3} \times \frac{1}{2} - 0 \times 0 = \frac{1}{6}$。這就是用於確保變換後機率分布之積分仍可為 1 所需的縮放因子 1/6！

 根據定義，行列式是有號的——也就是說它可能是負數。因此要對雅可比行列式取絕對值才能得到體積的相對變化。

變數變換方程式

現在我們可用一個簡易方程式來描述 X 和 Z 之間的變數變換過程。這就是變數變換方程式（方程式 6-1）。

方程式 6-1　變數變換方程式

$$p_X(x) = p_Z(z) \left| \det\left(\frac{\partial z}{\partial x} \right) \right|$$

這個公式如何幫助我們建立生成模型？關鍵在於理解，如果 $p_Z(z)$ 是一個可輕鬆對其抽樣的簡單分布（例如高斯分布），那麼理論上來說，我們所要做的就是找到可由資料 X 映射到 Z 的合適可逆函數 $f(x)$，以及可將抽樣的 z 映射回原始域中某一點 x 的對應反函數 $g(z)$。我們可用先前整合了雅可比矩陣的方程式來找出一個精確、可計算的資料分布 $p(x)$ 公式。

然而，在實務應用時存在著兩個主要問題，我們得先搞定才行！

首先，計算高維矩陣的行列式需要大量算力，具體來說，它的計算複雜度是 $\mathcal{O}(n^3)$。這在實務上完全不可行，因為即使是 32 × 32 像素這麼小的灰階圖像也有 1,024 個維度。

再者，如何計算可逆函數 $f(x)$ 有時候並非顯而易見。神經網路可用來找出某些函數 $f(x)$，但不一定能夠反轉這個網路——因為神經網路只能單向運作！

為了解決這兩個問題，我們需要使用一種特殊的神經網路架構，不但要確保變數變換函數 f 是可逆的，其行列式還必須容易計算。

下一節要介紹如何使用名為實值非體積保持（*real-valued non-volume preserving, RealNVP*）變換的技術來解決這個問題。

RealNVP

RealNVP 由 Dinh 等人於 2017 年首次提出 [1]。作者在這篇論文中展示了如何建置一個能把複雜資料分布轉換成簡易高斯分布的神經網路，同時還具備可逆性和方便計算的雅可比行列式等所需特性。

> **執行本範例的程式碼**
>
> 本範例的 Jupyter notebook 程式碼請由本書 GitHub 取得：
>
> *notebooks/06_normflow/01_realnvp/realnvp.ipynb*
>
> 此程式碼是根據 Mandolini Giorgio Maria 等人所寫的優質 RealNVP 教學（*https://oreil.ly/ZjjwP*）修改而來，這份教學可在 Keras 網站上取得。

雙月資料集

本範例將使用 `sklearn` 這套 Python 函式庫的 `make_moons` 函式建立的資料集。這會在 2D 平面中建立一個類似於兩個新月形的雜訊資料集，如圖 6-4。

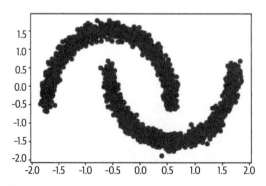

圖 6-4　二維平面中的雙月資料集

建立這個資料集的程式碼如範例 6-1。

範例 *6-1*　建立資料集

```
data = datasets.make_moons(3000, noise=0.05)[0].astype("float32") ❶
norm = layers.Normalization()
norm.adapt(data)
normalized_data = norm(data) ❷
```

❶ 建立一個具備雜訊且未正規化的月亮資料集，包含 3,000 個點。

❷ 將資料集正規化，使其均值為 0，標準差為 1。

我們將建置一個可在 2D 平面中生成點的 RealNVP 模型，這些點的分布狀況類似於雙月資料集。儘管這是非常簡單的範例，但它有助於我們詳細了解正規化流模型的實務運作方式。

然而，首先要介紹一種全新類型的層，稱為耦合層。

耦合層

耦合層（*coupling layer*）會針對其輸入的每個元素產生一個縮放和平移因子。換句話說，它會生成兩個其大小與輸入完全相同的張量，一個用於縮放因子，一個用於平移因子，如圖 6-5。

圖 6-5　耦合層會輸出兩個與輸入相同形狀的張量：一個是縮放因子（ *s* ），一個是平移因子（ *t* ）

為了在這個簡易範例中建立自定義的 Coupling 層，我們可以堆疊多個 Dense 層來建立縮放輸出，並堆疊另一組 Dense 層來建立平移輸出，如範例 6-2。

　對於圖像，Coupling 層會使用 Conv2D 層而非 Dense 層。

範例 6-2 *Keras* 中的 *Coupling* 層

```python
def Coupling():
    input_layer = layers.Input(shape=2) ❶

    s_layer_1 = layers.Dense(
        256, activation="relu", kernel_regularizer=regularizers.l2(0.01)
    )(input_layer) ❷
    s_layer_2 = layers.Dense(
        256, activation="relu", kernel_regularizer=regularizers.l2(0.01)
    )(s_layer_1)
    s_layer_3 = layers.Dense(
        256, activation="relu", kernel_regularizer=regularizers.l2(0.01)
    )(s_layer_2)
    s_layer_4 = layers.Dense(
        256, activation="relu", kernel_regularizer=regularizers.l2(0.01)
    )(s_layer_3)
    s_layer_5 = layers.Dense(
        2, activation="tanh", kernel_regularizer=regularizers.l2(0.01)
    )(s_layer_4) ❸

    t_layer_1 = layers.Dense(
        256, activation="relu", kernel_regularizer=regularizers.l2(0.01)
    )(input_layer) ❹
    t_layer_2 = layers.Dense(
        256, activation="relu", kernel_regularizer=regularizers.l2(0.01)
    )(t_layer_1)
    t_layer_3 = layers.Dense(
        256, activation="relu", kernel_regularizer=regularizers.l2(0.01)
    )(t_layer_2)
    t_layer_4 = layers.Dense(
        256, activation="relu", kernel_regularizer=regularizers.l2(0.01)
    )(t_layer_3)
    t_layer_5 = layers.Dense(
        2, activation="linear", kernel_regularizer=regularizers.l2(0.01)
    )(t_layer_4) ❺

    return models.Model(inputs=input_layer, outputs=[s_layer_5, t_layer_5]) ❻
```

❶ 在本範例中，Coupling 層區塊的輸入有兩個維度。

❷ 縮放流是一組大小為 256 的 Dense 層堆疊。

❸ 最後一個縮放層的大小為 2，並使用 tanh 觸發。

❹ 平移流是一組大小為 256 的 Dense 層堆疊。

❺ 最後一個平移層的大小為 2，並使用 linear 觸發。

❻ Coupling 層被建構為具備兩個輸出（縮放和平移因子）的 Keras Model。

請注意，在此臨時增加了通道數，目的是允許模型去學習更複雜的表示，然後再將通道數縮小到與輸入相同的通道數。在原始論文中，作者還對每層使用了正則化器來懲罰過高的權重。

透過耦合層傳遞資料

耦合層的架構相當普通——唯一值得一提的是輸入資料會在送入該層時進行遮罩和轉換，如圖 6-6。

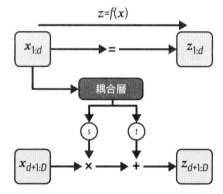

圖 6-6　藉由耦合層來轉換輸入 x 的過程

請注意，在此只有把資料的前 d 個維度送入第一個耦合層——其餘的 $D - d$ 個維度則完全被遮罩（也就是設為 0）。這個簡易範例中的 $D = 2$，如果選擇 $d = 1$ 代表耦合層看到的不再是 (x_1, x_2) 兩個值，而是 $(x_1, 0)$。

該層的輸出是縮放和平移因子。這些輸出會再次被遮罩，但這次與先前的遮罩相反，只有後半部分可以透過——例如在本範例中，我們會取得 $(0, s_2)$ 和 $(0, t_2)$。然後，再用這些因子逐一應用於輸入 x_2 後半部分的各個元素，而輸入 x_1 的前半部分則直接透過不做任何更新。總之，對於一個維度為 D 的向量，其中 $d < D$，更新方程式如下：

$$z_{1:d} = x_{1:d}$$
$$z_{d+1:D} = x_{d+1:D} \odot \exp(s(x_{1:d})) + t(x_{1:d})$$

你也許會好奇為什麼要大費周章去建立一個遮掉這麼多資訊的層。讓我們來看看這個函式的雅可比矩陣結構，答案就很清楚啦：

$$\frac{\partial z}{\partial x} = \begin{bmatrix} \mathbf{I} & 0 \\ \dfrac{\partial z_{d+1:D}}{\partial x_{1:d}} & \mathrm{diag}(\exp[s(x_{1:d})]) \end{bmatrix}$$

左上角的 $d \times d$ 子矩陣只是恆等矩陣，因為 $z_{1:d} = x_{1:d}$。這些元素會直接透過而不進行更新。因此，右上角的子矩陣為 0，因為 $z_{1:d}$ 不依賴於 $x_{d+1:D}$。

左下角的子矩陣比較複雜且不需要簡化。右下角的子矩陣只是一個對角矩陣，其元素填充為 $\exp(s(x_{1:d}))$，因為 $z_{d+1:D}$ 在 $x_{d+1:D}$ 上是線性相依的，而梯度只相依於縮放因子（而不是平移因子）。圖 6-7 為該矩陣形式的示意圖，其中只有非零元素被上色。

請注意，對角線上方完全沒有非零元素，因此該矩陣形式稱為下三角形（*lower triangular*）。以這種方式結構化矩陣的好處已經很清楚了——下三角形矩陣的行列式只會等於各個對角線元素的乘積。換句話說，矩陣不會再相依於左下角子矩陣中的任何複雜微分結果了！

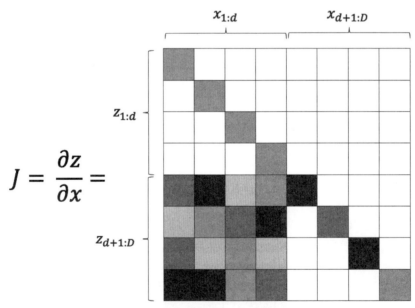

圖 6-7　轉換的雅可比矩陣——下三角形矩陣，其行列式等於沿對角線元素的乘積

因此，該矩陣的行列式可如下表示：

$$\det(J) = \exp\left[\sum_j s(x_{1:d})_j\right]$$

這很容易計算，這也是建置正規化流模型的兩個最初目標之一。

另一個目標是該函數必須易於逆轉。這也確實如此，因為可以透過重新排列前向方程式來寫出可逆函數，如下所示：

$$x_{1:d} = z_{1:d}$$
$$x_{d+1:D} = (z_{d+1:D} - t(x_{1:d})) \odot \exp(-s(x_{1:d}))$$

圖 6-8 為等效的示意圖。

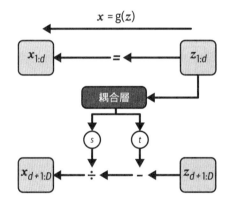

圖 6-8　反函數 $x = g(z)$

建置 RealNVP 模型所需的東西幾乎都有了。但是還有一個問題──就是應該如何更新輸入的前 d 個元素？因為目前模型完全不會去更改它們！

堆疊多個耦合層

有一個非常簡單的技巧可以解決這個問題。如果把多個耦合層堆疊起來，但交替使用遮罩模式，也就是在某一層中保持不變的層將在下一層中進行更新。由於這種架構是更深的神經網路，額外好處就是能夠學會更複雜的資料表示。

耦合層經過這樣組合之後，其雅可比矩陣仍然很容易計算，因為線性代數告訴我們，矩陣乘積的行列式就是行列式乘積。同樣，兩個函數組合後的反函數也只是反函數的組合，如以下方程式：

$$\det(A \cdot B) = \det(A)\det(B)$$
$$\left(f_b \circ f_a\right)^{-1} = f_a^{-1} \circ f_b^{-1}$$

因此，如果堆疊多個耦合層並且每次都翻轉遮罩，就能建置一個能夠轉換整個輸入張量，並同時保留簡易雅可比行列式和可逆等基本特性的神經網路。整體結構如圖 6-9。

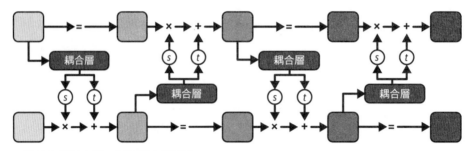

圖 6-9　堆疊多個耦合層，每層都交替遮罩

訓練 RealNVP 模型

RealNVP 模型已經建置完成，我們可以訓練它來學習雙月資料集的複雜分布了。記住，我們希望讓資料在模型下的負對數機率 $-\log p_X(x)$ 越小越好。使用方程式 6-1 改寫如下：

$$-\log p_X(x) = -\log p_Z(z) - \log\left|\det\left(\frac{\partial z}{\partial x}\right)\right|$$

我們選定前向過程 f 的目標輸出分布 $p_Z(z)$ 為標準高斯分布，因為這樣就能輕鬆對這個分布抽樣。然後，我們可以應用反向過程 g，將從高斯分布中抽樣的點轉換回原始的圖像域，如圖 6-10。

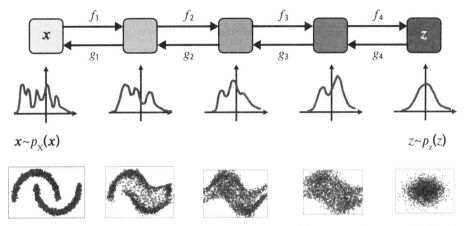

圖 6-10 　以 1D（中間列）與 2D（最下列）方式在複雜分布 $p_X(x)$ 與簡易高斯分布 $p_Z(z)$ 之間轉煥

範例 6-3 說明如何以自訂 Keras Model 的方式來建置 RealNVP 網路。

範例 *6-3　在 Keras 中建置 RealNVP 模型*

```
class RealNVP(models.Model):
    def __init__(self, input_dim, coupling_layers, coupling_dim, regularization):
        super(RealNVP, self).__init__()
        self.coupling_layers = coupling_layers
        self.distribution = tfp.distributions.MultivariateNormalDiag(
            loc=[0.0, 0.0], scale_diag=[1.0, 1.0]
        ) ❶
        self.masks = np.array(
            [[0, 1], [1, 0]] * (coupling_layers // 2), dtype="float32"
        ) ❷
        self.loss_tracker = metrics.Mean(name="loss")
        self.layers_list = [
            Coupling(input_dim, coupling_dim, regularization)
            for i in range(coupling_layers)
        ] ❸

    @property
    def metrics(self):
        return [self.loss_tracker]

    def call(self, x, training=True):
        log_det_inv = 0
        direction = 1
        if training:
            direction = -1
        for i in range(self.coupling_layers)[::direction]: ❹
```

```
            x_masked = x * self.masks[i]
            reversed_mask = 1 - self.masks[i]
            s, t = self.layers_list[i](x_masked)
            s *= reversed_mask
            t *= reversed_mask
            gate = (direction - 1) / 2
            x = (
                reversed_mask
                * (x * tf.exp(direction * s) + direction * t * tf.exp(gate * s))
                + x_masked
            ) ❺
            log_det_inv += gate * tf.reduce_sum(s, axis = 1) ❻
        return x, log_det_inv

    def log_loss(self, x):
        y, logdet = self(x)
        log_likelihood = self.distribution.log_prob(y) + logdet ❼
        return -tf.reduce_mean(log_likelihood)

    def train_step(self, data):
        with tf.GradientTape() as tape:
            loss = self.log_loss(data)
        g = tape.gradient(loss, self.trainable_variables)
        self.optimizer.apply_gradients(zip(g, self.trainable_variables))
        self.loss_tracker.update_state(loss)
        return {"loss": self.loss_tracker.result()}

    def test_step(self, data):
        loss = self.log_loss(data)
        self.loss_tracker.update_state(loss)
        return {"loss": self.loss_tracker.result()}

model = RealNVP(
    input_dim = 2
    , coupling_layers= 6
    , coupling_dim = 256
    , regularization = 0.01
)

model.compile(optimizer=optimizers.Adam(learning_rate=0.0001))

model.fit(
    normalized_data
    , batch_size=256
    , epochs=300
)
```

❶ 目標分布是一個標準的 2D 高斯分布。

❷ 在此建立了交替的遮罩模式。

❸ 用於定義 RealNVP 網路的 Coupling 層清單。

❹ 在網路的主要 call 函數中遍歷所有 Coupling 層。如果 training=True，代表前向計算（從資料到潛在空間）。如果 training=False，則是反向計算（從潛在空間到資料）。

❺ 這行程式碼描述了正向和反向方程式，取決於 direction 參數（試試看加入 direction = -1 和 direction = 1 來自己玩玩看吧！）。

❻ 雅可比矩陣的對數行列式只是縮放因子的總和，我們將其用於計算損失函數。

❼ 損失函數是轉換後資料在我們的目標高斯分布下的負對數機率總和，以及雅可比矩陣的對數行列式。

分析 RealNVP 模型

模型訓練完成之後，我們就能用它將訓練資料集轉換到潛在空間（使用正向方向 f）中，更重要的是，將潛在空間中的抽樣點轉換為如同是從原始資料分布中抽樣的點（使用反向方向 g）。

圖 6-11 是在進行任何學習之前從網路取得的輸出——不論前向與和反向都只是直接傳遞資訊，幾乎沒有任何轉換。

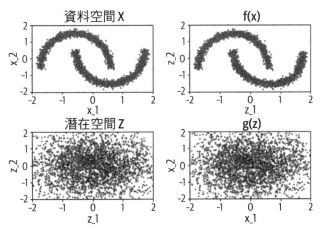

圖 6-11　RealNVP 模型在訓練之前的輸入（左）和輸出（右），之於前向過程（上半）和反向過程（下半）

在訓練之後（圖 6-12），前向過程就能將訓練資料集中的點轉換為類似於高斯分布的分布。同樣，反向過程則可以將從高斯分布中抽樣的點映射回類似於原始資料的分布。

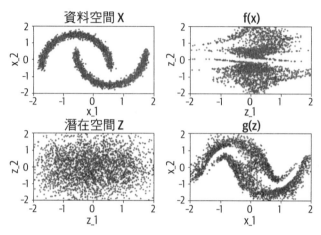

圖 6-12　RealNVP 模型在訓練之後的輸入（左）和輸出（右），之於前向過程（上半）和反向過程（下半）

訓練過程的損失曲線如圖 6-13。

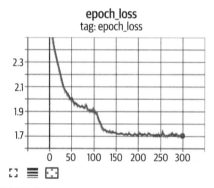

圖 6-13　RealNVP 訓練過程的損失曲線

RealNVP 的相關討論到此結束，它是正規化流生成模型的一個特例。下一段要介紹目前幾種延伸了 RealNVP 論文概念的正規化流模型。

其他正規化流模型

另外兩款成功且重要的正規化流模型是 *GLOW* 和 *FFJORD*。以下段落說明它們所取得的關鍵進展。

GLOW

GLOW 發表於 2018 年的 NeurIPS 學術研討會，是最早提出正規化流模型能夠生成高品質樣本，並產生可被遍歷以操縱樣本的有意義潛在空間的模型之一。關鍵步驟是將反向遮罩設置改為可逆的 1 × 1 卷積層。例如，對於應用於圖像的 RealNVP 來說，通道排序在每一步之後都會反轉以確保網路有機會轉換所有輸入。GLOW 則採用 1 × 1 卷積，這是一種相當有效的通用方法，可以產生模型所需的任何通道排列方式。作者也指出，即使加入了這個部分，整體分布仍然是可管理的，其行列式與逆矩陣在大規模計算也很容易處理。

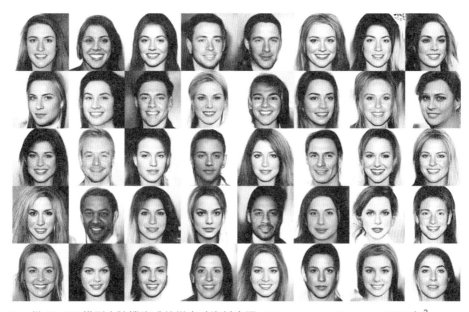

圖 6-14　從 GLOW 模型中隨機生成的樣本（資料來源：Kingma and Dhariwal, 2018）[2]

FFJORD

RealNVP 和 GLOW 是離散時間的正規化流模型 —— 它們透過一組離散的耦合層來轉換輸入。FFJORD（用於可擴充可逆之生成模型的自由形式連續動態，Free-Form Continuous Dynamics for Scalable Reversible Generative Models）發表於 2019 年的 ICLR 研討會，說明了如何將轉換過程建模為連續時間過程（例如，取流程中步數趨於無限大且步長趨於零的極限）。在這種情況下，動力學運用了一個常微分方程式（ordinary differential equation, ODE）來建模，其參數由神經網路（f_θ）生成。我們使用黑箱求解法來求出時間 t_1 下的 ODE，也就是在時間 t_0 下，根據從高斯分布中抽樣的一些初始點 z_0 來求出 z_1，如以下方程式：

$$z_0 \sim p(z_0)$$
$$\frac{\partial z(t)}{\partial t} = f_\theta(x(t), t)$$
$$x = z_1$$

變換過程的圖示如圖 6-15 所示。

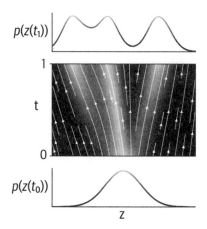

圖 6-15　FFJORD 透過一個普通微分方程式對資料分布和標準高斯分布之間的變換進行建模，該方程式的參數是由另一個神經網路來參數化完成（資料來源：Will Grathwohl et al., 2018）[3]。

總結

在本章中，我們探索了如 RealNVP、GLOW 和 FFJORD 等正規化流模型。

正規化流模型是一種由神經網路定義的可逆函數，透過變換變數來直接建模資料密度。在一般情況下，變換變數方程式都需要去計算一個非常複雜的雅可比矩陣，這對於除了最簡單的例子之外都是不切實際的。

為了避免這個問題，RealNVP 模型限制了神經網路的形式，使其符合兩個基本標準：它是可逆的，並且具有易於計算的雅可比矩陣。

這可藉由堆疊耦合層來實現，這些層會在每一步生成比例和平移因子。重要的是，耦合層在資料透過網路時對其進行遮罩，以確保雅可比矩陣為下三角形矩陣，因此具有簡單易計算的矩陣。藉由在每一層翻轉遮罩，就能實現對輸入資料的完全可見性。

藉由這樣的設計方式，比例和平移作業就很容易逆向運算，因此模型在訓練完成之後，就可以將資料反向透過網路運行。這代表我們可以將正向轉換過程定向到標準高斯分布，並可輕鬆地從中進行抽樣。然後，就能將抽樣點反向透過網路來生成新的觀測值。

RealNVP 論文還展示了如何將這種技術應用於圖像，做法是在耦合層內使用卷積，而不是密集連接層。GLOW 論文將此概念進一步擴充到不再需要任何硬式編碼的遮罩排列。FFJORD 模型藉由將變換過程建模為由某個神經網路所定義的 ODE，引入了連續時間正規化流的概念。

整體而言，我們已經看到正規化流是一個強大的生成建模家族，可以生成高品質的樣本，同時也保留了可持續追蹤描述資料密度函數的能力。

參考資料

1. Laurent Dinh et al., "Density Estimation Using Real NVP," May 27, 2016, *https://arxiv.org/abs/1605.08803v3*.

2. Diedrick P. Kingma and Prafulla Dhariwal, "Glow: Generative Flow with Invertible 1x1 Convolutions," July 10, 2018, *https://arxiv.org/abs/1807.03039*.

3. Will Grathwohl et al., "FFJORD: Free-Form Continuous Dynamics for Scalable Reversible Generative Models," October 22, 2018, *https://arxiv.org/abs/1810.01367*.

第七章

能量模型

本章目標

本章學習內容如下：

- 了解如何制定深度能量模型（EBM）。

- 學習如何使用朗之萬動力學（Langevin dynamics）從 EBM 抽樣。

- 用對比散度法自行訓練 EBM。

- 分析 EBM，包括觀察朗之萬動力學的抽樣過程。

- 認識限制波茲曼機器等其他類型的 EBM。

能量模型是一種借助了物理系統建模概念的生成模型廣泛類別，此概念即可以用波茲曼分布——一種將實值能量函數正規化在 0 和 1 之間的特定函數——來表示事件機率。此分布最初由路德維希・波茲曼於 1868 年為了表示熱平衡中的氣體而提出。

本章將學習如何利用這個概念來訓練一個能夠生成手寫數字圖像的生成模型。我們將探索幾個新概念，包括訓練 EBM 的對比散度法與用於抽樣的朗之萬動力學。

簡介

讓我們用一個小故事來說明能量模型背後的關鍵概念。

朗奧文長跑俱樂部

黛安·米克斯是一位住在虛構法國小鎮朗奧文的長跑隊教練。她以卓越的培訓能力聞名，即使是最平庸的運動員也能被她培養成世界級跑者而享負盛名（圖7-1）。

圖 7-1　正在訓練優秀運動員的長跑教練（圖片使用 Midjourney 生成）

黛安的做法是以評估每位運動員的體力程度為基礎。多年來與各種能力的運動員合作讓她鍛鍊出極為準確的直覺，只需看一眼完賽後的運動員便知道他們還剩下多少精力。運動員剩餘的體力越低越好，因為最優秀的運動員總是在比賽中全力以赴！

為了不斷精進自身技術，她會定期透過比對自己對知名選手和對俱樂部中最優秀的選手的判斷結果來訓練自己。她還確保對這兩組人馬的預測差異越大越好，這樣當她說在俱樂部中找到了真正的優秀選手時，人們才會認真看待。

黛安真正厲害的地方在於能夠將一名平庸的跑者改造成頂級跑者。方法很簡單——首先，測量運動員目前的體力程度，並找出運動員要在下一次比賽中進步所必須要進行的調整。接著，做完調整後黛安會再次測量運動員的剩餘體力，並期待會比之前剩得更少，因為這說明了選手在跑道上的表現有所提升。這個評估最佳所需調整方式並朝著正確方向逐步邁進的過程會持續進行下去，直到選手最終與世界級跑者並駕齊驅。

多年後，黛安從教練一職退休並出版了一本關於培養優秀運動員的書籍——她將這個系統命名為「朗奧文的黛安培訓法」。

黛安·米克斯和朗奧文長跑俱樂部的故事概括了能量模型背後的關鍵。在用 Keras 實作實際範例之前，先讓我們進一步探討這個理論。

能量模型

能量模型會運用波茲曼分布（方程式 7-1）來針對真實資料生成分布建模，其中 $E(x)$ 為觀測 x 的能量函數（或分數）。

方程式 7-1　波茲曼分布

$$p(\mathbf{x}) = \frac{e^{-E(\mathbf{x})}}{\int_{\widehat{\mathbf{x}} \in \mathbf{X}} e^{-E(\widehat{\mathbf{x}})}}$$

實際上，這相當於訓練出一個神經網路 $E(x)$ 來為可能性高的觀測值輸出較低的分數（$p\mathbf{x}$ 接近 1），並為可能性低的觀測值輸出高分（$p\mathbf{x}$ 接近 0）。

用這種方式建模資料有兩個挑戰。首先，不清楚該如何用模型抽樣新的觀測值，它可以為觀測值打分數，但是該如何生成低分（即可信度高）的觀測值呢？

其次，方程式 7-1 的正規化分母中含有一個積分項，除了最簡單的問題之外其他都很棘手。如果無法計算這個積分，那麼就無法用最大似然估計法來訓練模型，因為 $p\mathbf{x}$ 必須是一個有效的機率分布。

能量模型背後的關鍵是，能夠使用近似技術來確保我們永遠不需要計算棘手的分母。這與正規化流完全相反，其中我們必須竭盡全力確保應用於標準高斯分布上的變換不會改變輸出仍是有效機率分布的事實。

依照 Du 和 Mordatch 等人於 2019 年發表的「Implicit Generation and Modeling with Energy-Based Models」[1] 論文中提出的想法，我們可以透過一種名為對比散度法的技術（用於訓練）、以及名為朗之萬動力學的技術（用於抽樣）來避開棘手的分母問題。在本章建構 EBM 的部分將詳細討論這些技術。

首先要建立資料集並設計一個簡單的神經網路來表示實值能量函數 $E(x)$。

執行本範例的程式碼

本範例的 Jupyter notebook 程式碼請由本書 Github 取得：
notebooks/07_ebm/01_ebm/ebm.ipynb

此程式碼是根據 Phillip Lippe 的優質深度能量生成模型教學
（*https://oreil.ly/kyO9B*）修改而來。

MNIST 資料集

在此使用包含手寫黑白數字圖像的標準 MNIST 資料集（*https://oreil.ly/mSvhc*）。資料集的範例如圖 7-2。

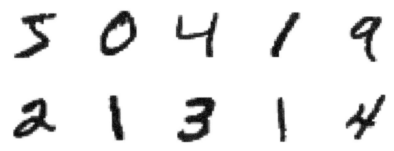

圖 7-2　MNIST 資料集的圖像範例

這個資料集已經整合在 TensorFlow 中，請依照範例 7-1 下載。

範例 7-1　下載 *MNIST* 資料集

```
from tensorflow.keras import datasets
(x_train, _), (x_test, _) = datasets.mnist.load_data()
```

跟之前一樣，要將像素縮放至 [-1, 1] 之間，並加入填充讓圖像大小為 32 × 32。還要將它轉換成 TensorFlow 資料集，如範例 7-2。

範例 7-2　預處理 *MNIST* 資料集

```
def preprocess(imgs):
    imgs = (imgs.astype("float32") - 127.5) / 127.5
    imgs = np.pad(imgs , ((0,0), (2,2), (2,2)), constant_values= -1.0)
    imgs = np.expand_dims(imgs, -1)
    return imgs

x_train = preprocess(x_train)
```

```
x_test = preprocess(x_test)
x_train = tf.data.Dataset.from_tensor_slices(x_train).batch(128)
x_test = tf.data.Dataset.from_tensor_slices(x_test).batch(128)
```

有了資料集便可以來建構用於表示能量函數 $E(x)$ 的神經網路了。

能量函數

能量函數 $E_\theta(x)$ 是一個具備能夠將輸入影像 x 轉換為純量值的參數 θ 之神經網路。整個網路都會使用一種名為 *swish* 的觸發函數，說明如下。

Swish 觸發函數

swish 是 Google 於 2017 年推出的 ReLU 替代方案[2]，定義如下：

$$\text{swish}(x) = x \cdot \text{sigmoid}(x) = \frac{x}{e^{-x}+1}$$

swish 看起來跟 ReLU 很像，主要差別在於 swish 是平滑的，有助於減緩梯度消失問題，這對能量模型來說尤其重要。圖 7-3 為 swish 函數圖。

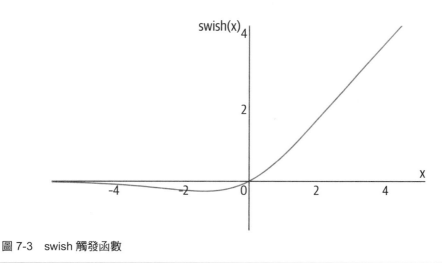

圖 7-3　swish 觸發函數

本範例的網路是一組彼此堆疊的 Conv2D 層，隨著通道數量的增加同時逐漸減少圖像大小。最後一層是具有線性觸發的單一個全連接單元，這樣就能讓網路輸出一個介於 $(-\infty, \infty)$ 之間的值。範例 7-3 為建置本網路的程式碼。

範例 7-3　建置能量函數 *E(x)* 神經網路

```
ebm_input = layers.Input(shape=(32, 32, 1))
x = layers.Conv2D(
    16, kernel_size=5, strides=2, padding="same", activation = activations.swish
)(ebm_input) ❶
x = layers.Conv2D(
    32, kernel_size=3, strides=2, padding="same", activation = activations.swish
)(x)
x = layers.Conv2D(
    64, kernel_size=3, strides=2, padding="same", activation = activations.swish
)(x)
x = layers.Conv2D(
    64, kernel_size=3, strides=2, padding="same", activation = activations.swish
)(x)
x = layers.Flatten()(x)
x = layers.Dense(64, activation = activations.swish)(x)
ebm_output = layers.Dense(1)(x) ❷
model = models.Model(ebm_input, ebm_output) ❸
```

❶ 能量函數是由多個具備 swish 觸發函數的 Conv2D 層堆疊而成。

❷ 最後一層為具備線性觸發函數的單一全連接單元。

❸ 將輸入圖像轉換成純量值的 Keras Model 函式。

使用朗之萬動力學抽樣

能量函數只會針對特定輸入給出一個分數，該如何利用這個函數來生成低分的新樣本呢？

我們要用一種名為朗之萬動力學的技術，它利用了能夠計算出相對於輸入的能量函數梯度這項特性。從樣本空間任一處開始沿著所得梯度的反方向緩緩移動，如此就能逐漸降低能量函數。如果神經網路訓練正確，那麼應該會看到這個隨機雜訊轉變成一個類似訓練集觀測值的圖像！

> 隨機梯度朗之萬動力學
>
> 穿越樣本空間時需要對輸入加入少量的隨機雜訊，否則可能會陷入區域最小值。正因如此，此技術叫做隨機梯度朗之萬動力學 [3]。

圖 7-4 是將梯度下降過程在二維空間中視覺化呈現，第三軸則是能量函數值。此路徑是雜訊按照能量函數 $E(x)$ 相對於輸入 x 的負梯度而降低的下坡。MNIST 圖像資料集中有 1024 個像素，所以會是在一個 1024 維度的空間中，但原理是一樣的！

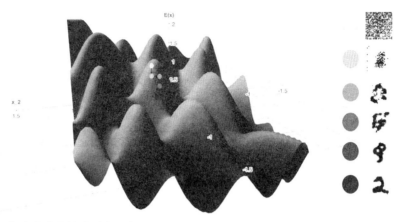

圖 7-4　使用朗之萬動力學的梯度下降

要特別提及此梯度下降法與平常用來訓練神經網路的梯度下降之間的差異。

在訓練神經網路時，會用反向傳播計算出損失函數相對於網路參數（即權重）的梯度。接著往負梯度一點一點地更新參數，以便在多次迭代後逐漸最小化損失。

而使用朗之萬動力學時，則會讓神經網路權重維持固定計算出輸出相對於輸入的梯度。接著往負梯度逐漸更新輸入以便在多次迭代後逐漸最小化輸出（能量分數）。

兩者都用了同樣的概念（梯度下降），但應用於不同函數並涉及了不同實體。

朗之萬動力學可用以下方程式表示：

$$x^k = x^{k-1} - \eta \nabla_x E_\theta(x^{k-1}) + \omega$$

在此，$\omega \sim \mathcal{N}(0, \sigma)$ 和 $x^0 \sim \mathcal{U}(-1, 1)$ 是需要調整的步長超參數，太高的話會讓學習步驟跳過最小值；太低的話則會讓演算法收斂太慢。

$x^0 \sim \mathcal{U}(-1, 1)$ 是指範圍 $[-1, 1]$ 的均勻分布。

請依照範例 7-4 編寫朗之萬抽樣函數。

範例 7-4　朗之萬抽樣函數

```python
def generate_samples(model, inp_imgs, steps, step_size, noise):
    imgs_per_step = []
    for _ in range(steps): ❶
        inp_imgs += tf.random.normal(inp_imgs.shape, mean = 0, stddev = noise) ❷
        inp_imgs = tf.clip_by_value(inp_imgs, -1.0, 1.0)
        with tf.GradientTape() as tape:
            tape.watch(inp_imgs)
            out_score = -model(inp_imgs) ❸
        grads = tape.gradient(out_score, inp_imgs) ❹
        grads = tf.clip_by_value(grads, -0.03, 0.03)
        inp_imgs += -step_size * grads ❺
        inp_imgs = tf.clip_by_value(inp_imgs, -1.0, 1.0)
        return inp_imgs
```

❶ 根據指定步數重複執行。

❷ 在圖像中加入少量雜訊。

❸ 將圖像透過模型以取得能量分數。

❹ 計算相對於輸入的輸出梯度。

❺ 在輸入影像中加入少量梯度。

用對比散度法訓練模型

知道如何從樣本空間抽樣全新的低能量點之後，接著來看模型訓練吧。

由於能量函數並非輸出機率，在此就無法使用最大似然估計法；它輸出的是一個在樣本空間中積分結果不為 1 的分數。相反地，我們要用 Geoffrey Hinton 首次於 2002 年為了訓練非正規化分數模型而提出的*對比散度法* [4]。

這次要最小化的值為資料的負對數似然：

$$\mathscr{L} = - \mathbb{E}_{x \sim \text{data}}\Big[\log p_\theta(\mathbf{x})\Big]$$

當 $p_\theta(\mathbf{x})$ 的形式為波茲曼分布，能量函數為 $E_\theta(\mathbf{x})$，則該值的梯度表示如下（完整推導請參考 Oliver Woodford 的「Notes on Contrastive Divergence」）[5]：

$$\nabla_\theta \mathscr{L} = \mathbb{E}_{x \sim \text{data}}\big[\nabla_\theta E_\theta(\mathbf{x})\big] - \mathbb{E}_{x \sim \text{model}}\big[\nabla_\theta E_\theta(\mathbf{x})\big]$$

這一看就很合理，因為我們希望模型能針對實際觀測值輸出較大的能量分數負值，並為生成的假觀測值輸出較大的能量分數正值，藉此極大化這兩個極端之間的對比。

換句話說，我們可以計算真假樣本的能量分數之間的差異，並用它作為損失函數。

要計算假樣本的能量分數，需要能夠精準地從分布 $p_\theta(\mathbf{x})$ 抽樣，但由於分母計算過於複雜所以無法做到。相反地，我們可以用朗之萬抽樣過程來生成一組具低能量分數的觀測值。這個過程需要無限個步驟才能生成一個完美的樣本（顯然很不切實際），因此改成執行幾個步驟就好，並假設這已足以產生有意義的損失函數。

另外要從前幾次迭代保留一些緩衝樣本作為下一批的起點，讓它不完全是隨機雜訊。範例 7-5 為產生抽樣緩衝的程式碼。

範例 7-5　抽樣緩衝

```python
class Buffer:
    def __init__(self, model):
        super().__init__()
        self.model = model
        self.examples = [
            tf.random.uniform(shape = (1, 32, 32, 1)) * 2 - 1
            for _ in range(128)
        ] ❶

    def sample_new_exmps(self, steps, step_size, noise):
        n_new = np.random.binomial(128, 0.05) ❷
        rand_imgs = (
            tf.random.uniform((n_new, 32, 32, 1)) * 2 - 1
        )
        old_imgs = tf.concat(
            random.choices(self.examples, k=128-n_new), axis=0
        ) ❸
        inp_imgs = tf.concat([rand_imgs, old_imgs], axis=0)
        inp_imgs = generate_samples(
            self.model, inp_imgs, steps=steps, step_size=step_size, noise = noise
        ) ❹
        self.examples = tf.split(inp_imgs, 128, axis = 0) + self.examples ❺
        self.examples = self.examples[:8192]
        return inp_imgs
```

❶ 用一批隨機雜訊來初始化抽樣緩衝。

❷ 每次平均有 5% 的觀測值為重新生成（即隨機雜訊）。

❸ 其餘則從現有緩衝中隨機抽樣。

❹ 將觀測值串聯起來並用朗之萬抽樣器跑過一遍。

❺ 將生成樣本加入緩衝，緩衝區的最大長度改為 8192 筆觀測值。

圖 7-5 為對比散度法的其中一個訓練步驟。實際觀測值的分數會被演算法壓低，而假觀測值的分數則被拉高，且無須在每個步驟之後將這些分數正規化。

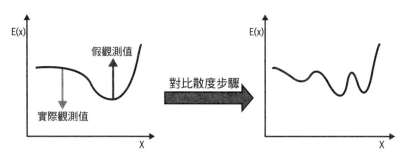

圖 7-5　對比散度法其中一個步驟

請依照範例 7-6 在自訂的 Keras 模型中編寫對比散度演算法的訓練步驟。

範例 7-6　使用對比散度法訓練 EBM

```python
class EBM(models.Model):
    def __init__(self):
        super(EBM, self).__init__()
        self.model = model
        self.buffer = Buffer(self.model)
        self.alpha = 0.1
        self.loss_metric = metrics.Mean(name="loss")
        self.reg_loss_metric = metrics.Mean(name="reg")
        self.cdiv_loss_metric = metrics.Mean(name="cdiv")
        self.real_out_metric = metrics.Mean(name="real")
        self.fake_out_metric = metrics.Mean(name="fake")

    @property
    def metrics(self):
        return [
            self.loss_metric,
            self.reg_loss_metric,
            self.cdiv_loss_metric,
            self.real_out_metric,
            self.fake_out_metric
        ]

    def train_step(self, real_imgs):
```

```
        real_imgs += tf.random.normal(
            shape=tf.shape(real_imgs), mean = 0, stddev = 0.005
        ) ❶
        real_imgs = tf.clip_by_value(real_imgs, -1.0, 1.0)
        fake_imgs = self.buffer.sample_new_exmps(
            steps=60, step_size=10, noise = 0.005
        ) ❷
        inp_imgs = tf.concat([real_imgs, fake_imgs], axis=0)
        with tf.GradientTape() as training_tape:
            real_out, fake_out = tf.split(self.model(inp_imgs), 2, axis=0) ❸
            cdiv_loss = tf.reduce_mean(fake_out, axis = 0) - tf.reduce_mean(
                real_out, axis = 0
            ) ❹
            reg_loss = self.alpha * tf.reduce_mean(
                real_out ** 2 + fake_out ** 2, axis = 0
            ) ❺
            loss = reg_loss + cdiv_loss
        grads = training_tape.gradient(loss, self.model.trainable_variables) ❻
        self.optimizer.apply_gradients(
            zip(grads, self.model.trainable_variables)
        )
        self.loss_metric.update_state(loss)
        self.reg_loss_metric.update_state(reg_loss)
        self.cdiv_loss_metric.update_state(cdiv_loss)
        self.real_out_metric.update_state(tf.reduce_mean(real_out, axis = 0))
        self.fake_out_metric.update_state(tf.reduce_mean(fake_out, axis = 0))
        return {m.name: m.result() for m in self.metrics}

    def test_step(self, real_imgs): ❼
        batch_size = real_imgs.shape[0]
        fake_imgs = tf.random.uniform((batch_size, 32, 32, 1)) * 2 - 1
        inp_imgs = tf.concat([real_imgs, fake_imgs], axis=0)
        real_out, fake_out = tf.split(self.model(inp_imgs), 2, axis=0)
        cdiv = tf.reduce_mean(fake_out, axis = 0) - tf.reduce_mean(
            real_out, axis = 0
        )
        self.cdiv_loss_metric.update_state(cdiv)
        self.real_out_metric.update_state(tf.reduce_mean(real_out, axis = 0))
        self.fake_out_metric.update_state(tf.reduce_mean(fake_out, axis = 0))
        return {m.name: m.result() for m in self.metrics[2:]}

ebm = EBM()
ebm.compile(optimizer=optimizers.Adam(learning_rate=0.0001), run_eagerly=True)
ebm.fit(x_train, epochs=60, validation_data = x_test,)
```

❶ 在真實圖像中加入少量隨機雜訊，以避免對訓練資料集過度擬合。

❷ 從緩衝中抽樣一組假圖像。

❸ 將真假圖像用模型跑過以產生各自的分數。

❹ 對比散度損失就是真假觀測分數之間的差異。

❺ 加入正則化損失以避免分數過高。

❻ 計算相對於網路權重的損失函數梯度以進行反向傳播。

❼ 在驗證期間使用 test_step，並計算隨機雜訊和訓練集資料分數之間的對比散度。可用作評估模型訓練情況的指標（見下一節）。

分析能量模型

訓練過程中的損失曲線和輔助指標如圖 7-6。

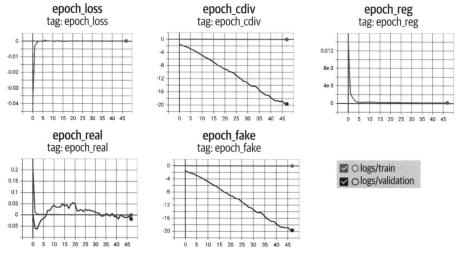

圖 7-6　能量模型訓練過程中的損失曲線和指標

首先，請注意在訓練步驟中計算的損失在各回合幾乎維持不變且偏小。雖然模型不斷改進，但緩衝區中生成圖像品質也在提高，這些圖像需要與訓練集中的真實圖像進行比較，因此不應期待訓練損失會顯著下降。

為此我們還設立了一個驗證過程來評估模型效能，該過程不會從緩衝區抽樣，而是對一個隨機雜訊樣本進行評分，並將它與訓練資料集中的樣本分數進行比較。如果模型確實有在改進，就會看到對比散度隨著回合推進而下降（即分辨隨機雜訊與真實圖像的能力變強了），如圖 7-6。

從能量模型生成新樣本只需要從某個起始點（隨機雜訊）開始多次執行朗之萬抽樣器就好，如範例 7-7。觀測值會依照之於輸入的評分函數梯度而被強迫下降，以致從雜訊中浮現出一個可信度高的觀測值。

範例 7-7　用能量模型生成新觀測值

```
start_imgs = np.random.uniform(size = (10, 32, 32, 1)) * 2 - 1
gen_img = generate_samples(
    ebm.model,
    start_imgs,
    steps=1000,
    step_size=10,
    noise = 0.005,
    return_img_per_step=True,
)
```

經過 50 個訓練回合後，抽樣器生成的範例觀測值如圖 7-7。

圖 7-7　朗之萬抽樣器所產生的樣本，其中運用了 EBM 模型來引導梯度下降過程

我們也可以在朗之萬抽樣過程中擷取目前觀測的圖像來重現單一觀測的生成過程，如圖 7-8。

圖 7-8　觀測值在朗之萬抽樣過程中不同步驟的快照

其他能量模型

上述範例是一個透過對比散度與朗之萬抽樣所訓練的深度 EBM。然而，早期的 EBM 並未使用朗之萬抽樣，而是仰賴於其他技術和架構。

波茲曼機器是最早的 EBM 之一 [6]。它是一個全連接無向神經網路，其中的二進制單元為可見（v）或隱藏（h）。特定網路配置的能量定義如下：

$$E_\theta(v, h) = -\frac{1}{2}\left(v^T L v + h^T J h + v^T W h\right)$$

其中 W、L、J 為模型學習的權重矩陣。訓練是藉由對比散度完成，但使用 Gibbs 抽樣法在可見和隱藏層之間不斷交替直到取得平衡為止。事實上這個過程非常緩慢，且無法擴展至大量的隱藏單元。

 Jessica Stringham 所寫的部落格文章「Gibbs Sampling in Python」（*https://oreil.ly/tXmOq*）當中介紹了一個完美易懂的吉布斯抽樣範例。

限制波茲曼機器（*RBM*）就是波茲曼機器的延伸，它移除了同類型單元之間的連接來建立雙層二分圖。這讓 RBM 能被堆疊成深度信念網路來為更複雜的分布建模。然而，使用 RBM 來建模高維度資料仍然不切實際，因為 Gibbs 抽樣法仍需要很長的混合時間。

直到 2000 年代末期，EBM 才被證明具備建模更高維度資料集的潛力，並出現了一個建置深度 EBM 的框架 [7]。朗之萬動力學成為 EBM 的首選抽樣法，並演變成名為分數配對（*score matching*）的訓練技術。後來又進一步發展成所謂的降噪擴散機率模型，驅動了 DALL.E 2 和 ImageGen 等最先進的生成模型。第 8 章將詳細探討擴散模型。

總結

能量模型是一種利用了能量評分函數的生成模型，該函數被訓練為可對真實觀測值輸出較低分數，並對生成觀測值輸出較高分數的神經網路。計算此分數函數所給出的機率分布必須以一個無法處理的分母來進行正規化。EBM 透過兩個技巧來避開這個問題：用於訓練網路的對比散度法，和用於抽樣新觀測的朗之萬動力學。

訓練能量函數是透過最小化生成樣本分數和訓練資料分數之間的差異來進行，這種技術稱為對比散度法。經過證明，這等同於計算 MLE 所需之最小化負對數似然，但避免了麻煩的分母正規化。實際上，近似抽樣假樣本的過程已足以確保演算法維持高效率。

深度 EBM 的抽樣是藉由朗之萬動力學實現，它是一種利用分數相對於輸入圖像的梯度，逐步沿著坡度下降的方向更新輸入好將隨機雜訊轉換成合理觀測值的技術。改良自限制波茲曼機器所用的吉布斯抽樣等早期做法。

參考文獻

1. Yilun Du and Igor Mordatch, "Implicit Generation and Modeling with Energy-Based Models," March 20, 2019, *https://arxiv.org/abs/1903.08689*.

2. Prajit Ramachandran et al., "Searching for Activation Functions," October 16, 2017, *https://arxiv.org/abs/1710.05941v2*.

3. Max Welling and Yee Whye Teh, "Bayesian Learning via Stochastic Gradient Langevin Dynamics," 2011, *https://www.stats.ox.ac.uk/~teh/research/compstats/WelTeh2011a.pdf*.

4. Geoffrey E. Hinton, "Training Products of Experts by Minimizing Contrastive Divergence," 2002, *https://www.cs.toronto.edu/~hinton/absps/tr00-004.pdf*.

5. Oliver Woodford, "Notes on Contrastive Divergence," 2006, *https://www.robots.ox.ac.uk/~ojw/files/NotesOnCD.pdf*.

6. David H. Ackley et al., "A Learning Algorithm for Boltzmann Machines," 1985, *Cognitive Science* 9(1), 147-165.

7. Yann Lecun et al., "A Tutorial on Energy-Based Learning," 2006, *https://www.researchgate.net/publication/200744586_A_tutorial_on_energy-based_learning*.

第八章

擴散模型

本章目標

本章學習內容如下：

- 了解擴散模型的基本原則和組成。

- 了解如何利用正向過程為訓練圖像資料集加入雜訊。

- 認識再參數化技巧及其重要性。

- 探討不同形式的正向擴散過程。

- 了解反向擴散過程及其對正向增噪過程的影響。

- 探討用於將反向擴散過程參數化的 U-Net 架構。

- 使用 Keras 建立降噪擴散模型（DDM）以生成花卉圖像。

- 從自有模型中抽樣新的花卉圖像。

- 探討擴散步數對圖像品質的影響，並於潛在空間的兩個圖像間插值。

除了 GAN，擴散模型是過去十年中出現最具影響力和重要性的圖像生成建模技術之一。擴散模型的表現在許多標準上已經優於之前最先進的 GAN，迅速成為生成建模人員的首選，特別是在視覺領域（例如，OpenAI 的 DALL.E 2 和 Google 的 ImageGen 等文字轉圖像的生成服務）。最近，擴散模型在各種領域中的應用爆炸性成長，不禁讓人聯想到 GAN 在 2017 年至 2020 年間的攻城掠地。

支持擴散模型的許多基礎核心與本書先前討論過的初期生成模型很類似，例如降噪自動編碼器和能量模型。事實上，擴散一詞的靈感來自於經過透徹研究的熱力學擴散特性，這門純物理學和深度學習在 2015 年產生了重要連結[1]。

計分式生成模型領域也有許多重要進展[2,3]，它是能量模型的一個分支，藉由直接估算對數分布的梯度（也稱為評分函數）來訓練模型，作為對比分歧的替代方案。尤其是 Yang Song 和 Stefano Ermon 將多尺度的雜訊擾動應用在原始資料以確保模型——就是雜訊條件計分網路（*Noise Conditional Score Network*, NCSN）——在低資料密度區域也能表現良好。

2020 年夏天發表了一篇重量級的擴散模型論文[4]。該論文基於先前研究找出了擴散模型和計分式生成模型之間的緊密聯繫，並利用這一事實訓練出一個能夠在多個資料集上與 GAN 媲美的擴散模型，並稱之為降噪擴散機率模型（DDPM）。

本章將介紹降噪擴散機率模型運作的原理條件。你也將學會如何用 Keras 建立降噪擴散模型。

簡介

讓我們從一個小故事開始吧，這有助於解釋擴散模型的核心概念！

DiffuseTV

想像你在一家販售電視的家電行裡，但是這家店與你之前去過的家電行大相逕庭。這裡沒有各種品牌的電視，而是有好幾百台相同的電視依序接在一起，一路延伸到視線所及。更奇怪的是，前幾台電視的畫面都是雜訊（圖 8-1）。

老闆過來詢問是否需要幫助，你疑惑地開口問了這奇怪的陳列方式。她解釋說這是一款將帶動娛樂產業革命、名為 DiffuseTV 的新型電視，緊接著開始一邊向你解釋它的工作原理，一邊沿著整排的電視往店鋪深處走去。

老闆解釋，DiffuseTV 在製造過程中會先觀看過去節目的數千張影像，但是每張圖像都會逐漸被隨機的雜訊破壞，直到再也無法從雜訊中看出圖像來。接著，這些電視機被設計成可以慢慢地消除這些隨機雜訊，基本上是要試著預測出在加入雜訊之前的原始影像。隨著你深入店鋪，的確可以看到電視機上的影像一台比一台清晰。

圖 8-1　一整排接在一起的電視機，沿著店鋪走廊不斷延伸（圖片使用 Midjourney 生成）

最終，你來到這一長串電視機的盡頭，而最後一台的畫面非常完美。儘管這無疑是一項聰明的技術，但你依然很好奇這對觀眾來說有什麼用處，老闆繼續解釋。

她說，觀眾將不需要再選擇想觀看的頻道，而是選擇一個隨機的雜訊初始配置。每個配置將產生不同的影像輸出，而部分模型甚至可以用使用者輸入的文字提示作為引導。不同於可看頻道有限的普通電視，DiffuseTV 為觀眾提供了無限的選擇和自由，讓螢幕可以顯示出任何想看的內容！

你立刻購買了一台 DiffuseTV，並在聽到老闆說店裡的電視牆只是展示用而鬆了一口氣，因為這樣你就不用買一個倉庫來存放新設備了！

DiffuseTV 的故事說明了擴散模型背後的概念。現在，讓我們深入了解如何用 Keras 建置此模型的技術細節。

降噪擴散模型（DDM）

降噪擴散模型的核心概念很簡單：訓練一個深度學習模型並透過一連串的步驟來逐步為圖像降噪。如果從單純的隨機雜訊開始，理論上可以持續使用該模型直到取得一張如同直接從訓練集取得的圖像為止。令人驚奇的是，這個簡單概念的實際表現竟然非常好！

先讓我們建立一個資料集，然後看過一遍正向（增噪）和反向（降噪）擴散過程吧。

執行本範例的程式碼

本範例的 Jupyter notebook 程式碼請由本書 Github 取得：*notebooks/ 08_diffusion/01_ddm/ddm.ipynb*

此程式碼是根據 András Béres 的優質降噪擴散隱式模型教學（*https:// oreil.ly/srPCe*）修改而來，這份教學可在 Keras 網站上取得。

花卉資料集

我們要用 Kaggle 提供的 Oxford 102 花卉資料集（*https://oreil.ly/HfrKV*），它包含了超過 8,000 張各種花卉的彩色圖片。

請執行本書儲存庫中的 Kaggle 資料集下載腳本來下載，如範例 8-1。花卉圖片下載後會存放在 */data* 資料夾中。

範例 8-1　下載 Oxford 102 花卉資料集

```
bash scripts/download_kaggle_data.sh nunenuh pytorch-challange-flower-dataset
```

在此同樣使用 Keras 的 `image_dataset_from_directory` 函式載入圖片、調整大小為 64 × 64 像素，並將像素值縮放到 [0, 1] 的範圍。此外，還要將資料集重複送入五次來增加回合長度，並將資料集分成 64 張一組，如範例 8-2。

範例 8-2　載入 Oxford 102 花卉資料集

```
train_data = utils.image_dataset_from_directory(
    "/app/data/pytorch-challange-flower-dataset/dataset",
    labels=None,
    image_size=(64, 64),
    batch_size=None,
    shuffle=True,
    seed=42,
    interpolation="bilinear",
) ❶

def preprocess(img):
    img = tf.cast(img, "float32") / 255.0
    return img

train = train_data.map(lambda x: preprocess(x)) ❷
```

```
train = train.repeat(5) ❸
train = train.batch(64, drop_remainder=True) ❹
```

❶ 用 Keras 的 `image_dataset_from_directory` 函式載入資料集（訓練期間要做這件事）。

❷ 將像素值縮放到 [0, 1] 的範圍。

❸ 重複送入資料集五次。

❹ 將資料集分成 64 張一組。

資料集範例如圖 8-2。

圖 8-2　Oxford 102 花卉資料集的範例

有了資料集之後，就能動手研究如何使用正向擴散過程來加入雜訊。

正向擴散過程

假設目前有一個圖像 x_0，我們想要經過大量步驟（假設 $T = 1,000$）來逐漸破壞它，讓它最終與標準高斯雜訊無異（即 x_T 的均值和單位變異數為 0）。要怎麼做呢？

我們可以定義一個函數 q，該函數會依變異數 β_t 將高斯雜訊一點一點加進圖像 x_{t-1} 中來生成新圖像 x_t。如果持續使用該函數，便會生成一系列逐漸模糊的圖片（$x_0, ..., x_T$），如圖 8-3。

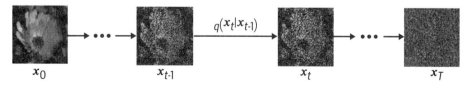

圖 8-3　正向擴散過程 q

我們可以將此更新過程以數學表示如下（這裡的 ϵ_{t-1} 為均值和變異數皆為 0 的標準高斯雜訊）：

$$\mathbf{x}_t = \sqrt{1 - \beta_t}\mathbf{x}_{t-1} + \sqrt{\beta_t}\epsilon_{t-1}$$

別忘了我們還縮放了輸入影像 $\mathbf{x}_{t-1}$ 來確保輸出影像 $\mathbf{x}_t$ 的變異數不會隨著時間改變。這樣一來，如果將原始圖像 $\mathbf{x}_0$ 正規化為零均值和零變異數，經過推導之後，若 T 夠大就會讓 $\mathbf{x}_T$ 近似於標準高斯分布，推導過程如下。

假設 $\mathbf{x}_{t-1}$ 的均值和變異數為 0，那麼藉由 $Var(aX) = a^2 Var(X)$ 規則，$\sqrt{1 - \beta_t}\mathbf{x}_{t-1}$ 的變異數為 $1 - \beta_t$，而 $\sqrt{\beta_t}\epsilon_{t-1}$ 的變異數為 P_{model}。整理一下便會得到一個均值為 0、變異數為 $1 - \beta_t + \beta_t = 1$ 的新分布 $\mathbf{x}_t$，對獨立的 X 和 Y 套用 $Var(X + Y) = Var(X) + Var(Y)$ 規則。因此，如果將 $\mathbf{x}_0$ 正規化為零均值和零變異數，那麼可以確定所有 $\mathbf{x}_t$ 也會一樣，包括最終趨近於標準高斯分布的影像 $\mathbf{x}_T$。這正是我們要的，因為目標是能夠輕鬆地從 $\mathbf{x}_T$ 抽樣然後透過訓練好的神經網路模型來應用反向擴散過程！

換句話說，正向增噪過程 q 也可以表示如下：

$$q(\mathbf{x}_t | \mathbf{x}_{t-1}) = \mathcal{N}(\mathbf{x}_t; \sqrt{1 - \beta_t}\mathbf{x}_{t-1}, \beta_t\mathbf{I})$$

再參數化技巧

如果不必將正向增噪過程 q 執行 t 次就能直接從 $\mathbf{x}_0$ 跳到任何增噪版本的圖像 $\mathbf{x}_t$，這會是非常實用的做法。幸運的是，有一項再參數化技巧可以實現這一點。

定義 $\alpha_t = 1 - \beta_t$ 以及 $\bar{\alpha}_t = \prod_{i=1}^{t} \alpha_i$，則公式如下：

$$
\begin{aligned}
\mathbf{x}_t &= \sqrt{\alpha_t}\mathbf{x}_{t-1} + \sqrt{1 - \alpha_t}\epsilon_{t-1} \\
&= \sqrt{\alpha_t\alpha_{t-1}}\mathbf{x}_{t-2} + \sqrt{1 - \alpha_t\alpha_{t-1}}\epsilon \\
&= \cdots \\
&= \sqrt{\bar{\alpha}_t}\mathbf{x}_0 + \sqrt{1 - \bar{\alpha}_t}\epsilon
\end{aligned}
$$

請看到第二行，這裡運用了可將兩個高斯分布相加來得到另一個新的高斯分布這項事實。我們也因此有了從原始影像 $\mathbf{x}_0$ 跳到正向擴散過程 $\mathbf{x}_t$ 中的任一步驟的方法。此外，還可以用 $\bar{\alpha}_t$ 值來定義擴散過程，而非原始的 β_t 值，其中 $\bar{\alpha}_t$ 是訊號（原始圖像 $\mathbf{x}_0$）的變異數，而 $1 - \bar{\alpha}_t$ 是雜訊（ϵ）的變異數。

正向擴散過程 q 因此可用以下公式表示：

$$q(\mathbf{x}_t|\mathbf{x}_0) = \mathcal{N}\left(\mathbf{x}_t; \sqrt{\bar{\alpha}_t}\mathbf{x}_0, (1 - \bar{\alpha}_t)\mathbf{I}\right)$$

擴散過程

我們也可以在每個時間步長用不同的 β_t，不必都為定值。β_t（或 $\bar{\alpha}_t$）值隨著 t 的變化便為擴散過程。

在原始論文中（Ho et al., 2020），作者選擇了 β_t 的線性擴散過程，也就是 β_t 會隨著 t 線性增加，從 $\beta_1 = 0.0001$ 逐漸遞增到 $\beta_T = 0.02$。這確保在早期增噪階段使用的增噪步驟會比後期來得小，因為圖像到後期已經非常模糊。

線性擴散過程的程式碼如範例 8-3。

範例 8-3　線性擴散過程

```
def linear_diffusion_schedule(diffusion_times):
    min_rate = 0.0001
    max_rate = 0.02
    betas = min_rate + tf.convert_to_tensor(diffusion_times) * (max_rate - min_rate)
    alphas = 1 - betas
    alpha_bars = tf.math.cumprod(alphas)
    signal_rates = alpha_bars
    noise_rates = 1 - alpha_bars
    return noise_rates, signal_rates

T = 1000
diffusion_times = [x/T for x in range(T)] ❶
linear_noise_rates, linear_signal_rates = linear_diffusion_schedule(
    diffusion_times
) ❷
```

❶ 擴散時間是從 0 到 1 之間的等距間隔步驟。

❷ 線性擴散過程用於擴散時間以產生雜訊和訊號速率。

之後發表的一篇論文中發現，餘弦擴散過程優於原始論文中的線性過程[5]。餘弦過程定義了以下 $\bar{\alpha}_t$ 值：

$$\bar{\alpha}_t = \cos^2\left(\frac{t}{T} \cdot \frac{\pi}{2}\right)$$

更新後的方程式如下（使用三角恆等式 $\cos^2(x) + \sin^2(x) = 1$）：

$$\mathbf{x}_t = \cos\left(\frac{t}{T} \cdot \frac{\pi}{2}\right)\mathbf{x}_0 + \sin\left(\frac{t}{T} \cdot \frac{\pi}{2}\right)\epsilon$$

這個方程式是實際在論文中使用的餘弦擴散過程簡化版。作者還加了偏置和縮放以防止增噪步驟在擴散過程初期變得太小。餘弦和偏置餘弦擴散過程的程式碼如範例 8-4。

範例 8-4 餘弦和偏置餘弦擴散過程

```
def cosine_diffusion_schedule(diffusion_times): ❶
    signal_rates = tf.cos(diffusion_times * math.pi / 2)
    noise_rates = tf.sin(diffusion_times * math.pi / 2)
    return noise_rates, signal_rates

def offset_cosine_diffusion_schedule(diffusion_times): ❷
    min_signal_rate = 0.02
    max_signal_rate = 0.95
    start_angle = tf.acos(max_signal_rate)
    end_angle = tf.acos(min_signal_rate)

    diffusion_angles = start_angle + diffusion_times * (end_angle - start_angle)

    signal_rates = tf.cos(diffusion_angles)
    noise_rates = tf.sin(diffusion_angles)

    return noise_rates, signal_rates
```

❶ 單純的餘弦擴散過程（不含偏置或重新縮放）。

❷ 這是我們採用的偏置餘弦擴散過程，它會調整過程以確保步驟在增噪初期時不會太小。

我們可以算出每個 t 的 $\bar{\alpha}_t$ 值來顯示在線性、餘弦和偏置餘弦擴散過程中的每個階段會放進來的訊號（$\bar{\alpha}_t$）和雜訊量（$1 - \bar{\alpha}_t$），如圖 8-4。

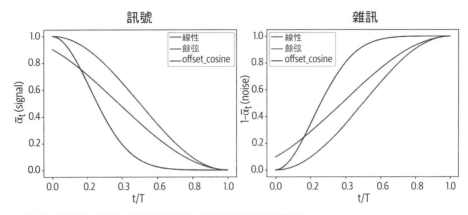

圖 8-4　線性、餘弦和偏置餘弦擴散過程中各步驟的訊號和雜訊

請注意，在餘弦擴散過程中，增噪程度上升的速度較慢。與線性擴散過程相比，餘弦擴散過程會更緩慢地對圖像加入雜訊，這有助於提高訓練效率和生成品質。從以下分別被線性和餘弦過程破壞的圖像可以看出（圖 8-5）。

圖 8-5　以 0 到 T 間之等距間隔 t 分別以線性擴散過程（上圖）和餘弦擴散過程（下圖）逐漸破壞的圖像（資料來源：Ho et al., 2020）

反向擴散過程

現在來看看反向擴散過程。簡單來說，是要建置一個可以抵銷增噪過程的神經網路 $p_\theta(\mathbf{x}_{t-1}|\mathbf{x}_t)$，也就是類似反向分布 $q(\mathbf{x}_{t-1}|\mathbf{x}_t)$。如果能做到這一點，便可以從 $\mathcal{N}(0, \mathbf{I})$ 中抽樣雜訊，然後多次應用反向擴散過程來生成一個新圖像。此過程的視覺呈現如圖 8-6。

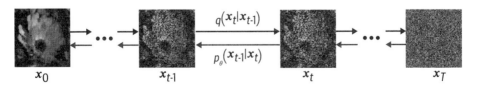

圖 8-6　反向擴散過程 $p_\theta \cdot (\mathbf{x}_{t-1}|\mathbf{x}_t)$ 試著降低正向擴散過程所加入的雜訊

反向擴散過程和變分自動編碼器的解碼器（VAE）之間有許多相似之處。兩者的目的都是使用神經網路將隨機雜訊轉換成有意義的輸出。擴散模型和 VAE 的差異在於，VAE 的正向過程（將圖像轉成雜訊）是模型的一部分（即學習來的），但在擴散模型中則未進行參數化。

因此，可以合理使用與變分自動編碼器相同的損失函數。原始的 DDPM 論文導出該損失函數的精確形式，並表示可藉由訓練網路 ϵ_θ 來預測在時步 t 時加入特定圖像 $\mathbf{x}_0$ 的雜訊 ϵ 將其最佳化。

也就是說，抽樣圖像 $\mathbf{x}_0$ 並經過 t 個增噪步驟將其轉換為圖像 $\mathbf{x}_t = \sqrt{\bar{\alpha}_t}\mathbf{x}_0 + \sqrt{1 - \bar{\alpha}_t}\epsilon$。將這張新圖像和增噪率 $\bar{\alpha}_t$ 提供給神經網路並要求它預測 ϵ，做法是對預測值 $\epsilon_\theta(\mathbf{x}_t)$ 和真實 ϵ 之間的平方誤差來執行梯度步驟。

下一節將介紹神經網路的架構。值得注意的是，擴散模型實際上保留了兩份網路副本：一個是使用梯度下降主動訓練出來的，另一個（EMA 網路）則是之前的訓練步驟中主動訓練網路的權重之指數移動平均（EMA）。EMA 網路較不容易受到訓練過程中的短期波動和峰值影響，使得它比主動訓練的網路更加穩健。因此，當我們想要從網路來生成輸出時，都會用到 EMA 網路。

模型的訓練過程如圖 8-7。

演算法 1 訓練

1: **repeat**
2: $\quad \mathbf{x}_0 \sim q(\mathbf{x}_0)$
3: $\quad t \sim \text{Uniform}(\{1, \ldots, T\})$
4: $\quad \epsilon \sim \mathcal{N}(\mathbf{0}, \mathbf{I})$
5: $\quad$ **Take gradient descent step on**
$$\nabla_\theta \left\| \epsilon - \epsilon_\theta(\sqrt{\bar{\alpha}_t}\mathbf{x}_0 + \sqrt{1 - \bar{\alpha}_t}\epsilon, t) \right\|^2$$
6: **until** converged

圖 8-7　擴散降噪模型的訓練過程（資料來源：Ho et al., 2020）

在 Keras 中依範例 8-5 來編寫訓練步驟。

範例 8-5　*Keras 擴散模型中的 train_step 函式*

```python
class DiffusionModel(models.Model):
    def __init__(self):
        super().__init__()
        self.normalizer = layers.Normalization()
        self.network = unet
        self.ema_network = models.clone_model(self.network)
        self.diffusion_schedule = cosine_diffusion_schedule

    ...

    def denoise(self, noisy_images, noise_rates, signal_rates, training):
        if training:
            network = self.network
        else:
            network = self.ema_network
        pred_noises = network(
            [noisy_images, noise_rates**2], training=training
        )
        pred_images = (noisy_images - noise_rates * pred_noises) / signal_rates

        return pred_noises, pred_images

    def train_step(self, images):
        images = self.normalizer(images, training=True)        ❶
        noises = tf.random.normal(shape=tf.shape(images))       ❷
        batch_size = tf.shape(images)[0]
        diffusion_times = tf.random.uniform(
            shape=(batch_size, 1, 1, 1), minval=0.0, maxval=1.0
        )                                                       ❸
        noise_rates, signal_rates = self.cosine_diffusion_schedule(
            diffusion_times
        )                                                       ❹
        noisy_images = signal_rates * images + noise_rates * noises   ❺
        with tf.GradientTape() as tape:
            pred_noises, pred_images = self.denoise(
                noisy_images, noise_rates, signal_rates, training=True
            )                                                   ❻
            noise_loss = self.loss(noises, pred_noises)         ❼
        gradients = tape.gradient(noise_loss, self.network.trainable_weights)
        self.optimizer.apply_gradients(
            zip(gradients, self.network.trainable_weights)
        )                                                       ❽
        self.noise_loss_tracker.update_state(noise_loss)
```

```
    for weight, ema_weight in zip(
        self.network.weights, self.ema_network.weights
    ):
        ema_weight.assign(0.999 * ema_weight + (1 - 0.999) * weight)  ❾

    return {m.name: m.result() for m in self.metrics}
```

...

❶ 首先將一批圖片正規化為零均值和單位變異數。

❷ 接著抽樣雜訊以符合輸入圖像的形狀。

❸ 隨機抽樣擴散時間 ...

❹ ... 並用這些時間根據餘弦擴散過程生成雜訊和訊號速率。

❺ 然後將訊號和雜訊權重用於輸入圖像以生成模糊影像。

❻ 接下來，藉由提供的 noise_rates 和 signal_rates 要求網路預測雜訊並抵銷增噪運算來為這些雜訊圖像降噪。

❼ 接著便可計算出預測雜訊和實際雜訊之間的損失（平均絕對誤差）...

❽ ... 以梯度下降損失函數。

❾ EMA 網路權重被更新為現有 EMA 權重和訓練網路經梯度下降後之權重的加權平均值。

U-Net 降噪模型

在看過需要建置的神經網路類型之後（一個預測要對特定圖像加入多少雜訊的模型），接著來看看實現這一目標的架構。

DDPM 論文的作者使用了一種稱為 *U-Net* 的架構。圖 8-8 為該網路的示意圖，明確顯示了張量在透過網路時的形狀。

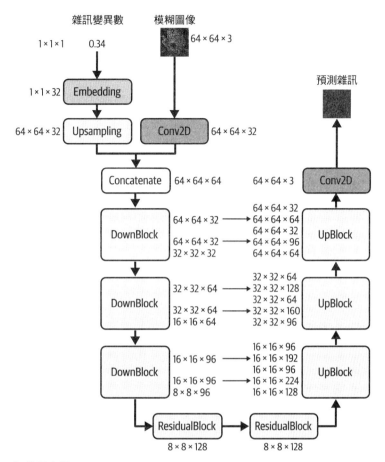

圖 8-8　U-Net 架構示意圖

與變分自動編碼器類似，U-Net 也是由兩個部分組成：一半是下抽樣部分，其中輸入圖像在空間上被壓縮，但在通道方面被增加；另一半為上抽樣部分，其中的表示是在空間上被延展，但會減少通道數量。然而，與 VAE 不同的是，U-Net 網路上下抽樣部分中的等效空間形狀層之間還存在著捷徑連接（*skip connection*）。VAE 是順序性的，資料會從輸入到輸出流經網路的每一層，但 U-Net 不同，因為捷徑連接允許訊息繞過網路的某些部分直接送入後段的網路層。

當希望輸出的形狀與輸入相同時，U-Net 尤其好用。對擴散模型範例來說，我們想要預測到底要加入多少雜訊，這筆雜訊會剛好與圖像的形狀相同，因此自然會選擇 U-Net 為網路架構。

首先看到在 Keras 中建置 U-Net 的程式碼，如範例 8-6。

範例 8-6　*Keras 中的 U-Net 模型*

```
noisy_images = layers.Input(shape=(64, 64, 3)) ❶
x = layers.Conv2D(32, kernel_size=1)(noisy_images) ❷

noise_variances = layers.Input(shape=(1, 1, 1)) ❸
noise_embedding = layers.Lambda(sinusoidal_embedding)(noise_variances) ❹
noise_embedding = layers.UpSampling2D(size=64, interpolation="nearest")(
    noise_embedding
) ❺

x = layers.Concatenate()([x, noise_embedding]) ❻

skips = [] ❼

x = DownBlock(32, block_depth = 2)([x, skips]) ❽
x = DownBlock(64, block_depth = 2)([x, skips])
x = DownBlock(96, block_depth = 2)([x, skips])

x = ResidualBlock(128)(x) ❾
x = ResidualBlock(128)(x)

x = UpBlock(96, block_depth = 2)([x, skips]) ❿
x = UpBlock(64, block_depth = 2)([x, skips])
x = UpBlock(32, block_depth = 2)([x, skips])

x = layers.Conv2D(3, kernel_size=1, kernel_initializer="zeros")(x) ⓫

unet = models.Model([noisy_images, noise_variances], x, name="unet") ⓬
```

❶ 首先將想要降噪的圖像輸入 U-Net。

❷ 該圖像透過 Conv2D 層來增加通道數量。

❸ 第二個輸入 U-Net 的是雜訊變異數（一個純量）。

❹ 使用正弦嵌入編碼。

❺ 此嵌入於空間維度上複製來符合輸入圖像的大小。

❻ 兩個輸入流跨通道串連在一起。

❼ Skips 清單會保存 DownBlock 層輸出，我們希望將其接到後續的 UpBlock 層。

❽ 張量會透過一系列同時減少圖像大小並增加通道數的 DownBlock 層。

❾ 然後張量會透過兩個保持圖像大小和通道數不變的 ResidualBlock 層。

❿ 接下來，張量會透過一系列同時增加圖像大小並減少通道數的 UpBlock 層。捷徑連接會與之前的 DownBlock 層輸出合併起來。

⓫ 最後的 Conv2D 層將通道數減到剩三個（RGB）。

⓬ U-Net 是一個 Keras Model，它使用雜訊圖像和雜訊變異數作為輸入，並輸出預測的雜訊地圖。

要深入了解 U-Net 還需要探討其他四個概念：雜訊變異數的正弦嵌入、ResidualBlock、DownBlock 和 UpBlock。

正弦嵌入

正弦嵌入首次出現在 Vaswani 等人所著的論文當中[6]。我們將使用 Mildenhall「NeRF: Representing Scenes as Neural Radiance Fields for View Synthesis」這篇論文所使用的改編版[7]。

這個構想是希望能將一個純量（雜訊變異數）轉換成獨特的高維度向量，藉此提供更複雜的表示並接續在網路下游使用。原始論文用這個想法將句子中單字的離散位置編碼為向量；而 NeRF 論文將此發想延伸到連續值上。

具體而言，純量值 x 的編碼如以下方程式：

$$\gamma(x) = \left(\ \sin\left(2\pi e^{0f}x\right), \cdots,\ \sin\left(2\pi e^{(L-1)f}x\right),\ \cos\left(2\pi e^{0f}x\right), \cdots,\ \cos\left(2\pi e^{(L-1)f}x\right)\right)$$

選擇 $L = 16$ 作為所需雜訊嵌入長度的一半，而 $f = \frac{\ln(1000)}{L-1}$ 為頻率的最大縮放係數。

這會產生嵌入樣式，如圖 8-9。

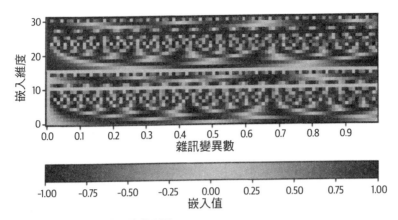

圖 8-9　雜訊變異數 0 到 1 之間的正弦嵌入圖

範例 8-7 是這個正弦嵌入函式的程式碼，這會把單一雜訊變異數純量轉換為長度為 32 的向量。

範例 8-7　編寫雜訊變異數的 *sinusoidal_embedding* 函式

```python
def sinusoidal_embedding(x):
    frequencies = tf.exp(
        tf.linspace(
            tf.math.log(1.0),
            tf.math.log(1000.0),
            16,
        )
    )
    angular_speeds = 2.0 * math.pi * frequencies
    embeddings = tf.concat(
        [tf.sin(angular_speeds * x), tf.cos(angular_speeds * x)], axis=3
    )
    return embeddings
```

ResidualBlock

DownBlock 和 UpBlock 都包含了 ResidualBlock 層，所以讓我們從這裡開始。第 5 章在建置 PixelCNN 時已經討論過殘差區塊，但為了內容的完整性，這裡再回顧一下。

殘差區塊是包含了能將輸入加進輸出的捷徑連接之網路層組合。殘差區塊有助於建置學習模式更為複雜的深層網路，卻不會受到梯度消失和退化問題的嚴重影響。梯度消失問題是指，隨著網路越來越深，透過深層網路所傳播的梯度會變得越來越小，導致學習速度非常緩慢。退化問題是指較深的神經網路的準確率不一定會比淺層網路更高，準確度似乎會在某個深度發生飽和，之後便迅速下降。

退化

退化問題有些違反直覺，但的確已在實作中被觀察到，因為更深的網路層必須至少要學恆等映射，這並不容易，尤其在考慮到深層網路所面臨到的如梯度消失等其他問題。

解決方案非常簡單，首次出現在 2015 年由 He 等人所著之 ResNet 論文[8] 中。做法是在主要加權層周圍加入一個捷徑連接的快速通道，該區塊便可以選擇繞過複雜的權重更新直接透過恆等映射。這讓網路能夠在不犧牲梯度大小或網路準確度的情況下進行深度訓練。

圖 8-10 為 ResidualBlock 的示意圖。請看到在某些殘差區塊中，在捷徑連接上還會另外包含一個內核大小為 1 的 Conv2D 層，讓通道數與其餘區塊保持一致。

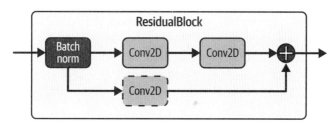

圖 8-10　U-Net 中的 ResidualBlock

在 Keras 中編寫 ResidualBlock 的方式如範例 8-8。

範例 8-8　*U-net* 中的 ResidualBlock 程式碼

```
def ResidualBlock(width):
    def apply(x):
        input_width = x.shape[3]
        if input_width == width: ❶
            residual = x
        else:
            residual = layers.Conv2D(width, kernel_size=1)(x)
        x = layers.BatchNormalization(center=False, scale=False)(x) ❷
        x = layers.Conv2D(
            width, kernel_size=3, padding="same", activation=activations.swish
        )(x) ❸
```

```
        x = layers.Conv2D(width, kernel_size=3, padding="same")(x)
        x = layers.Add()([x, residual])  ❹
        return x

    return apply
```

❶ 請確認輸入的通道數是否與希望該區塊輸出的通道數一致。如果不一樣，請在捷徑連接另外加入一個 Conv2D 層，讓通道數與區塊的其餘部分保持一致。

❷ 應用 BatchNormalization 層。

❸ 應用兩個 Conv2D 層。

❹ 將原始區塊輸入加進輸出中，以提供區塊的最終輸出。

DownBlocks 和 UpBlocks

每個連續的 DownBlock 會透過 block_depth（在本書範例中為 2）來增加通道數，同時應用最終的 AveragePooling2D 層將圖像大小減半。每個 ResidualBlock 都會被加到一個清單裡，以供之後 UpBlock 層用作橫跨 U-Net 的捷徑連接。

UpBlock 首先會使用一個透過雙線性插值將圖像大小加倍的 UpSampling2D 層。每個連續的 UpBlock 會透過多個 block_depth = 2 的 ResidualBlock 層來降低通道數，同時透過 U-Net 上的捷徑連接將多個 DownBlock 層的輸出串接起來。圖 8-11 為此過程的示意圖。

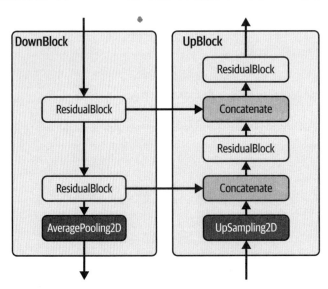

圖 8-11　U-net 中的 DownBlock 和對應的 UpBlock

依範例 8-9 用 Keras 編寫 DownBlock 和 UpBlock。

範例 8-9　*U-Net* 模型中 `DownBlock` 和 `UpBlock` 的程式碼

```python
def DownBlock(width, block_depth):
    def apply(x):
        x, skips = x
        for _ in range(block_depth):
            x = ResidualBlock(width)(x) ❶
            skips.append(x) ❷
        x = layers.AveragePooling2D(pool_size=2)(x) ❸
        return x

    return apply

def UpBlock(width, block_depth):
    def apply(x):
        x, skips = x
        x = layers.UpSampling2D(size=2, interpolation="bilinear")(x) ❹
        for _ in range(block_depth):
            x = layers.Concatenate()([x, skips.pop()]) ❺
            x = ResidualBlock(width)(x) ❻
        return x

    return apply
```

❶ DownBlock 使用特定寬度的 Residual Block 來增加圖像中的通道數 …

❷ … 每個 Residual Block 都會被存在一張清單（skips）中，以供 UpBlock 稍後使用。

❸ 最後的 AveragePooling2D 層會將圖像大小減半。

❹ UpBlock 從將圖像大小加倍的 UpSampling2D 層開始。

❺ 應用 Concatenate 層將 DownBlock 層的輸出串接到目前的輸出。

❻ ResidualBlock 用於減少圖像透過 UpBlock 時的通道數。

訓練擴散模型

所有訓練降噪擴散模型所需的元件現在都準備好了！請根據範例 8-10 的程式碼建立、編譯並擬合擴散模型。

範例 8-10　訓練 *DiffusionModel* 的程式碼

```python
model = DiffusionModel() ❶
model.compile(
```

```
    optimizer=optimizers.experimental.AdamW(learning_rate=1e-3, weight_decay=1e-4),
    loss=losses.mean_absolute_error,
) ❷

model.normalizer.adapt(train) ❸

model.fit(
    train,
    epochs=50,
) ❹
```

❶ 建立模型實例。

❷ 使用 AdamW 優化器（與 Adam 類似但具備權重衰減，有助於穩定訓練過程）和平均絕對誤差損失函數來編譯模型。

❸ 使用訓練資料集計算正規化統計量。

❹ 擬合模型 50 個回合。

損失曲線（雜訊的平均絕對誤差 [MAE]）如圖 8-12。

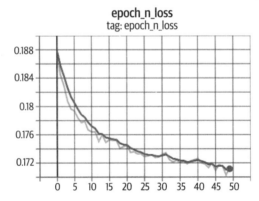

圖 8-12　各回合的雜訊 MAE 損失曲線

從降噪擴散模型抽樣

為了從訓練好的模型抽樣圖像，會需要用到反向擴散過程，也就是說，需要從一個隨機的雜訊開始，並用模型逐漸去除雜訊直到獲得一張清晰可辨的花朵圖片為止。

請記得，模型是訓練來預測被加入到取自訓練資料集的特定模糊圖像中的所有雜訊總量，而不只是在擴散過程的最後一個時步中加進去的雜訊。然而，我們並不想一次消除所有雜訊，從完全隨機雜訊來預測圖像顯然是行不通的！我們更希望模仿正向過程，透過許多微小步驟逐漸消除預測到的雜訊，讓模型能夠適應自己的預測。

為了實現這一點，我們可以用兩個步驟從 x_t 跳到 x_{t-1}。首先使用模型的雜訊預測計算出原始圖像 x_0 的估計值，然後再將預測的雜訊用在該圖像上，但時步只有 $t-1$ 來產生出 x_{t-1}。這個想法如圖 8-13。

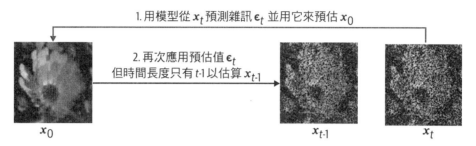

圖 8-13　擴散模型抽樣過程的步驟

如果在多個步驟中重複此過程，最終將回到由許多微小步驟逐漸引導出來的 x_0 估計值。實際上，我們可以自由地選擇要採取幾步，而且最重要的是，步數不需要像訓練增噪過程那麼大量（即 1,000 步），可以少得多，本範例將使用 20 步。

以下方程式（Song et al., 2020）以數學形式描述了此過程：

$$\mathbf{x}_{t-1} = \sqrt{\bar{\alpha}_{t-1}} \underbrace{\left(\frac{\mathbf{x}_t - \sqrt{1-\bar{\alpha}_t}\,\epsilon_\theta^{(t)}(\mathbf{x}_t)}{\sqrt{\bar{\alpha}_t}} \right)}_{\text{所預測的 } \mathbf{x}_0} + \underbrace{\sqrt{1-\bar{\alpha}_{t-1}-\sigma_t^2} \cdot \epsilon_\theta^{(t)}(\mathbf{x}_t)}_{\text{指向 } \mathbf{x}_t \text{ 的方向}} + \underbrace{\sigma_t \epsilon_t}_{\text{隨機雜訊}}$$

讓我們來分解這個方程式。方程式右側括號內的第一項是由網路 $\epsilon_\theta^{(t)}$ 之預測雜訊所求得的圖像 x_0 估計值。接著透過 σ 訊號速率 $\sqrt{\bar{\alpha}_{t-1}}$ 進行縮放，並重新應用預測雜訊，但這次是透過 $t-1$ 雜訊率 $\sqrt{1-\bar{\alpha}_{t-1}-\sigma_t^2}$ 來縮放。另外還加入了額外的高斯隨機雜訊 $\sigma_t\epsilon_t$，其中 σ_t 因子決定了生成過程的隨機程度。

所有 t 的特殊情況 $\sigma_t = 0$ 對應於一種稱為降噪擴散隱式模型（DDIM），由 Song 等人於 2020 年 9 月提出 [9]。有了 DDIM，生成過程就全然成為判別性了，也就是說，同一個隨機雜訊輸入將永遠產生相同的輸出。這是我們想要的，因為這麼一來潛在空間的樣本和像素空間的生成輸出之間便有了明確的映射關係。

本書範例將實作一個 DDIM，讓生成過程變得確定。DDIM 的抽樣過程（反向擴散）的程式碼如範例 8-11。

範例 8-11　從擴散模型抽樣

```
class DiffusionModel(models.Model):

    ...

    def reverse_diffusion(self, initial_noise, diffusion_steps):
        num_images = initial_noise.shape[0]
        step_size = 1.0 / diffusion_steps
        current_images = initial_noise
        for step in range(diffusion_steps): ❶
            diffusion_times = tf.ones((num_images, 1, 1, 1)) - step * step_size ❷
            noise_rates, signal_rates = self.diffusion_schedule(diffusion_times) ❸
            pred_noises, pred_images = self.denoise(
                current_images, noise_rates, signal_rates, training=False
            ) ❹
            next_diffusion_times = diffusion_times - step_size ❺
            next_noise_rates, next_signal_rates = self.diffusion_schedule(
                next_diffusion_times
            ) ❻
            current_images = (
                next_signal_rates * pred_images + next_noise_rates * pred_noises
            ) ❼
        return pred_images ❽
```

❶ 檢查固定步數（例如 20 步）。

❷ 所有擴散時間皆設為 1（即反向擴散過程的開始）。

❸ 根據擴散過程計算雜訊和訊號速率。

❹ 使用 U-Net 預測雜訊，從而計算出降噪後的圖像估計值。

❺ 擴散時間減少一步。

❻ 計算新的雜訊和訊號速率。

❼ 根據 t-1 的擴散速率，於預測圖像上重新應用預測雜訊來算出 t-1 的圖像估計值。

❽ 20 步後，回傳最終的預測圖像 x_0。

分析擴散模型

現在將介紹三種使用訓練後模型的方式：生成新圖像、測試反向擴散步數對生成品質的影響，以及在潛在空間中的兩個圖像間進行內插運算。

生成圖像

只要執行反向擴散過程，確保在最後將輸出正規化（將像素值恢復至 [0, 1] 的範圍）便可以從訓練好的模型生成樣本。運用 DiffusionModel 類別來執行範例 8-12 的程式碼便可實現。

範例 8-12　藉由擴散模型生成圖像

```
class DiffusionModel(models.Model):

    ...

    def denormalize(self, images):
        images = self.normalizer.mean + images * self.normalizer.variance**0.5 ❶
        return tf.clip_by_value(images, 0.0, 1.0)

    def generate(self, num_images, diffusion_steps):
        initial_noise = tf.random.normal(shape=(num_images, 64, 64, 3)) ❶
        generated_images = self.reverse_diffusion(initial_noise, diffusion_steps) ❷
        generated_images = self.denormalize(generated_images) ❸
        return generated_images
```

❶ 生成初始雜訊圖。

❷ 使用反向擴散過程。

❸ 網路輸出的圖像將為零均值和單位變異數，因此要重新應用訓練資料的均值和變異數來進行反正規化。

圖 8-14 是擴散模型在各訓練回合中所生成的樣本。

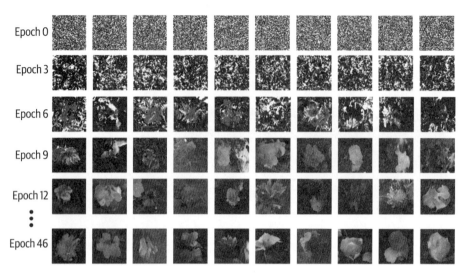

圖 8-14　擴散模型在訓練過程的不同回合中生成的樣本

調整擴散步驟數量

我們還能測試調整反向過程的擴散步數對於圖像品質的影響。直觀來說，過程的步數越多，生成的圖像品質越高。

從圖 8-15 可以看出，生成品質確實會隨著擴散步數的增加而提高。若只是從最初抽樣的雜訊跨一大步，模型只能預測出一團模糊的色塊。隨著步數增加，模型便能讓生成結果更加精細與銳利。然而，生成圖像所需的時間與擴散步數呈正比，因此存在一些取捨。20 到 100 個擴散步驟之間幾乎沒有明顯的改善，因此本範例選擇 20 步作為品質和速度之間合理的取捨。

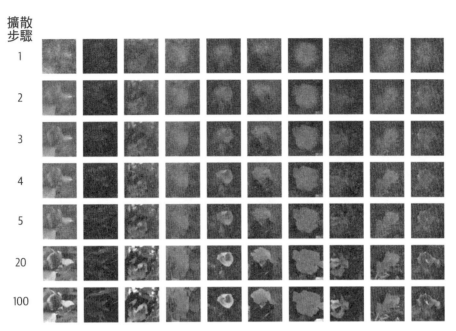

圖 8-15　圖片品質隨著擴散步驟數量的增加而提高

於圖像間插值

最後，正如先前在變分自動編碼器中所述，我們可對高斯潛在空間中的點之間插值，好讓像素空間中的圖像能夠平順過渡。在此將使用一種球面插值法，目的是確保變異數在混合兩個高斯雜訊圖時能夠維持不變。具體來說，各步驟的初始雜訊圖是由 $a \sin\left(\frac{\pi}{2}t\right) + b \cos\left(\frac{\pi}{2}t\right)$ 定義，其中 t 可平順地從 0 變化到 1，而 a 和 b 是想要插值的兩個隨機抽樣高斯雜訊張量。

生成圖像如圖 8-16。

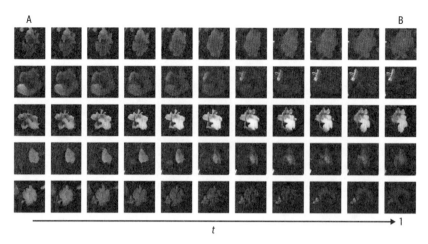

A   B

t 1

圖 8-16　透過降噪擴散模型在圖像間插值

總結

本章探討了近年來生成模型中最令人興奮且前景大好的領域之一：擴散模型。我們實作了一篇關鍵的生成擴散模型論文（Ho et al., 2020）中的想法，該論文介紹了最初的降噪擴散機率模型（DDPM）。接著透過延伸降噪擴散隱式模型（DDIM）論文中的想法讓生成過程能具備完全的確定性。

我們看到了擴散模型是由正向擴散和反向擴散過程組成。正向擴散過程透過一連串細小的步驟將雜訊逐漸加入訓練資料，反向擴散過程則是由一個試圖預測加入了多少雜訊的模型而組成。

我們還利用了再參數化技巧來算出正向過程任一步驟中的雜訊圖像，而無須經歷多個增噪步驟。另外也知道了用於資料增噪的參數排程方式對於模型整體可否成功所扮演的重要角色。

反向擴散過程由 U-Net 參數化，它會試著根據特定雜訊圖像和該步驟的雜訊率來預測各時步中的雜訊。U-Net 是由同時縮小圖像大小並增加通道數量的 DownBlock，以及同時放大圖像尺寸並減少通道數量的 UpBlock 組成。雜訊率則是使用正弦嵌入來編碼。

從擴散模型中抽樣是透過一系列步驟所引導。U-Net 用來預測加入特定模糊圖像中的雜訊，並用其計算出原始圖像的估計值。然後以較小的雜訊率再次使用預測的雜訊。從標準高斯雜訊分布中的某一隨機抽樣點開始，這個過程會在一系列的步驟中反覆進行（可能遠小於訓練時的步數）來取得最終生成。

我們還看到了在反向過程中增加擴散步數確實可提高圖像生成的品質，但代價是得犧牲速度。我們也執行了潛在空間運算以在兩個圖像之間插值。

參考文獻

1. Jascha Sohl-Dickstein et al., "Deep Unsupervised Learning Using Nonequilibrium Thermodynamics," March 12, 2015, *https://arxiv.org/abs/1503.03585*.

2. Yang Song and Stefano Ermon, "Generative Modeling by Estimating Gradients of the Data Distribution," July 12, 2019, *https://arxiv.org/abs/1907.05600*.

3. Yang Song and Stefano Ermon, "Improved Techniques for Training Score-Based Generative Models," June 16, 2020, *https://arxiv.org/abs/2006.09011*.

4. Jonathon Ho et al., "Denoising Diffusion Probabilistic Models," June 19, 2020, *https://arxiv.org/abs/2006.11239*.

5. Alex Nichol and Prafulla Dhariwal, "Improved Denoising Diffusion Probabilistic Models," February 18, 2021, *https://arxiv.org/abs/2102.09672*.

6. Ashish Vaswani et al., "Attention Is All You Need," June 12, 2017, *https://arxiv.org/abs/1706.03762*.

7. Ben Mildenhall et al., "NeRF: Representing Scenes as Neural Radiance Fields for View Synthesis," March 1, 2020, *https://arxiv.org/abs/2003.08934*.

8. Kaiming He et al., "Deep Residual Learning for Image Recognition," December 10, 2015, *https://arxiv.org/abs/1512.03385*.

9. Jiaming Song et al., "Denoising Diffusion Implicit Models," October 6, 2020, *https://arxiv.org/abs/2010.02502*.

應用

第三篇將探討到目前為止討論過的生成建模技術對於圖像、文字、音樂和遊戲等領域的應用重點，也會談到如何利用最先進的多模態模型來做到各種跨領域應用。

第 9 章將集中討論 Transformer，這是一種最先進的架構，驅動著現今大部分的文字生成模型。我們將特別探討 GPT 內部的運作方式並使用 Keras 來自己做一個，了解它如何成為 ChatGPT 這類工具的基礎。

第 10 章將探討一些影響了圖像生成最重要的 GAN 架構，包括 ProGAN、StyleGAN、StyleGAN2、SAGAN、BigGAN、VQ-GAN 和 ViT VQ-GAN。我們將研究每個架構的關鍵貢獻，並試著了解這一項技術隨著時間的改進狀況。

第 11 章將看到音樂生成，這帶來了像是針對音高和節奏建模等額外挑戰。你將了解許多適用於文字生成的技術（例如 Transformer）也可以應用於音樂領域，但也將探討一種叫做 MuseGAN 的深度學習架構，採取以 GAN 為基礎的方式來生成音樂。

第 12 章將說明生成模型在像是強化學習等其他機器學習領域中的應用。我們會將重點放在「World Models」這份論文上，該論文解釋了如何使用生成模型作為代理訓練的環境，讓模型可以在想像而非真實的環境中訓練。

第 13 章將探討跨越如圖像和文字領域的最先進的多模態模型。包括如 DALL.E 2 的文字轉圖像模型、Imagen 和 Stable Diffusion，以及 Flamingo 等視覺語言模型。

最後，第 14 章將彙整目前為止的生成 AI 之旅，現今生成 AI 領域的格局以及未來將邁向何處。我們將探討生成 AI 會如何改變人們的生活和工作方式，並思考它是否有潛力在未來幾年解鎖更深層次的 AI 形式。

第九章

Transformer

本章學習內容如下：

- 了解 GPT 的起源，一個用於文字生成的強大解碼器 Transformer。

- 從概念上了解注意力機制如何模仿人類來更加重視句中某些單字的方式。

- 從基本原理深入了解注意力機制的工作原理，包括如何建立和操作查詢、鍵和值。

- 了解因果遮罩對於文字生成工作的重要性。

- 了解注意力頭可以如何分組成多頭注意力層。

- 了解多頭注意力層如何成為包含了層正規化和捷徑連接的 Transformer 區塊的一部分。

- 建立用於擷取各個標記位置以及單詞標記嵌入的位置編碼。

- 在 Keras 中建立一個 GPT 模型以生成包含在葡萄酒評鑑中的文字。

- 分析 GPT 模型的輸出，包括查詢注意力分數以檢查模型關切的位置。

- 認識不同類型的 Transformer，以及各類型可以處理的工作範例和最著名的最新實作細節。

- 了解如 Google 的 T5 模型等編碼器 / 解碼器架構的工作原理。

- 探討 OpenAI 的 ChatGPT 背後的訓練過程。

第 5 章學習了如何使用 LSTM 和 GRU 等遞歸神經網路（RNN），以針對文字資料建立生成模型。這些自迴歸模型會一次一個標記來依序處理序列資料，不斷更新用於擷取當前輸入潛在表示的隱藏向量。RNN 在設計上可改為在隱藏向量中應用密集層和 softmax 觸發函數來預測序列中的下一個單詞。這曾被公認為文字生成最高明的方式，直到 2017 年的一篇論文永遠改變了文字生成的格局。

簡介

Google Brain 一篇信心滿滿的論文「Attention Is All You Need」[1]，因著打響了注意力這個驅動著大多數最先進的文字生成模型之概念而聞名遐邇。

論文的作者們解釋了如何為序列建模建立一個名為 *Transformer* 的強大神經網路，它不需要複雜的遞歸或卷積架構，只需要注意力機制就好。這個方法克服了 RNN 法的一個主要缺點，也就是難以平行化，因為它必須按照標記來逐一處理序列。Transformer 可高度平行化，使它能夠在大規模的資料集上進行訓練。

本章將深入研究現代文字生成模型如何利用 Transformer 架構在文字生成的挑戰中達到最頂級的性能。特別將探討一種被稱為生成式預訓練變換器（GPT）的自迴歸模型，它驅動著 OpenAI 的 GPT-4 模型，普遍被認為是當前最先進的文字生成技術。

GPT

OpenAI 在 2018 年 6 月於「Improving Language Understanding by Generative Pre-Training」[2] 這篇論文中推出了 GPT，差不多是在最初提出 Transformer 之論文發表的一年後。

在這篇論文中，作者們說明了如何以大量文字資料訓練 Transformer 架構以預測序列中的下一個單詞，並進一步微調特定的下游工作。

GPT 的預訓練過程包括在名為 BookCorpus 的大型文字語料庫（總計 4.5 GB，來自 7,000 本各種類型的未出版書籍之文字）上訓練模型。在預訓練過程中，模型被訓練為在特定前述單詞的前提下預測出序列的下一個單詞。這個過程被稱為語言建模（*language modeling*），用來教導模型理解自然語言的結構和模式。

預訓練完成之後，提供一個較小且特定任務的資料集便可微調 GPT 模型。微調包括了調整模型參數以更適應當前任務，例如，模型可以針對分類、相似度評分或問答等工作進行微調。

此後，OpenAI 不斷改進和擴充 GPT 架構，陸續推出了 GPT-2、GPT-3、GPT-3.5 和 GPT-4 等後續模型。這些模型使用更龐大的資料集訓練且容量也更大，因此可以生成更複雜且連貫的文字。相關的研究和從業人員已廣泛地採用了 GPT 模型，並促進了自然語言處理工作的重大進展。

本章將自行建立一款原始 GPT 模型的變體，用來訓練的資料較少，但使用元件和基本原理都是一樣的。

執行本範例的程式碼

本範例的 Jupyter notebook 程式碼請由本書 Github 取得：

notebooks/09_transformer/01_gpt/gpt.ipynb

此程式碼是根據 Apoorv Nandan 的優質 GPT 教學（*https://oreil.ly/J86pg*）修改而來，這份教學可在 Keras 網站上取得。

葡萄酒評鑑資料集

我們要用 Kaggle 提供的葡萄酒評鑑資料集（*https://oreil.ly/DC9EG*），含有超過 13 萬條葡萄酒評鑑，以及關於葡萄酒的描述和價格等元資料。

執行本書儲存庫中的 Kaggle 資料集下載腳本以下載，如範例 9-1。葡萄酒評鑑和相關的元資料下載後會存放於 */data* 資料夾中。

範例 *9-1　*下載葡萄酒評鑑資料集

```
bash scripts/download_kaggle_data.sh zynicide wine-reviews
```

資料準備的步驟與第 5 章準備 LSTM 輸入資料的步驟完全相同，因此將不再重複細節。步驟如圖 9-1：

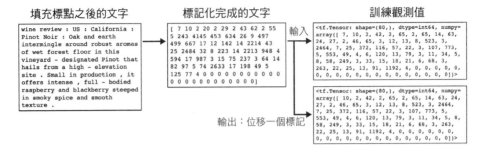

圖 9-1　Transformer 的資料處理

1. 載入資料並建立各葡萄酒的字串描述清單。

2. 用空格填滿標點符號，讓每個標點符號都被視為獨立的單詞。

3. 將字串透過 TextVectorization 層，該層會將字串標記化並填充與剪輯各個字串以滿足固定長度。

4. 建立一個訓練資料集，其中輸入為標記後的文字字串，而要預測的輸出是位移一個標記後的相同字串。

注意力

要了解 GPT 的原理，首先需要理解注意力機制的運作方式。這個機制讓 Transformer 架構獨樹一格，且有別於語言建模的遞歸式方法。在深入了解注意力機制之後，將接著看到它如何被整合在 GPT 等 Transformer 架構中。

當我們在寫作時，句子接下來的單詞選擇會受到已寫下的內容影響。假設你寫了以下句子：

The pink elephant tried to get into the car but it was too

很顯然地，下一個應該是與 *big* 意思相近的單詞。我們是怎麼知道的呢？

句中的某些單詞對於幫助我們做出決定相當重要。例如，由於牠是一隻大象而非樹懶，表示更傾向於 *big* 而非 *slow*。如果寫的是游泳池而不是汽車，那麼我們可能會選擇 *scared* 來取代 *big*。最後，進到（*getting into*）汽車裡這個動作暗示了問題在於大小，如果大象是試著壓扁汽車，那我們可能會選擇 *fast* 作為最後一個單詞，因這時的 *it* 指的是汽車。

句中其他的單詞完全不重要。例如，大象是粉紅色這件事對最後一個單詞的選擇沒有任何影響。同樣地，句中的次要單詞（*the*、*but*、*it* 等）雖然賦予了句子語法結構，但對於決定所需形容詞這件事上並不重要。

換句話說，我們只在意句中的某些單詞，並大幅度地忽略了其他字。要是模型也能做到這一點，不就太好了嗎？

Transformer 中的注意力機制（又稱為注意力頭）正是為了做到這一點。它能夠決定要從輸入的哪個位置來提取訊息，以便有效地抽取有用訊息而不會受到無關細節的干擾。這使得它能夠適應各種情況，因為它可以決定推論時要去哪裡尋找訊息。

相反地，遞歸層會試圖建立一個通用的隱藏狀態來捕捉每個時步裡輸入的整體表示。這種方法的一個弱點是，許多已經合併到隱藏向量中的單詞不會與目前工作直接相關（例如，預測下一個字），正如剛才說明的。注意力頭不會有這個問題，因為它們可以根據上下文來決定如何結合來自附近單詞的訊息。

查詢、鍵和值

那麼，注意力頭是如何決定去哪裡尋找訊息的呢？在深入了解細節之前，先讓我們用更高一層的角度來看看粉紅大象的例子是如何運作的。

現在假設要預測接在單詞 *too* 之後的字。為了完成這項工作，前面的其他單詞提供了意見，但它們的貢獻會根據自己預測接在 *too* 之後單詞之專業性與信心程度來加權。例如，*elephant* 一詞可能對於應該是與尺寸或音量有關的字相當有信心，而 *was* 卻無法提供太多訊息來縮小可能性。

也就是說，我們可以將注意力頭視為一種訊息檢索系統，其中查詢（"接下來的單詞是什麼？"）被轉換為一個鍵／值而儲存起來（句子中的其他單詞語），所生成的輸出則是根據查詢和每個鍵之間的共鳴（*resonance*）加權後的總值。

現在讓我們再次以 *pink elephant* 例句來詳細介紹這個過程（圖 9-2）。

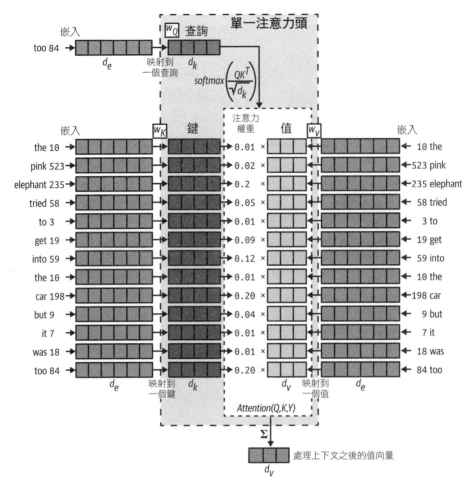

圖 9-2　注意力頭機制

可以將查詢（Q, Query）視為當前要處理的工作表示（例如，too 之後要接什麼？）。在本範例中是由 too 這個單詞的嵌入所導出，做法是將其透過權重矩陣 W_Q 來把向量維度從 d_e 變為 d_k。

鍵向量（K, Key）是句中每個單詞的表示，可以將它們視為每個單詞能夠幫助完成哪種預測工作的細節。它們的導出方式與查詢類似，即透過將各個嵌入透過權重矩陣 W_K 將向量維度從 d_e 改成 d_k。請注意，鍵和查詢的長度是相等的（d_k）。

在注意力頭裡，每個鍵都是用每對向量（QK^T）之間的內積與查詢做比較。這也是為什麼鍵和查詢的長度必須相同。某項鍵 / 查詢對的這項分數越高，該鍵與查詢的共鳴程度也越高，因此也就能對注意力頭的輸出貢獻更多。所求出的向量會再用 $\sqrt{d_k}$ 縮放以保持向量總和的變異數穩定（大致等於 1），並應用 softmax 觸發函數來確保貢獻總和為 1。此為注意力權重的向量之一。

值向量（V, Value）也是句中單詞的表示，可以將它們視為每個單詞未加權的貢獻。計算方法是把各個嵌入透過權重矩陣 W_V，並將每個向量的維度從 d_e 換成 d_v。請注意，值向量的長度不一定要和鍵與查詢的長度相同（但為求精簡通常會一樣長）。

值向量乘以注意力權重就能賦予特定 Q、K 和 V 注意力，如方程式 9-1。

方程式 9-1　注意力方程式

$$Attention(Q, K, V) = softmax\left(\frac{QK^T}{\sqrt{d_k}}\right)V$$

將注意力加總之後來取得長度為 d_v 的向量，這就是注意力頭的最終輸出向量。這個上下文向量（*context vector*）捕捉了句中單詞針對預測 *too* 接下來的單詞之意見總和。

多頭注意力

注意力頭沒有理由只用一個而已啊！我們可以在 Keras 中建立可連接多個注意力頭的 MultiHeadAttention 層，每個注意力頭可以學習不同的注意力機制，好讓整個層能夠學會更複雜的關係。

串接起來的輸出在透過最終的權重矩陣 W_O 後將向量映射到所需的輸出維度，在本書範例中，此輸出維度跟查詢的輸入維度相同（d_e），以便各層可以按順序堆疊在一起。

圖 9-3 說明了 MultiHeadAttention 層的輸出如何建立。在 Keras 中，只需要範例 9-2 裡的程式碼就可以做到。

範例 9-2　在 Keras 建立 MultiHeadAttention 層

```
layers.MultiHeadAttention(
    num_heads = 4, ❶
    key_dim = 128, ❷
    value_dim = 64, ❸
    output_shape = 256 ❹
    )
```

❶　這個多頭注意力層共有四個頭。

❷　鍵（和查詢）是長度為 128 的向量。

❸　值（也就是每個注意力頭的輸出）是長度為 64 的向量。

❹　輸出向量的長度為 256。

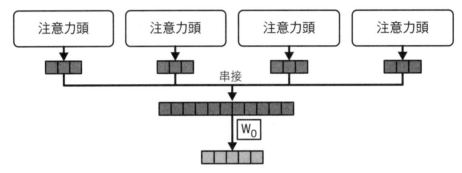

圖 9-3　具有四個頭的多頭注意力層

因果遮罩

目前為止，我們都假設傳遞給注意力頭的查詢輸入為單一向量。但是，為了在訓練期間提高效率，在理想情況下，我們會希望注意力層能夠同時處理輸入中的每個單詞並預測每個單詞的後續是什麼。也就是說，我們希望 GPT 模型能夠同時處理一組查詢向量（也就是一個矩陣）。

你可能會覺得只需要將這些向量組成一個矩陣，然後丟給線性代數處理就好。這樣想沒錯，但還需要多一個步驟：我們需要在查詢／鍵的內積上運用一個遮罩，藉此避免後續單詞透漏訊息。這就是因果遮罩，如圖 9-4。

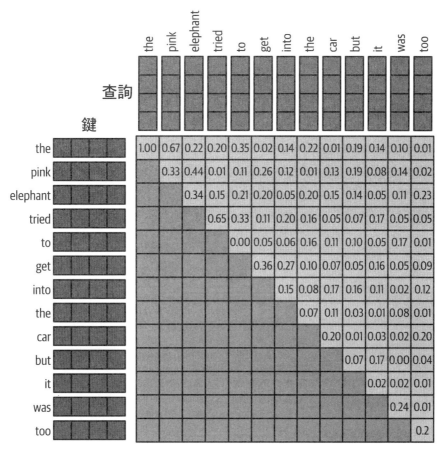

圖 9-4　一組輸入查詢的注意力分數之矩陣計算，使用因果注意力遮罩來隱藏查詢無法使用的鍵（因為它們出現在句子後段）

如果沒有這個遮罩，GPT 模型將完美地猜出句子的下一個單詞，因為它會用單詞本身的鍵作為特徵！建立因果遮罩的程式碼如範例 9-3，產生出的 numpy 陣列（經轉置來對應上圖）如圖 9-5。

範例 9-3　因果遮罩函式

```
def causal_attention_mask(batch_size, n_dest, n_src, dtype):
    i = tf.range(n_dest)[:, None]
    j = tf.range(n_src)
    m = i >= j - n_src + n_dest
    mask = tf.cast(m, dtype)
    mask = tf.reshape(mask, [1, n_dest, n_src])
```

```
    mult = tf.concat(
        [tf.expand_dims(batch_size, -1), tf.constant([1, 1], dtype=tf.int32)], 0
    )
    return tf.tile(mask, mult)

np.transpose(causal_attention_mask(1, 10, 10, dtype = tf.int32)[0])

    array([[1, 1, 1, 1, 1, 1, 1, 1, 1, 1],
           [0, 1, 1, 1, 1, 1, 1, 1, 1, 1],
           [0, 0, 1, 1, 1, 1, 1, 1, 1, 1],
           [0, 0, 0, 1, 1, 1, 1, 1, 1, 1],
           [0, 0, 0, 0, 1, 1, 1, 1, 1, 1],
           [0, 0, 0, 0, 0, 1, 1, 1, 1, 1],
           [0, 0, 0, 0, 0, 0, 1, 1, 1, 1],
           [0, 0, 0, 0, 0, 0, 0, 1, 1, 1],
           [0, 0, 0, 0, 0, 0, 0, 0, 1, 1],
           [0, 0, 0, 0, 0, 0, 0, 0, 0, 1]], dtype=int32)
```

圖 9-5　以 numpy 陣列顯示之因果遮罩，1 為無遮罩，0 為已遮罩

只有 GPT 等解碼器 *Transformer* 才需要因果遮罩，因為它的工作是根據之前的特定標記依序生成標記。因此，在訓練期間必須將後續單詞遮掉。

其他類型的 Transformer（例如編碼器 *Transformer*）因為不是訓練來預測下一個詞，所以不需要因果遮罩。例如，Google 的 BERT 是用來預測特定句子中消失的字，因此它可以利用該單詞的前後文 [3]。

本章的最後會更深入討論不同類型的 Transformer。

關於所有 Transformer 中會有的多頭注意力機制的說明就到這邊結束。令人驚奇的是，這樣一個具有影響力的網路層的可學習參數，不過是由每個注意力頭的三個緊密連接的權重矩陣（ W_Q、W_K、W_V ）和一個用來重塑輸出的權重矩陣（ W_O ）組成。多頭注意力層裡完全沒有卷積或迴歸機制！

接下來先讓我們退一步，以更宏觀角度來看看多頭注意力層如何形成一個更大的元件——*Transformer* 區塊的一部分。

Transformer 區塊

Transformer 區塊為 Transformer 中的一個元件，它會在多頭注意力層周圍應用一些捷徑連接、前饋（密集）層和正規化。圖 9-6 為 Transformer 區塊的示意圖。

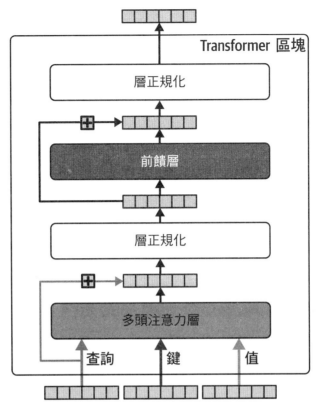

圖 9-6　一個 Transformer 區塊

首先，請注意查詢會先繞過多頭注意力層被加到輸出中──這是一個捷徑連接，在最近的深度學習架構中很常見。這表示我們有辦法建置非常深的神經網路，而不會有梯度消失的困擾，因為捷徑連接提供了一條不影響梯度的快速通道，讓網路能將訊息往前傳遞而不中斷。

其次，Transformer 區塊會使用層正規化來穩定訓練過程。本書先前已介紹過批次正規化層的運作，其中各通道的輸出在正規化後的平均值為 0 而標準差為 1。正規化統計量是根據跨批次和空間維度計算而來。

相反地，Transformer 區塊中的層正規化是透過跨通道算出正規化統計量，好進一步正規化批次中每個序列的各個位置。就正規化統計量的計算方式而言，它與批正規化完全相反。圖 9-7 說明了批正規化和層正規化之間的差異。

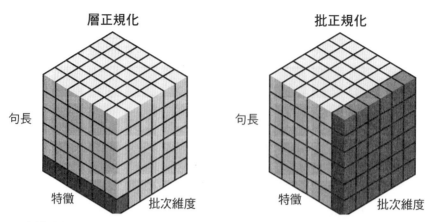

圖 9-7　層正規化與批次正規化的比較──正規化統計於藍色單元間計算而來
（資料來源：Sheng et al., 2020）[4]

層正規化與批次正規化的比較

最初的 GPT 論文使用了層正規化，且經常應用在文字為主的工作中以避免批次中的序列彼此產生正規化依賴性。然而，最近如 Shen 等人的研究挑戰了這個假設，表示只要透過一些調整就能在 Transformer 中使用某種批次正規化，且效能甚至優於傳統的層正規化。

最後，將一組前饋（即密集連接）層加入 Transformer 區塊，讓元件在深入網路時能夠擷取更高層的特徵。

Transformer 區塊於 Keras 的實作如範例 9-4。

範例 9-4　*Keras 中的 TransformerBlock 層*

```
class TransformerBlock(layers.Layer):
    def __init__(self, num_heads, key_dim, embed_dim, ff_dim, dropout_rate=0.1): ❶
        super(TransformerBlock, self).__init__()
        self.num_heads = num_heads
        self.key_dim = key_dim
        self.embed_dim = embed_dim
        self.ff_dim = ff_dim
        self.dropout_rate = dropout_rate
        self.attn = layers.MultiHeadAttention(
            num_heads, key_dim, output_shape = embed_dim
        )
        self.dropout_1 = layers.Dropout(self.dropout_rate)
```

```
            self.ln_1 = layers.LayerNormalization(epsilon=1e-6)
            self.ffn_1 = layers.Dense(self.ff_dim, activation="relu")
            self.ffn_2 = layers.Dense(self.embed_dim)
            self.dropout_2 = layers.Dropout(self.dropout_rate)
            self.ln_2 = layers.LayerNormalization(epsilon=1e-6)

        def call(self, inputs):
            input_shape = tf.shape(inputs)
            batch_size = input_shape[0]
            seq_len = input_shape[1]
            causal_mask = causal_attention_mask(
                batch_size, seq_len, seq_len, tf.bool
            ) ❷
            attention_output, attention_scores = self.attn(
                inputs,
                inputs,
                attention_mask=causal_mask,
                return_attention_scores=True
            ) ❸
            attention_output = self.dropout_1(attention_output)
            out1 = self.ln_1(inputs + attention_output) ❹
            ffn_1 = self.ffn_1(out1) ❺
            ffn_2 = self.ffn_2(ffn_1)
            ffn_output = self.dropout_2(ffn_2)
            return (self.ln_2(out1 + ffn_output), attention_scores) ❻
```

❶ 在初始化函式中定義組成 TransformerBlock 層的子層。

❷ 建立因果遮罩來隱藏查詢裡後續的鍵。

❸ 建立多頭注意力層,並指定注意力遮罩。

❹ 第一個加入並正規化的網路層。

❺ 前饋層。

❻ 第二個加入並正規化的網路層。

位置編碼

在將所有內容結合起來訓練 GPT 模型之前,還有最後一個步驟需要討論。你可能已經注意到在多頭注意力層中,鍵的順序已不是關注重點。每個鍵和查詢之間的內積是同時計算的,不像遞歸神經網路會依序計算。這是一個優點(有賴於平行運算效率的不斷提升),但也是一個問題,因為很顯然地,我們也需要注意力層能夠預測以下兩個句子各自的輸出:

- The dog looked at the boy and ⋯ (barked?)

- The boy looked at the dog and ⋯ (smiled?)

為了解決這個問題，在建立放進初始 Transformer 區塊的輸入時，要使用一種稱為位置編碼的技術。不僅使用標記嵌入來編碼每個標記，還要使用位置嵌入來編碼各個標記的位置。

標記嵌入可透過標準 Embedding 層建立，將各標記轉換成學習向量。我們可以用相同的方式建立位置嵌入，透過標準 Embedding 層將每個整數位置轉換成學習向量。

> 雖然 GPT 是用 Embedding 層來嵌入位置，但原始的 Transformer 論文是用三角函數，在第 11 章探討音樂生成時會討論到這個替代方案。

為了建立共同的標記 / 位置編碼，就必須將標記嵌入加到位置嵌入中，如圖 9-8。這樣一來，序列中每個單詞的涵義和位置用單一個向量便可捕捉。

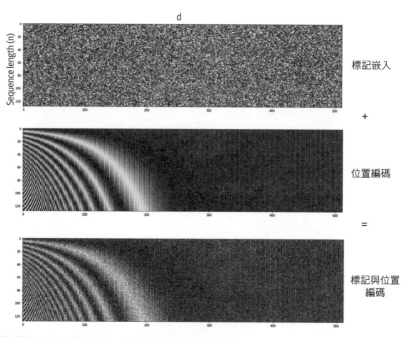

圖 9-8　將標記嵌入加到位置嵌入中以取得標記位置編碼

範例 9-5 為定義 TokenAndPositionEmbedding 層的程式碼。

範例 9-5　*TokenAndPositionEmbedding 層*

```python
class TokenAndPositionEmbedding(layers.Layer):
    def __init__(self, maxlen, vocab_size, embed_dim):
        super(TokenAndPositionEmbedding, self).__init__()
        self.maxlen = maxlen
        self.vocab_size =vocab_size
        self.embed_dim = embed_dim
        self.token_emb = layers.Embedding(
            input_dim=vocab_size, output_dim=embed_dim
        ) ❶
        self.pos_emb = layers.Embedding(input_dim=maxlen, output_dim=embed_dim) ❷

    def call(self, x):
        maxlen = tf.shape(x)[-1]
        positions = tf.range(start=0, limit=maxlen, delta=1)
        positions = self.pos_emb(positions)
        x = self.token_emb(x)
        return x + positions ❸
```

❶ 用 Embedding 層嵌入標記。

❷ 同樣使用 Embedding 層嵌入標記位置。

❸ 該層的輸出為標記和位置嵌入的總和。

訓練 GPT

現在我們準備好建立並訓練 GPT 模型了！為了將所有東西結合在一起，要先將輸入文字透過標記和位置嵌入層，然後再透過 Transformer 區塊。網路的最終輸出會是一個簡單的密集層，針對詞彙中的單詞數量來套用 softmax 觸發函數。

為求簡潔，我們只會用到一個 Transformer 區塊，而非論文中的 12 個。

整體架構如圖 9-9，範例 9-6 為相對應的程式碼。

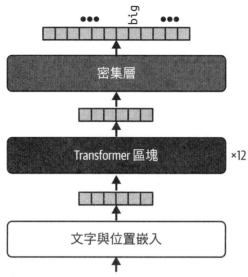

the pink elephant tried to get into the car but it was too

圖 9-9　簡化版 GPT 模型架構

範例 9-6　Keras 中的 GPT 模型

```
MAX_LEN = 80
VOCAB_SIZE = 10000
EMBEDDING_DIM = 256
N_HEADS = 2
KEY_DIM = 256
FEED_FORWARD_DIM = 256

inputs = layers.Input(shape=(None,), dtype=tf.int32) ❶
x = TokenAndPositionEmbedding(MAX_LEN, VOCAB_SIZE, EMBEDDING_DIM)(inputs) ❷
x, attention_scores = TransformerBlock(
    N_HEADS, KEY_DIM, EMBEDDING_DIM, FEED_FORWARD_DIM
)(x) ❸
outputs = layers.Dense(VOCAB_SIZE, activation = 'softmax')(x) ❹
gpt = models.Model(inputs=inputs, outputs=[outputs, attention]) ❺
gpt.compile("adam", loss=[losses.SparseCategoricalCrossentropy(), None]) ❻
gpt.fit(train_ds, epochs=5)
```

❶ 輸入用 0 填滿。

❷ 使用 TokenAndPositionEmbedding 層來編碼文字。

❸ 編碼透過 TransformerBlock。

❹ 轉換後的輸出透過具備 softmax 觸發函數的 Dense 層，用來預測後續單詞的分布。

❺ Model 將一系列的單詞標記作為輸入，並輸出後續單詞分布之預測。來自 Transformer 區塊的輸出也會回傳，讓我們可以檢查模型如何引導注意力。

❻ 於單詞分布預測上使用 SparseCategoricalCrossentropy 損失函數編譯模型。

分析 GPT

GPT 模型已編譯並訓練完成，可以用它來生成長文字串囉。我們也可以查詢從 TransformerBlock 輸出的注意力權重，以了解 Transformer 在生成過程的不同時間點去了哪些地方尋找訊息。

生成文字

請經由以下步驟生成新文字：

1. 將現有單詞序列送進網路並要求預測後續單詞。

2. 將此單詞附加到現有序列並重複動作。

網路會針對每個可以抽樣的單詞輸出一組機率，因此可以隨機地生成文字而非完全確定結果。

我們要用第 5 章介紹過的 LSTM 文字生成 TextGenerator 類別，其中會用到特定抽樣過程確定度的 temperature 參數。來看看兩個不同溫度的實際情況（圖 9-10）。

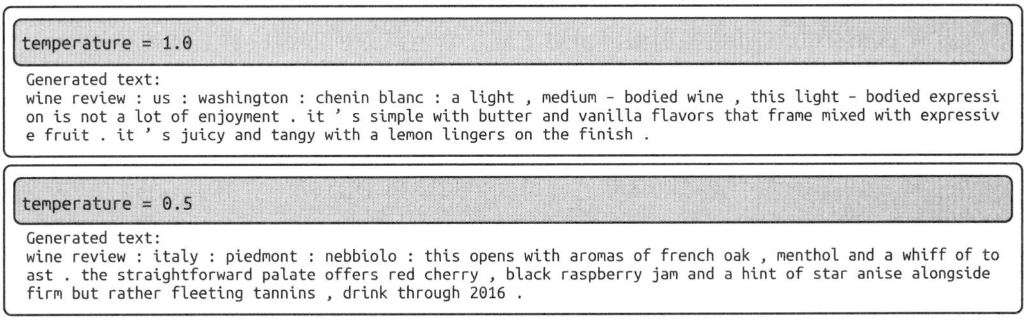

```
temperature = 1.0

Generated text:
wine review : us : washington : chenin blanc : a light , medium - bodied wine , this light - bodied expressi
on is not a lot of enjoyment . it ' s simple with butter and vanilla flavors that frame mixed with expressiv
e fruit . it ' s juicy and tangy with a lemon lingers on the finish .
```

```
temperature = 0.5

Generated text:
wine review : italy : piedmont : nebbiolo : this opens with aromas of french oak , menthol and a whiff of to
ast . the straightforward palate offers red cherry , black raspberry jam and a hint of star anise alongside
firm but rather fleeting tannins , drink through 2016 .
```

圖 9-10　temperature=1.0 和 temperature=0.5 各自生成的輸出

這兩段文字有幾個需要注意的地方。首先，兩者在風格上都很類似於原始訓練集中的某篇葡萄酒評鑑。開頭皆為葡萄酒的產地和種類，且葡萄酒種類在整個段落中皆保持一致（沒有在中途變成不同顏色的酒）。正如第 5 章所述，溫度為 1.0 時生成的文字會比較大膽，因此也較溫度為 0.5 時的範例更不精確。用 1.0 的溫度生成多個樣本因而會帶來更多變化，因為模型是從變異數較大的機率分布中抽樣的。

查看注意力分數

我們也可以要求模型說明在決定句子的後續單詞時，對每個單詞付出了多少注意力。TransformerBlock 會輸出每個注意力頭的權重，也就是句中前導單詞的 softmax 分布。

為了說明這一點，圖 9-11 呈現了在三種不同的輸入提示中，機率最高的前五個標記，以及兩個注意力頭針對每個前導單詞的平均注意力度。前導單詞依注意力分數標記為不同顏色，平均分布於兩個注意力頭上。顏色越深表示對該單詞的注意力越高。

```
wine review : germany :
pfalz:          51.53%
mosel:          41.21%
rheingau:        4.27%
rheinhessen:     2.16%
franken:         0.44%
---------

wine review : germany : rheingau : riesling : this is a ripe , full - bodied
riesling:       46.56%
,:       27.78%
wine:           16.88%
and:     4.58%
yet:     1.33%
---------

wine review : germany : rheingau : riesling : this is a ripe , full - bodied riesling
with a touch of residual sugar . it ' s a slightly
sweet:          94.23%
oily:            1.25%
viscous:         1.09%
bitter:          0.88%
honeyed:         0.66%
---------
```

圖 9-11　不同序列後的單詞機率分布

在第一個範例中，模型密切注意了國家（*germany*）以決定與該地區相關的單詞。這很合理！為了選擇地區，它需要從與該國家有關的單詞取得大量訊息以確保符合。它不需要太關心前兩個標記（*wine review*），因為它們不包含任何有關地區的有用訊息。

在第二個範例中，它需要再次提及葡萄品種（*riesling*），因此會注意到該字第一次被提及的情況。它可以透過直接注意單詞來提取此訊息，無論它在句中的位置有多後面（範圍上限為 80 個單詞）。請注意這與遞歸神經網路非常不同，遞歸網路仰賴隱藏狀態，它會保留整個序列上的全部感興趣訊息以便後續需要時可以提取，這個方法的效率差多了。

最後一個序列說明了 GPT 模型如何根據訊息組合來選擇適當的形容詞。在此，將注意力再次集中在葡萄品種（*riesling*）上，同時也考慮到它含有剩餘糖份的事實。由於 Riesling 通常是甜葡萄酒，且已提到糖份，因此將它形容為有點甜（*slightly sweet*）而非帶泥土香氣（*slightly earthy*）是合理的。

運用這個方式詢問網路以了解它為了準確判斷後續單詞而從哪裡提取訊息，這麼做可以提供我們許多豐富的資訊。強烈建議你嘗試不同輸入提示，看看是否能讓模型注意到非常後面的單字，以證明注意力為基礎的模型比傳統的遞歸模型強大多了！

其他 Transformer 模型

GPT 模型是一種解碼器 *Transformer*，它會根據標記來逐一生成文字字串，並運用因果遮罩只注意字串中的先前單詞。另外還有編碼器 *Transformer*，它不使用因果遮罩，而是觀察整條輸入字串以提取有意義的上下文表示。其他如語言翻譯的工作還可以用編碼器 - 解碼器的 *Transformer* 將一段文字翻譯成另一個語言；這類模型包含了編碼器 Transformer 區塊和解碼器 Transformer 區塊。

表 9-1 整理了三種不同的 Transformer 架構，以及各個架構的典型範例和使用案例。

表 9-1　三種 Transformer 架構

類型	典型範例	使用案例
編碼器	BERT (Google)	句子分類、命名實體辨識和抽取式問答
編碼器-解碼器	T5 (Google)	總結、翻譯和問答
解碼器	GPT-3 (OpenAI)	文字生成

編碼器 Transformer 的代表是 Google 的以 *Transformer* 為架構的雙向編碼器表示技術（BERT, *Bidirectional Encoder Representations from Transformers*）模型（Devlin et al., 2018），它可以根據各層中缺漏單詞的前後文來預測少了什麼。

編碼器 *Transformer*

編碼器 Transformer 通常用於需要完整理解輸入的工作，例如句子分類、命名實體辨識和抽取式問答。它們不適用於文字生成工作，因此本書不會詳加討論，更多訊息請參考 Lewis Tunstall 等人的著作《*Natural Language Processing with Transformers*》O'Reilly 出版）。

後續段落將討論編碼器-解碼器的 Transformer 的工作原理，以及 OpenAI 釋出的原始 GPT 模型架構擴充，包括專為對話應用設計的 ChatGPT。

T5

Google 的 T5 模型是目前使用編碼器-解碼器的結構的 Transformer 代表之一[5]。這個模型將一系列的工作重新建置成一個文字轉文字的框架，包括翻譯、語言可接受性、句子相似度和文件摘要等，如圖 9-12。

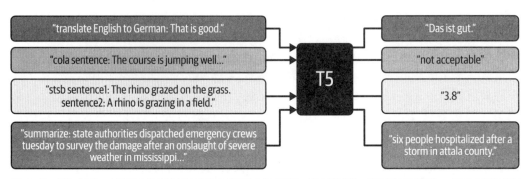

圖 9-12　T5 會將一系列工作重新建置成文字轉文字框架，包括翻譯、語言可接受性、句子相似度和文件摘要等（資料來源：Raffel et al., 2019）

T5 模型架構與原始 Transformer 論文中使用的編碼器-解碼器架構（圖 9-13）非常類似。主要差別在於 T5 模型是用高達 750 GB 的文字語料庫（Colossal Clean Crawled Corpus 或 C4）進行訓練，而原始的 Transformer 論文則只聚焦於翻譯，所以只用了 1.4 GB 的英德語句對照資料庫來訓練。

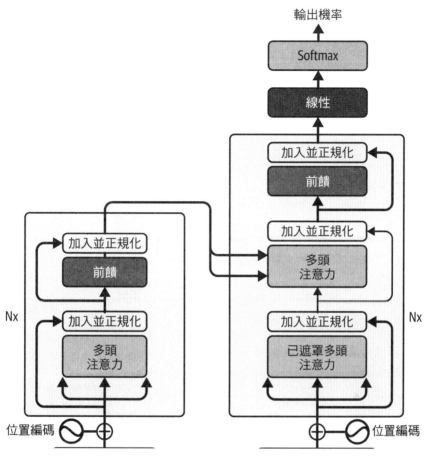

圖 9-13　編碼器-解碼器的 Transformer 模型：灰色方框為 Transformer 區塊
（資料來源：Vaswani et al., 2017）

這張圖大部分的內容應該已經相當熟悉，可以看到 Transformer 區塊被重複使用，並使用位置編碼來捕捉輸入序列順序。這個模型與本章之前建置過的 GPT 模型之間主要存在著兩個差異：

- 左側為一組要為翻譯序列編碼的編碼器 Transformer 區塊。請看到注意力層上沒有因果遮罩。這是因為我們沒有要生成更多文字來擴充要翻譯的序列；我們只是想要學會整條序列的優秀表示以提供給解碼器。因此，編碼器中的注意力層完全不需要遮罩就能捕捉單詞之間的所有交叉依賴關係，而且不論順序為何都必須要做到。

- 右側為一組生成翻譯結果的解碼器 Transformer 區塊。初始注意力層會自我參照（也就是鍵、值跟查詢皆來自同一個輸入），並且使用因果遮罩來確保後續的標記訊息不會洩漏給當前需要預測的單詞。然而，我們接著看到後續的注意力層從編碼器提取了鍵和值，只留下來自解碼器的查詢。這叫做交叉參考注意力，表示解碼器可以注意到要翻譯輸入序列之編碼器表示。這就是解碼器得知譯文需要傳達何種涵義的方式！

圖 9-14 為交叉參考注意力的範例。解碼器層的兩個注意力頭互相合作，為 *the street* 中的 *the* 提供正確的德語翻譯。在德語中，根據單詞的性別有三個不同的定冠詞（*der*、*die*、*das*），Transformer 知道要選擇 *die*，是因為其中一個注意力頭能夠注意到 *street* 一詞（在德語中屬陰性單詞），而另一個注意力頭注意到要翻譯的（*the*）一詞。

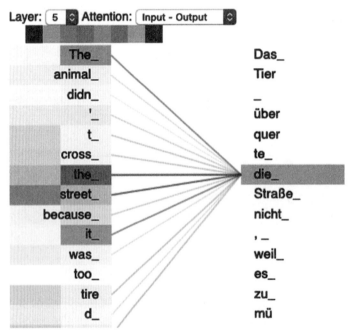

圖 9-14　一個注意力頭注意到單詞「the」，而另一個注意力頭則注意到單詞「street」，以便正確地將「the」翻譯為「die」，即陰性詞「Straße」的定冠詞

本範例來自 Tensor2Tensor 的 GitHub 儲存庫（*https://oreil.ly/84lIA*），其中包含了 Colab 筆記本，讓你可以立即操作訓練好的編碼器-解碼器的 Transformer 模型，以了解編碼器和解碼器的注意力機制如何影響特定語句的德語譯文。

GPT-3 和 GPT-4

自從 2018 年發表了最初的 GPT 以來，OpenAI 已推出了多個改進原始模型的新款，如表 9-2。

表 9-2　OpenAI 的 GPT 模型演進

型號	日期	層數	注意力頭數量	單詞嵌入大小	上下文窗口	參數數量	訓練資料
GPT	2018 年 6 月	12	12	768	512	120,000,000	BookCorpus：來自未出版書籍之文字，共約 4.5 GB
GPT-2	2019 年 2 月	48	48	1,600	1,024	1,500,000,000	WebText：來自 Reddit 網站對外連結之文字，共約 40 GB
GPT-3	2020 年 5 月	96	96	12,888	2,048	175,000,000,000	CommonCrawl, WebText, 英文版維基百科, 圖書語料庫與其他，共約 570 GB
GPT-4	2023 年 3 月	-	-	-	-	-	-

GPT-3 的模型架構與最初的 GPT 模型很類似，只是它更大且使用的訓練資料更多。本書撰寫時，GPT-4 仍處於有限測試階段，OpenAI 尚未公開發布該模型的結構和大小等詳細訊息，不過我們已經知道它可以接受圖像輸入，首次跨入多模態模型領域。GPT-3 和 GPT-4 的模型權重並非開源，但可以透過商用工具和 API 取得（*https://platform.openai.com*）。

GPT-3 也可以根據你自己的訓練資料微調（*https://oreil.ly/B-Koo*），透過實際更新網路權重，讓你可以提供多個範例讓模型知道針對特定風格之提示應做出哪種回應。不過多數情況下其實不需要這麼做，因為只要在提示中提供一些範例，就能讓 GPT-3 了解針對指定風格應做出哪些回應（即小樣本學習）。微調的好處是你不需要在每個輸入提示中提供範例，長遠來看可以節省成本。

圖 9-15 為 GPT-3 根據特定提示語句的輸出範例。

Write me a short story about a unicorn who defeats an evil dragon.

Luna was out for a leisurely stroll through the forest when she heard a loud, ferocious roar. She immediately knew it was a dragon and ran as fast as she could in the opposite direction.

As she ran, she could feel the dragon's hot breath on her back and knew she wouldn't be able to outrun it for long. She had to think of a plan, and fast.

Just as the dragon was about to snatch her up in its teeth, Luna turned around and stabbed it in the eye with her horn. The dragon screeched in pain and flew into a rage, but Luna was ready for it.

She dodged its fire breath and claws until she finally had an opportunity to strike. She impaled the dragon with her horn and it fell to the ground with a thud, dead.

Luna breathed a sigh of relief and trotted away, knowing that she had saved the forest from the evil dragon.

圖 9-15 GPT-3 擴充特定系統提示之範例

GPT 等語言模型大大地受益於規模效應（也就是越大越好），無論是在模型權重數量還是資料集大小上皆然。大型語言模型的效能還看不到天花板，研究人員將持續突破日益龐大的模型和資料集的極限。

ChatGPT

在 GPT-4 測試版發布的幾個月前，OpenAI 推出了 *ChatGPT*（*https://chat.openai.com*），一款供使用者藉由對話介面與其大型語言模型組互動的工具。最初於 2022 年 11 月發布的版本是由 *GPT-3.5* 支援，此版本的模型比 GPT-3 更強大，並已針對對話式應答做過微調。

圖 9-16 為對話範例。請注意代理已有能力保留輸入之間的狀態，知道第二個問題提到的 *attention* 是指 Transformers 中的注意力機制，而非人類的注意能力。

What is a Transformer model and how is it used in generative deep learning? Can you give a short ~100 word summary?

 A Transformer model is a type of deep learning model used in natural language processing tasks such as language translation and text generation. It utilizes an attention mechanism to enable the model to focus on different parts of the input sequence during processing, allowing it to capture long-range dependencies and better model context.

In generative deep learning, a Transformer model can be used as a language model to generate new text that is similar to the input data it was trained on. This can be achieved by using the model's output at each time step as input to the next time step, and sampling from the output probability distribution to generate the next word in the sequence. With sufficient training data and appropriate tuning of hyperparameters, Transformer models can produce high-quality, coherent text that is indistinguishable from text written by humans.

 What's attention? Reply in the form of a limerick.

 Attention's a powerful tool
For deep learning models to rule
It lets them decide
Which parts to abide
And focus on features that are cool

 If a Transformer were an animal, what would it be and why?

If a Transformer were an animal, it would likely be a chameleon.

Like a Transformer, a chameleon has the ability to adapt and change its appearance to blend in with its environment, allowing it to be more effective in different situations. Similarly, a Transformer model can adapt its attention to focus on different parts of input sequences based on the specific task it is performing, allowing it to excel at a wide range of natural language processing tasks.

In addition, both chameleons and Transformers have a reputation for being able to "blend in" seamlessly with their surroundings, making them difficult to detect. In the case of Transformers, this is often because the generated text is so coherent and similar to human-written text that it can be difficult to distinguish between the two.

圖 9-16　ChatGPT 針對 Transformers 之回答

在本書撰寫時，尚未見到官方論文詳細描述 ChatGPT 的運作方式，但從一篇官方部落格文章（*https://openai.com/blog/chatgpt*）可以得知他們使用了一種稱為人類回饋強化學習（*RLHF*）的技術來微調 GPT-3.5 模型。ChatGPT 小組早期的一篇論文也使用了這個技術[6]，該論文介紹了 *InstructGPT* 模型，一款經過微調的 GPT-3 模型，專門設計用來更精準地遵循書面指示。

ChatGPT 的訓練過程如下：

1. 監督式微調：收集由人類編寫的對話輸入（提示）和所需輸出範例的資料集，使用監督式學習來微調基礎語言模型（GPT-3.5）。

2. 獎勵模型：給予人工標記者提示範例和幾個模型輸出的樣本，請他們依好壞列出排名。訓練一個可根據對話紀錄來預測各個輸出得分的獎勵模型。

3. 強化學習：將對話視為一個強化學習環境，策略為初始化成步驟 1 中微調後的基礎語言模型。在特定當前狀態（對話紀錄）下，策略會輸出一個行動（一系列的標記），並由步驟 2 訓練的獎勵模型評分。接著便可透過調整語言模型的權重來訓練強化學習演算法（近端策略最佳化，PPO）。

強化學習

第 12 章就會談到強化學習，屆時我們將探討如何在強化學習環境中使用生成模型。

RLHF 過程如圖 9-17。

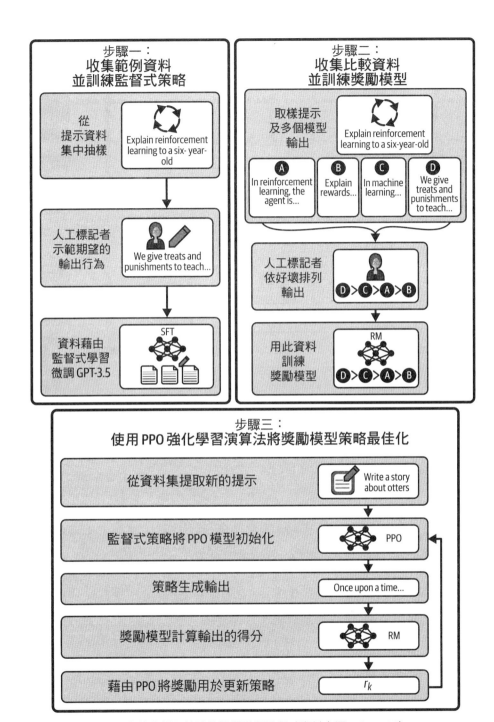

圖 9-17　用於 ChatGPT 中的人類回饋強化學習微調過程（資料來源：OpenAI）

儘管 ChatGPT 仍然存在許多限制（例如有時會「幻想」出錯誤的訊息），但仍是一個呈現了如何利用 Transformers 生成模型的絕佳典範，這些模型能夠生成複雜、範圍廣泛又新穎的輸出，與人類所寫的文字幾乎難以區分。像 ChatGPT 這樣的模型迄今取得的進展足以證明 AI 的潛力以及它為世界帶來的革命性影響。

此外，AI 所驅動的通訊和互動方式未來勢必將更快速地發展。*Visual ChatGPT* [7] 等專案正在將 ChatGPT 的語言能力與 Stable Diffusion 等視覺基礎模型結合在一起，讓使用者不僅可以透過文字，也可以透過圖像與 ChatGPT 互動。像 Visual ChatGPT 和 GPT-4 等專案中語言和視覺功能的融合也預告著人機互動的新時代。

總結

本章探討了 Transformer 的模型架構並建立了一款 GPT，即最先進的文字生成模型。

GPT 利用了名為注意力的機制，因而不再需要使用 LSTM 等這類遞歸層。它的工作原理類似於訊息檢索系統，利用查詢、鍵和值來決定要從每個輸入標記提取多少資訊。

可以組合數個注意力頭形成所謂的多頭注意力層，然後將它們整合到具備層正規化和在注意力層周圍的捷徑連接之 Transformer 區塊中。將 Transformer 區塊堆疊起來便可建立出非常深層的神經網路。

因果遮罩是用來確保 GPT 不會將來自下游標記的訊息洩漏給當前的預測。此外，還使用了一種叫做位置編碼技術以確保輸入序列的順序不會亂掉，而是會與傳統的單詞嵌入一起包含在輸入中。

在分析 GPT 的輸出時，我們看到它不僅可以生成新的文字段落，還可以查詢網路的注意力層以了解它從句中的哪個部分收集訊息來改善預測。GPT 可以在不丟失訊號的情況下存取距離較遠的資訊，因為注意力分數是平行計算的，不像遞歸網路必須仰賴於網路依序傳遞的隱藏狀態。

我們也介紹了 Transformer 的三種不同類型（編碼器、解碼器和編碼器-解碼器的）以及各自可以處理的工作。最後探討了其他大型語言模型如 Google 的 T5 和 OpenAI 的 ChatGPT 之結構和訓練過程。

參考文獻

1. Ashish Vaswani et al., "Attention Is All You Need," June 12, 2017, *https://arxiv.org/abs/1706.03762*.

2. Alec Radford et al., "Improving Language Understanding by Generative Pre-Training," June 11, 2018, *https://openai.com/research/language-unsupervised*.

3. Jacob Devlin et al., "BERT: Pre-Training of Deep Bidirectional Transformers for Language Understanding," October 11, 2018, *https://arxiv.org/abs/1810.04805*.

4. Sheng Shen et al., "PowerNorm: Rethinking Batch Normalization in Transformers," June 28, 2020, *https://arxiv.org/abs/2003.07845*.

5. Colin Raffel et al., "Exploring the Limits of Transfer Learning with a Unified Text-to-Text Transformer," October 23, 2019, *https://arxiv.org/abs/1910.10683*.

6. Long Ouyang et al., "Training Language Models to Follow Instructions with Human Feedback," March 4, 2022, *https://arxiv.org/abs/2203.02155*.

7. Chenfei Wu et al., "Visual ChatGPT: Talking, Drawing and Editing with Visual Foundation Models," March 8, 2023, *https://arxiv.org/abs/2303.04671*.

第十章

進階 GAN

本章目標

本章學習內容如下：

- 了解 ProGAN 模型如何以漸進方式來訓練 GAN，藉此生成高解析度圖像。

- 了解 ProGAN 如何被改良成 StyleGAN，一款高性能的圖像合成 GAN。

- 了解 StyleGAN 如何被調整為 StyleGAN2，一款可以進一步改善原始作品的超強生成模型。

- 了解這些模型的關鍵貢獻，包括漸進式訓練、自適應實例正規化、權重調變 / 解調變以及路徑長度正則化。

- 認識將注意力機制融入 GAN 框架中的自注意力生成對抗網路（SAGAN）架構。

- 了解 BigGAN 如何延伸 SAGAN 論文構想來生成高品質圖像。

- 了解 VQ-GAN 如何用編碼簿將圖像編碼成可透過 Transformer 建模的離散標記序列。

- 了解 ViT VQ-GAN 如何改良 VQ-GAN 架構以在編碼器和解碼器中使用 Transformer 而非卷積層。

第 4 章介紹了生成式對抗網路（GAN）這款生成模型，在各種圖像生成工作中取得了最先進的成果。其模型架構和訓練過程的靈活度讓學術人員和深度學習從業人員能夠找出設計和訓練 GAN 的新方法，從而產生了許多本章將討論的不同進階版本。

簡介

若要詳細解釋 GAN 所有的發展及其影響，這份量輕鬆就能寫完一本書！GitHub 的 GAN Zoo 儲存庫（*https://oreil.ly/Oy6bR*）裡整理了超過 500 篇附帶論文連結的 GAN 範例，從 ABC-GAN 到 ZipNet-GAN 應有盡有！

本章將介紹在該領域中最具影響力的 GAN，並詳細解釋各個 GAN 的模型架構和訓練過程。

首先將探討 NVIDIA 突破圖像生成極限的三個重要模型：ProGAN、StyleGAN 和 StyleGAN2。我們將仔細分析各個模型來了解支撐這些架構的基本概念，以及它們如何根據先前論文的觀點來進一步發展。

我們也會探討另外兩個合併了注意力機制的重要 GAN 架構：自注意力生成對抗網路（SAGAN）和建立於 SAGAN 論文中許多構想之上的 BigGAN。我們已經在第 9 章的 Transformer 中見識到了注意力機制的強大威力。

最後將介紹 VQ-GAN 和 ViT VQ-GAN，它們結合了變分自動編碼器、Transformer 和 GAN 的構想。VQ-GAN 是 Muse 這套 Google 最先進的文字轉圖像生成模型的關鍵組成[1]。第 13 章將詳細地討論多模態模型。

> **自行訓練模型**
>
> 為求簡潔，我決定不把建立這些模型的程式碼納入本書的 Github 儲存庫中，而是盡可能地提供公開可用的實作，讓你可以自行訓練。

ProGAN

ProGAN 是 NVIDIA 實驗室於 2017 年開發的一項技術[2]，目的是改善 GAN 訓練的速度和穩定性。ProGAN 論文建議，不要立即用完整解析度的圖像訓練 GAN，而是先用如 4 × 4 像素等低解析度圖像訓練生成器和鑑別器，然後在訓練過程中逐步疊加圖層來提高解析度。

讓我們進一步說明漸進式訓練的概念。

自行訓練 *ProGAN*

Paperspace 部落格上有一篇由 Bharath K 編寫的優秀教學，其中說明如
何用 Keras 訓練 ProGAN（*https://oreil.ly/b2CJm*）。請注意，若要訓練出
可以重現論文結果的 ProGAN 會需要大量算力。

漸進式訓練

GAN 必須建立兩個獨立的網路：生成器和鑑別器，並讓它們在訓練過程中爭奪主導權。

一般 GAN 的生成器永遠會輸出完整解析度的圖像，即便是在早期訓練階段也一樣。若
你覺得這並非最佳策略，很合理——在訓練的早期階段，生成器可能會因為立即要在複
雜的高解析度圖像上執行，導致學習高階結構的速度變得超慢。先訓練一個輕量級 GAN
來輸出準確的低解析度圖像，再來看是否能夠逐漸提高解析度，這樣不是更好嗎？

這個簡單的想法帶出了漸進式訓練，也就是 ProGAN 論文的關鍵貢獻之一。ProGAN 會
分階段訓練，從用插值法壓縮到 4 × 4 像素的圖像訓練資料集開始，如圖 10-1。

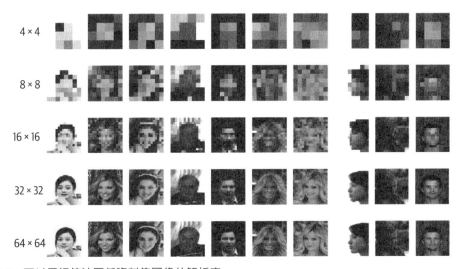

圖 10-1　可以用插值法壓低資料集圖像的解析度

接著，先訓練生成器將潛在輸入雜訊向量 z（假設長度為 512）轉換為 4 × 4 × 3 的圖
像。對應的鑑別器則需要將大小為 4 × 4 × 3 的圖像輸入轉換成單一純量預測。第一步的
網路架構如圖 10-2。

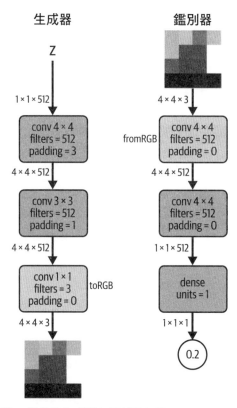

圖 10-2　ProGAN 訓練過程第一階段的生成器和鑑別器架構

生成器中的藍色框為將特徵圖轉換為 RGB 圖像（toRGB）的卷積層，而鑑別器中的藍色框則是將 RGB 圖像轉換成特徵圖（fromRGB）的卷積層。

該論文作者的做法是訓練這兩個網路，直到鑑別器看過 80 萬張真實圖像為止。現在，我們需要了解如何擴充生成器和鑑別器來處理 8 × 8 像素的圖像。

為了擴充生成器和鑑別器，會需要混合額外的圖層。分成兩個階段處理：過渡和穩定，如圖 10-3。

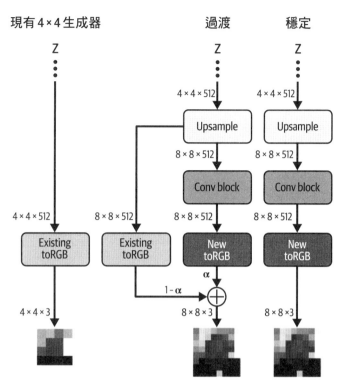

圖 10-3　ProGAN 生成器的訓練過程，將網路從 4 x 4 擴充到 8 x 8（虛線表示網路的其餘省略部分）

先來看生成器。在過渡階段，新的上抽樣和卷積層被加到現有網路並設置殘差連接來維持現有訓練好的 toRGB 層輸出。最重要的是，新網路層在整個過渡階段會先用從 0 逐漸增加到 1 的參數 α 遮罩，讓更多新的 toRGB 輸出可以透過，減少現有的 toRGB 層輸出的透過量。這是為了避免新層後續在接手時對網路造成衝擊。

最終，舊 toRGB 層不再有輸出透過，網路進入穩定階段——即下一個訓練階段，網路可以開始微調輸出，不再有輸出透過舊的 toRGB 層。

鑑別器也使用類似的訓練過程,如圖 10-4。

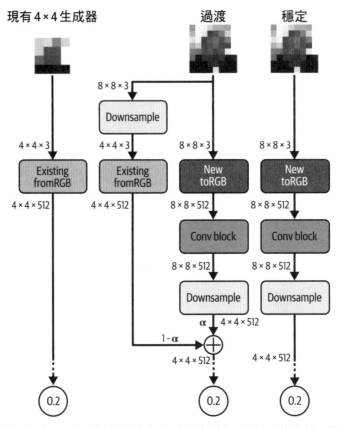

圖 10-4　ProGAN 鑑別器的訓練過程,將網路從 4 x 4 擴充到 8 x 8(虛線表示網路的其餘省略部分)

在此會需要混入額外的下抽樣和卷積層。這些層再次被插入網路,但這次是在網路的一開始,緊接在圖像輸入之後。現有的 `fromRGB` 層會透過殘差連接來串接,並隨著新層在過渡階段逐漸接管而被淘汰。穩定階段讓鑑別器可以使用新層進行微調。

所有過渡和穩定階段會持續到鑑別器看過 80 萬張真實圖片為止。請注意,雖然是漸進式的訓練網路,但沒有任何一層被凍結。在整個訓練過程中,所有層都是在可訓練的狀態。

這個過程繼續進行，逐漸將 GAN 從 4 × 4 像素擴充到 8 × 8，然後是 16 × 16、32 × 32，直到達到完整解析度（1,024 × 1,024），如圖 10-5。

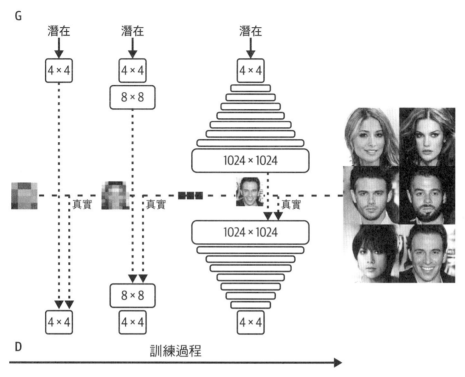

圖 10-5　ProGAN 的訓練機制和一些臉部圖像生成範例（資料來源：Karras et al., 2017）

整套漸進式訓練過程完成後，生成器和鑑別器的整體結構如圖 10-6。

Generator	Act.	Output shape				Params
Latent vector	–	512 ×	1	×	1	–
Conv 4 × 4	LReLU	512 ×	4	×	4	4.2M
Conv 3 × 3	LReLU	512 ×	4	×	4	2.4M
Upsample	–	512 ×	8	×	8	–
Conv 3 × 3	LReLU	512 ×	8	×	8	2.4M
Conv 3 × 3	LReLU	512 ×	8	×	8	2.4M
Upsample	–	512 ×	16	×	16	–
Conv 3 × 3	LReLU	512 ×	16	×	16	2.4M
Conv 3 × 3	LReLU	512 ×	16	×	16	2.4M
Upsample	–	512 ×	32	×	32	–
Conv 3 × 3	LReLU	512 ×	32	×	32	2.4M
Conv 3 × 3	LReLU	512 ×	32	×	32	2.4M
Upsample	–	512 ×	64	×	64	–
Conv 3 × 3	LReLU	256 ×	64	×	64	1.2M
Conv 3 × 3	LReLU	256 ×	64	×	64	590k
Upsample	–	256 ×	128	×	128	–
Conv 3 × 3	LReLU	128 ×	128	×	128	295k
Conv 3 × 3	LReLU	128 ×	128	×	128	148k
Upsample	–	128 ×	256	×	256	–
Conv 3 × 3	LReLU	64 ×	256	×	256	74k
Conv 3 × 3	LReLU	64 ×	256	×	256	37k
Upsample	–	64 ×	512	×	512	–
Conv 3 × 3	LReLU	32 ×	512	×	512	18k
Conv 3 × 3	LReLU	32 ×	512	×	512	9.2k
Upsample	–	32 ×	1024	×	1024	–
Conv 3 × 3	LReLU	16 ×	1024	×	1024	4.6k
Conv 3 × 3	LReLU	16 ×	1024	×	1024	2.3k
Conv 1 × 1	linear	3 ×	1024	×	1024	51
Total trainable parameters						23.1M

Discriminator	Act.	Output shape				Params
Input image	–	3 ×	1024	×	1024	–
Conv 1 × 1	LReLU	16 ×	1024	×	1024	64
Conv 3 × 3	LReLU	16 ×	1024	×	1024	2.3k
Conv 3 × 3	LReLU	32 ×	1024	×	1024	4.6k
Downsample	–	32 ×	512	×	512	–
Conv 3 × 3	LReLU	32 ×	512	×	512	9.2k
Conv 3 × 3	LReLU	64 ×	512	×	512	18k
Downsample	–	64 ×	256	×	256	–
Conv 3 × 3	LReLU	64 ×	256	×	256	37k
Conv 3 × 3	LReLU	128 ×	256	×	256	74k
Downsample	–	128 ×	128	×	128	–
Conv 3 × 3	LReLU	128 ×	128	×	128	148k
Conv 3 × 3	LReLU	256 ×	128	×	128	295k
Downsample	–	256 ×	64	×	64	–
Conv 3 × 3	LReLU	256 ×	64	×	64	590k
Conv 3 × 3	LReLU	512 ×	64	×	64	1.2M
Downsample	–	512 ×	32	×	32	–
Conv 3 × 3	LReLU	512 ×	32	×	32	2.4M
Conv 3 × 3	LReLU	512 ×	32	×	32	2.4M
Downsample	–	512 ×	16	×	16	–
Conv 3 × 3	LReLU	512 ×	16	×	16	2.4M
Conv 3 × 3	LReLU	512 ×	16	×	16	2.4M
Downsample	–	512 ×	8	×	8	–
Conv 3 × 3	LReLU	512 ×	8	×	8	2.4M
Conv 3 × 3	LReLU	512 ×	8	×	8	2.4M
Downsample	–	512 ×	4	×	4	–
Minibatch stddev	–	513 ×	4	×	4	–
Conv 3 × 3	LReLU	512 ×	4	×	4	2.4M
Conv 4 × 4	LReLU	512 ×	1	×	1	4.2M
Fully-connected	linear	1 ×	1	×	1	513
Total trainable parameters						23.1M

圖 10-6　可生成 1,024 x 1,024 像素的 CelebA 臉部圖像的 ProGAN 生成器和鑑別器架構
　　　　（資料來源：Karras et al., 2018）

該論文還提出了一些其他的重要貢獻，如小批標準差、平衡學習率和逐像素正規化，接下來將簡單說明這些概念。

小批標準差

小批標準差層是鑑別器額外附加的網路層，它會附加特徵值的標準差，平均所有像素和小批後作為一個附加特徵（常數）。這有助於確保生成器的輸出更多樣化，如果小批中的差異不大，那麼標準差就會比較小，而鑑別器就可以用此特徵來區分各批的真假！生成器也會因此被刺激去產生與真實訓練資料差不多程度的變化。

平衡學習率

ProGAN 中所有密集和卷積層都會用到平衡學習率。通常，神經網路中的權重會用 *He 初始化* 等方法來初始化，它是一種高斯分布，其標準差會按照與該層輸入數的平方根之反比縮放。這樣一來，輸入數較多的層會用與零偏差較小的權重來初始化，一般狀況下都可以提高訓練過程的穩定性。

但 ProGAN 論文的作者發現，這款模型如果與目前的最佳化器如 Adam 或 RMSProp 一起使用的話就會出現問題。這些方法會正規化各個權重的梯度更新，讓更新程度與權重規模（幅度）彼此脫鉤。然而，這表示動態範圍較大的權重（即輸入數較少的層）需要的調整時間會比動態範圍較小的權重（即輸入數較多的層）來得更久。這會導致 ProGAN 生成器和鑑別器不同層之間的訓練速度失衡，因此要用平衡學習率來解決這個問題。

在 ProGAN 中，無論層的輸入數量有多少，權重都是透過簡單的標準高斯初始化。正規化的應用是動態的，作為該層呼叫的一部分而不僅是在初始化時使用。這樣一來，最佳化器會認為每個權重都有類似的動態範圍，因而使用相同的學習率。只有在呼叫該層時，權重才會根據 He 初始化器中的因子來縮放。

逐像素正規化

最後，在 ProGAN 中，生成器用的會是逐像素正規化而非批正規化。這會讓每個像素中的特徵向量正規化為單位長度，有助於防止訊號在傳遞中失控。逐像素正規化層沒有可訓練的權重。

輸出

除了 CelebA 資料集，ProGAN 也被應用在大規模場景理解（LSUN）資料集，並取得了優異的成果，如圖 10-7。這證明了 ProGAN 比早期的 GAN 更強大，並為未來的新版如 StyleGAN 和 StyleGAN2 打好了基礎，下一段將進一步討論這些版本。

| POTTEDPLANT | HORSE | SOFA | BUS | CHURCHOUTDOOR | BICYCLE | TVMONITOR |

圖 10-7　用 256 x 256 解析度之 LSUN 資料集進行漸進式訓練後的 ProGAN 生成圖像範例
（資料來源：Karras et al., 2017）

StyleGAN

StyleGAN [3] 是一款發表於 2018 年的 GAN 架構，奠基於 ProGAN 論文的早期想法之上，
其中鑑別器是一模一樣的，只有生成器做了修改。

在訓練 GAN 時，一般來說很難分離出潛在空間中與高階特徵對應的向量——它們常常
糾纏在一起，這代表了如果為了讓臉上多一點雀斑而調整了潛在空間中的圖像，往往
會意外地改變了背景顏色。雖然 ProGAN 可以生成極為逼真的圖像，但也無法倖免於
這個常規。理想的情況是要能夠完全掌握圖像風格，而這需要在潛在空間中把特徵解離
出來。

StyleGAN 透過在不同地方將風格向量明確注入網路來實現這一點：有些控制高階特徵
（例如臉部方向），有些則控制低階細節（例如瀏海垂落在前額的樣子）。

StyleGAN 生成器的整體架構如圖 10-8。讓我們從映射網路開始逐一了解這個架構。

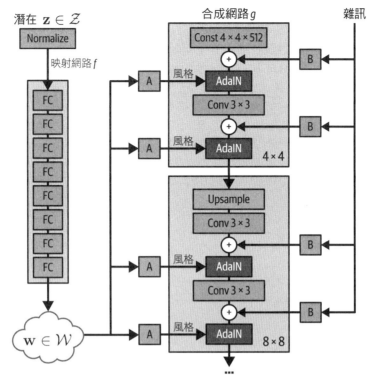

圖 10-8　StyleGAN 生成器架構（資料來源：Karras et al., 2018）

自行訓練 *StyleGAN*

Keras 上有一篇由 Soon-Yau Cheong 編寫的優秀教學，教你如何用 Keras 訓練 StyleGAN（*https://oreil.ly/MooSe*）。請注意，若要訓練出可以重現論文結果的 StyleGAN 會需要大量算力。

映射網路

映射網路 f 是一個簡單的前饋神經網路，會將輸入雜訊 $\mathbf{z} \in \mathcal{Z}$ 轉換為不同的潛在空間 $\mathbf{w} \in \mathcal{W}$。這讓生成器有機會將雜訊輸入向量解離為不同的變化因子，好讓下游的風格生成層可以輕鬆地取用。

這樣做是為了將選擇圖像風格（映射網路）的過程與生成具有特定風格圖像的過程（合成網路）彼此區隔開來。

合成網路

合成網路是可根據由映射網路提供之特定風格的實際圖像的生成器。如圖 10-8，風格向量 **w** 在不同點被注入到合成網路中，每次都透過不同的密集連接層 A_i 並產生兩個向量：偏差向量 $\mathbf{y}_{b,i}$ 和縮放向量 $\mathbf{y}_{s,i}$。這些向量定義了此時應注入網路的特定風格，也就是說，它們會告訴合成網路如何調整特徵圖讓所生成的圖像往指定風格移動。

這種調整是透過自適應實例正規化（AdaIN）層來實現。

自適應實例正規化（AdaIN）

AdaIN 層是一種神經網路層，分別使用參考風格偏差 $\mathbf{y}_{b,i}$ 和縮放 $\mathbf{y}_{s,i}$ 來調整每個特徵圖 $\mathbf{x}_i$ 的平均值和變異數[4]。兩個向量的長度都和合成網路中的前一個卷積層輸出通道數量相同。自適應實例正規化的方程式如下：

$$\text{AdaIN}(\mathbf{x}_i, \mathbf{y}) = \mathbf{y}_{s,i} \frac{\mathbf{x}_i - \mu(\mathbf{x}_i)}{\sigma(\mathbf{x}_i)} + \mathbf{y}_{b,i}$$

自適應實例正規化層藉由防止任何風格資訊在層與層之間洩漏來確保注入到每個層中的風格向量只會對該層特徵造成影響。作者指出這會讓潛在向量 **w** 比原始 **z** 向量更加解離。

由於合成網路的基礎是 ProGAN 架構，因此它是漸進訓練的。合成網路中較早期的層（當圖像解析度還是最低的 4×4、8×8 的）的風格向量所影響的特徵會比更後期的層（64×64 到 $1,024 \times 1,024$ 像素解析度）所影響的特徵更為粗略。這表示我們不僅可以透過潛在向量 **w** 完全控制生成圖像，還可以在合成網路的不同點切換 **w** 向量，藉此在不同程度上改變風格細節。

風格混合

該論文的作者使用了一種稱為風格混合（*style mixing*）的技巧，以確保生成器在訓練期間無法利用相鄰風格之間的相關性（也就是盡可能地解離在每一層注入的風格）。它不會僅僅抽樣單一潛在向量 **z**，而是對應兩個風格向量 $(\mathbf{w}_1, \mathbf{w}_2)$ 來抽樣兩個潛在向量 $(\mathbf{z}_1, \mathbf{z}_2)$。然後在每一層隨機選擇 $(\mathbf{w}_1$ 或 $\mathbf{w}_2)$，藉此打破向量間任何可能的相關性。

隨機變異

合成器網路會在每次卷積後加入雜訊（雜訊會透過一個學習完成的廣播層 B）來描述隨機細節，像是頭髮的位置或背景。同樣地，雜訊的注入深度攸關圖像受影響的程度。

這也表示合成網路的初始輸入可以只是一個經學習而來的常數而非額外雜訊。風格和雜訊輸入中的隨機性已足以生成十分多樣化的圖像。

StyleGAN 的輸出

圖 10-9 為 StyleGAN 的實作。

圖 10-9　在不同細節程度上合併兩個生成圖像之風格（資料來源：Karras et al., 2018）

這裡有兩個圖像，來源 A 和來源 B，分別由兩個不同的 **w** 向量生成。為生成合併圖像，來源 A 的 **w** 向量會透過合成網路並在某個時間點切換成來源 B 的 **w** 向量。如果切換發生得太早（於 4×4 或 8×8 解析度），那麼來源 B 的粗略風格如姿勢、臉型和眼鏡等將傳遞到來源 A。然而，如果切換發生得太晚，那麼只有來源 B 的細節如膚色和面部細微結構會傳到來源 A，並保留來源 A 的粗略特徵。

StyleGAN2

這一系列重要 GAN 論文的最後一個貢獻是 StyleGAN2 [5]。它建立在 StyleGAN 架構上並做了一些關鍵改良讓生成輸出的品質更好。尤其，StyleGAN2 比較不會有 StyleGAN 的自適應實例正規化層引起的偽影（圖像中的水滴狀區域）問題，如圖 10-10。

圖 10-10　StyleGAN 生成的人臉圖像中的偽影（資料來源：Karras et al., 2019）

StyleGAN2 的生成器和鑑別器都與 StyleGAN 不同。接下來將探討這些架構之間的主要差異。

自行訓練 StyleGAN2

請從本書 GitHub 取得使用 TensorFlow 訓練 StyleGAN 的官方程式碼（*https://oreil.ly/alB6w*）。請注意，若要訓練出可以重現論文結果的 StyleGAN2 會需要大量算力。

權重調變和解調變

移除生成器中的 AdaIN 層再用權重調變和解調變取代,這樣就能解決偽影問題,如圖 10-11。**w** 為卷積層的權重,StyleGAN2 執行時由調變和解調變步驟直接更新,而 StyleGAN 的 AdaIN 層則是在圖像張量透過網路時執行。

StyleGAN 中的 AdaIN 層只是一個接著風格調變(縮放和偏差)的實例正規化。StyleGAN2 的概念是在執行時將風格調變和正規化(解調變)直接應用在卷積層的權重上而非其輸出,如圖 10-11。作者展示了如何消除偽影問題,同時保持對圖像風格的控制。

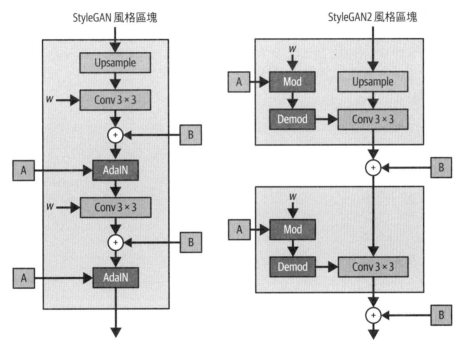

圖 10-11　StyleGAN 和 StyleGAN2 風格區塊之比較

在 StyleGAN2 中,每個密集層 A 會輸出一個單一風格向量 s_i,其中 i 索引對應到卷積層的輸入通道數量。接著將該風格向量應用於卷積層的權重,如下:

$$w'_{i,j,k} = s_i \cdot w_{i,j,k}$$

在此公式中,j 負責去索引該層的輸出通道,而 k 則是空間維度。這是該過程的調變步驟。

接著要正規化權重讓它再次具有單位標準差來確保訓練過程的穩定性。這是解調變步驟：

$$w''_{i,j,k} = \frac{w'_{i,j,k}}{\sqrt{\Sigma_{i,k} {w'_{i,j,k}}^2 + \varepsilon}}$$

此處的 ϵ 是一個微小常數值，防止被除數為零。

在論文中，作者展示了這個簡單改良如何有效防止水滴偽影，同時透過風格向量維持了對生成圖像的控制，確保輸出的品質優異。

路徑長度正則化

另一個對 StyleGAN 架構做的改變是在損失函數中納入了一個額外的懲罰條件，也就是路徑長度正則化。

我們希望潛在空間盡可能地平滑均勻，這樣潛在空間中固定大小的步長無論方向為何都會在圖像中產生固定規模的變化。

為了鼓勵這種特性，StyleGAN2 把以下項目與一般帶有梯度懲罰的 Wasserstein 損失最小化作為目標：

$$\mathbb{E}_{w,y}\left(\parallel \mathbf{J}_w^\top y \parallel_2 - a \right)^2$$

在此公式中，w 為由映射網路建立的一組風格向量，y 是一組取自 $\mathcal{N}(0, \mathbf{I})$ 的雜訊圖像，而 $\mathbf{J}_w = \frac{\partial g}{\partial w}$ 則是生成器網路相對於風格向量的雅可比矩陣。

$\parallel \mathbf{J}_w^\top y \parallel_2$ 項會測量經過雅可比矩陣給出的梯度轉換後的圖像大小。我們希望它接近常數 a，隨著訓練的進行就能動態算出該值作為 $\parallel \mathbf{J}_w^\top y \parallel_2$ 的指數移動平均線。

作者發現，此額外項使探索潛在空間更加可靠且一致。此外，為了提高效率，損失函數中的正則化項只會每 16 個小批應用一次。這種稱為懶惰正則化的技術不會導致效能大幅度下降。

無漸進增長

StyleGAN2 另一個重大更新是它的訓練方式。與常用的漸進式訓練機制不同，StyleGAN2 利用生成器中的捷徑連接和鑑別器中的殘差連接來訓練整個網路。它不再需要在訓練過程中獨立訓練不同解析度再將它們混合在一起。

圖 10-12 為 StyleGAN2 的生成器和鑑別器區塊。

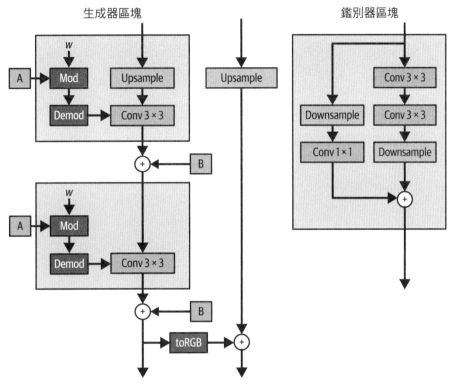

圖 10-12　StyleGAN2 的生成器和鑑別器區塊

我們想要保留的關鍵特性是，StyleGAN2 會從學習低解析度特徵開始，並隨著訓練的進展逐漸完善輸出這件事。而作者證明了這種架構的確可以保留此特性。每個網路都能受益於在早期訓練階段精進較低解析度層中的卷積權重，而用於將輸出傳遞到較高解析度層的捷徑和殘差連接則幾乎不受影響。隨著訓練不斷進行，高解析度層開始佔據主導地位，因為生成器發現了更多高明的方法來提高圖像的真實程度以騙過鑑別器。過程如圖 10-13。

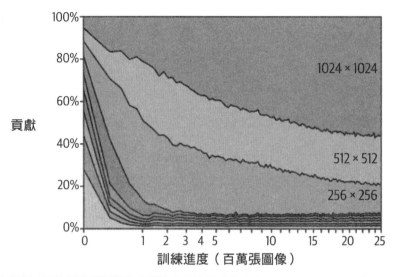

圖 10-13　各解析度層依訓練時間對生成器輸出的貢獻（修改自 Karras et al., 2019）

StyleGAN2 的輸出

圖 10-14 為 StyleGAN2 輸出的一些範例。根據評估網站 Papers with Code（*https://oreil. ly/VwH2r*），StyleGAN2 架構（與其擴充變形版如 StyleGAN-XL[6]）迄今為止仍是用 Flickr-Faces-HQ（FFHQ）和 CIFAR-10 等資料集來生成圖像的最佳技術。

圖 10-14　使用 FFHQ 人臉資料集和 LSUN 汽車資料集的 StyleGAN2 之未經整理輸出
　　　　　（資料來源：Karras et al., 2019）

其他重要的 GAN

本段將探討另外兩個在 GAN 發展上做出重大貢獻的架構——SAGAN 和 BigGAN。

自注意力生成對抗網路（SAGAN）

自注意力生成對抗網路（SAGAN）[7] 是 GAN 的一項重要發展，因為它證實了驅動如 Transformer 等序列模型的注意力機制也可以被融入基於 GAN 的圖像生成模型中。圖 10-15 是提出此架構之論文中的自注意力機制。

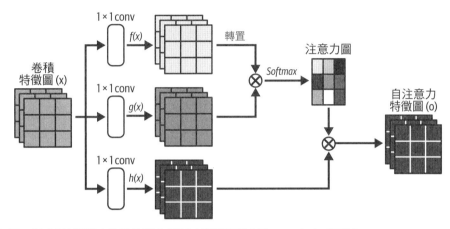

圖 10-15　SAGAN 模型中的自注意力機制（資料來源：Zhang et al., 2018）

不具備注意力機制的 GAN 基礎模型的問題在於，卷積特徵圖只能在本地處理訊息。將像素資訊從圖像的一側接到另一側需要多個能夠同時縮小圖像並增加通道數量的卷積層。為了捕捉高階特徵，精確的位置資訊會在過程中逐漸丟失，使得模型對於相隔較遠像素之間的長距離依賴關係的學習效率不佳。SAGAN 透過將本章之前討論過的注意力機制融入 GAN 中來解決這個問題。導入後的效果如圖 10-16。

圖 10-16　SAGAN 生成的一幅鳥類圖片（最左圖）、以及用於被三個彩色點覆蓋之像素的最終注意力基礎生成器層的注意力圖（最右圖）（資料來源：Zhang et al., 2018）

紅點是鳥身體一部分的像素，因此注意力自然會集中在四周的身體部位上。綠點是背景的一部分，在此注意力實際上落在鳥頭部的另一側，也就是其他背景像素上。藍點是鳥尾巴的一部分，所以注意力集中在其他尾巴像素上，其中一些距離藍點較遠。如果沒有注意力機制，很難保持像素的長距離依賴關係，特別是對圖中的細長結構來說（如本範例中的鳥尾）。

自行訓練 SAGAN

請從本書 GitHub 取得用 TensorFlow 訓練 SAGAN 的官方程式碼（ *https://oreil.ly/rvej0* ）。請注意，若要訓練出可以重現論文結果的 SAGAN 會需要大量算力。

BigGAN

DeepMind 延伸 SAGAN 論文中的概念開發出了 BigGAN[8]。圖 10-17 為 BigGAN 用 128×128 解析度的 ImageNet 資料集訓練出來的圖像。

圖 10-17　BigGAN 生成的圖像範例（資料來源：Brock et al., 2018）

除了對基本 SAGAN 模型做了一些修改外，該論文還提出了幾項創新讓模型的精密度更上一層樓。其中一項就是截斷技巧，也就是用於抽樣的潛在分布不再是訓練期間使用的 $z \sim \mathcal{N}(0, \mathbf{I})$ 分布。具體來說，抽樣期間使用的分布是一個被截斷的常態分布（重新抽樣幅度大於特定閾值的 z 值）。截斷閾值越小，生成樣本的可信度越高，但代價是變化程度也越低。這個概念如圖 10-18。

圖 10-18　截斷技巧：從左至右，閾值為 2、1、0.5 和 0.04（資料來源：Brock et al., 2018）

此外，顧名思義，BigGAN 之所以被視為 SAGAN 的改良版，部分原因在於它比 SAGAN 更大。BigGAN 的批大小為 2,048，是 SAGAN 的 256 批的 8 倍，且每層的通道大小也多了 50%。然而，BigGAN 還證明了 SAGAN 可藉由包含共享嵌入、正交正則化以及將潛在向量 z 納入生成器的每一層中而不僅是初始層來改善結構。

有關 BigGAN 導入創新的詳細敘述，請參閱原始論文與相關示範材料（*https://oreil.ly/vPn8T*）。

使用 *BigGAN*

TensorFlow 網站提供了使用預訓練 BigGAN 的圖像生成教學（*https://oreil.ly/YLbLb*）。

VQ-GAN

向量量化生成對抗網路（VQ-GAN）是另一個在 2020 年發表的重要 GAN 類型[9]。這個模型架構立足於 2017 年「Neural Discrete Representation Learning」[10] 論文提出的一個想法，其中指出 VAE 學習的特徵可以是離散的，不需要連續。這個新模型被稱為向量量化 VAE（VQ-VAE），已證實可以生成高品質圖像，同時避免了傳統連續潛在空間 VAE 常見的一些問題，例如後驗崩潰（學習後的潛在空間由於解碼器變得太強而導致無法提供訊息）。

OpenAI 於 2021 年推出了第一版文字轉圖像模型 DALL.E（請見第 13 章），其中就運用了具有離散潛在空間的 VAE，類似 VQ-VAE。

所謂離散潛在空間是指一張學習向量列表（編碼簿），每個向量都有對應的索引。VQ-VAE 中的編碼器負責將輸入圖像拆解成較小的向量網格，好跟編碼簿比對。最接近每個網格向量的編碼簿向量（根據歐氏距離）會被往前傳遞給解碼器來解碼，如圖 10-19。編碼簿是一張長度為 d（嵌入大小）的學習向量列表，與編碼器的輸出通道數和解碼器的輸入通道數相同。例如，e_1 為解釋成背景的向量。

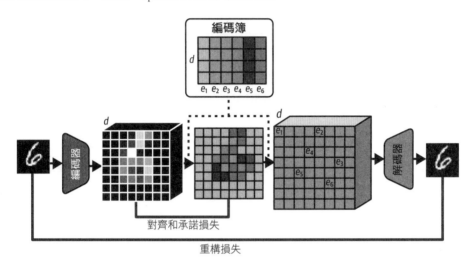

圖 10-19　VQ-VAE 示意圖

編碼簿可視為一組由編碼器和解碼器共享的學習離散概念，以描述特定圖像內容。VQ-VAE 必須找到讓這一組離散概念盡可能提供訊息的方法，好讓編碼器可以精準地為每個網格標記出對於解碼器有意義的特定程式碼向量。因此，VQ-VAE 的損失函數是加入了對齊和承諾損失這兩項的重構損失，以確保編碼器的輸出向量得以盡量接近編碼簿的向量。這些項取代了典型 VAE 中的編碼分布和標準高斯先驗之間的 KL 散度項。

然而，這個架構帶來了一個問題——要如何抽樣新的程式碼網格並傳遞給解碼器生成新的圖像呢？很顯然地，先驗概率行不通（每個網格皆以相同機率選擇程式碼）。舉例來說，MNIST 資料集中，左上角的網格極有可能被編碼為背景，而靠近圖像中心的網格則較無可能。為了解決這個問題，作者用了另一個模型，也就是自迴歸 PixelCNN（請見第 5 章），根據先前的程式碼向量來預測網格中的下一個程式碼向量。換句話說，先驗是模型學習來的，而非像普通 VAE 是靜態的。

自行訓練 *VQ-VAE*

Keras 上有一篇由 Sayak Paul 編寫的優秀教學，教你如何用 Keras 訓練 VQ-VAE（*https://oreil.ly/dmcb4*）。

VQ-GAN 的論文詳細介紹了 VQ-VAE 架構的幾個關鍵變更，如圖 10-20。

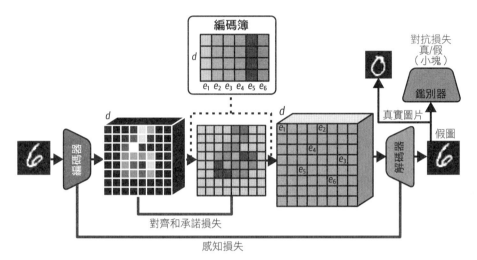

圖 10-20　VQ-GAN 示意圖：GAN 鑑別器有助於鼓勵 VAE 透過額外的對抗損失項來生成更清晰的圖像

首先，顧名思義，作者加入了一個試圖區分 VAE 解碼器輸出與真實圖片的 GAN 鑑別器，還有損失函數中的對抗項目。眾所周知，GAN 生成的圖像比 VAE 更清晰，因此這項新增有助於提高整體圖像品質。請注意，儘管名稱中有「GAN」，VQ-GAN 模型仍含有 VAE，GAN 鑑別器是 VAE 的附加元件而非替代品。將 VAE 與 GAN 鑑別器相結合的構想（即 VAE-GAN）最早是由 Larsen 等人在 2015 年所提出[11]。

再來，GAN 鑑別器會預測圖像中一小塊的真偽，而非一次判斷整張圖像。這個構想（*PatchGAN*）被應用在由 Isola 等人於 2016 年推出的 *pix2pix* 圖像轉圖像這個超厲害模型中[12]，並且也成功作為另一款圖像轉圖像風格轉換模型 *CycleGAN*[13] 的一部分。PatchGAN 鑑別器會輸出一個預測向量（針對每一小塊），而非針對整個圖像的單一預測。使用 PatchGAN 鑑別器的好處在於損失函數可以衡量鑑別器之於圖像風格而非內容的區分能力。由於鑑別器預測的每個單獨元素都是根據圖像的一小塊，它需要用該區塊的風格而非內容來做出決定。這個做法很有用，因為我們知道 VAE 生成圖像的風格會比真實圖像模糊，因此 PatchGAN 鑑別器可以激勵 VAE 解碼器生成比原本更清晰的圖像。

第三，VQ-GAN 不會使用單一 MSE 重構損失來比較輸入圖像像素與 VAE 解碼器的輸出像素，而是使用感知損失項來計算編碼器中間層與相對應的解碼器層的特徵圖之間的差異。這個想法來自 Hou 等人於 2016 年的一篇論文 [14]，該論文證明了損失函數的這項改變可以讓生成圖像更加逼真。

最後，VQ-GAN 用 Transformer 取代了 PixelCNN 作為模型的自迴歸部分，並訓練來生成一段程式碼。VQ-GAN 訓練完畢後，Transformer 才會單獨進行訓練。作者沒有採用以完全自迴歸的方式來運用先前的所有標記，而只有使用落在要預測的標記周圍之滑動窗中的標記。這確保了模型能夠適用到更大的圖像，因為這會需要更大的潛在網格大小好讓 Transformer 生成更多標記。

ViT VQ-GAN

VQ-GAN 的最後一項延伸是在 2021 年由 Yu 等人於「Vector-Quantized Image Modeling with Improved VQGAN」論文中提出 [15]。作者在此論文中說明了如何用 Transformer 取代 VQ-GAN 的卷積編碼器和解碼器，如圖 10-21。

作者用了 *Vision Transformer*（ViT）作為編碼器 [16]。ViT 是一種神經網路架構，將原本設計用於處理自然語言的 Transformer 模型應用在圖像資料上。不同於使用卷積層從圖像提取特徵，ViT 會將圖像分成一連串的小塊，並將它們標記化後作為輸入來送入編碼器 Transformer。

具體來說，在 ViT VQ-GAN 中，非重疊輸入區塊（大小為 8 × 8）會先被扁平化，然後映射到加了位置嵌入的低維度嵌入空間。接著，該序列被送入標準編碼器 Transformer，並根據已學習的編碼簿將所得嵌入量化。這些整數編碼接著由解碼器 Transformer 模型處理，整體輸出為一連串可以拼在一起來形成原始圖像的區塊。整個編碼器／解碼器模型會被視為自動編碼器來進行端對端訓練。

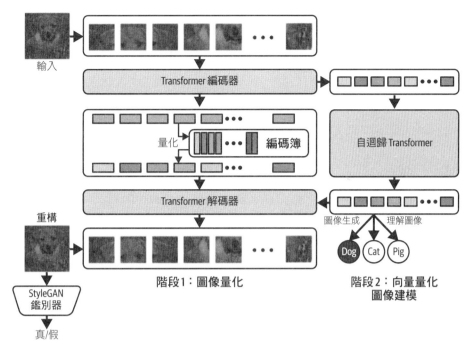

圖 10-21　ViT VQ-GAN 示意圖：GAN 鑑別器有助於鼓勵 VAE 透過額外的對抗損失項來生成更清晰的圖像（資料來源：Yu and Koh, 2022）[17]

與原始的 VQ-GAN 模型一樣，訓練的第二階段包括使用自迴歸解碼器 Transformer 生成程式碼序列。因此，除了 GAN 鑑別器和學習編碼簿之外，ViT VQ-GAN 中總共有三個 Transformer。圖 10-22 為論文使用 ViT VQ-GAN 生成的圖像範例。

圖 10-22　使用 ImageNet 訓練的 ViT VQ-GAN 生成之圖像範例（資料來源：Yu et al., 2021）

總結

本章回顧了自 2017 年以來一些最重要且深具影響力的 GAN 論文，其中特別討論了 ProGAN、StyleGAN、StyleGAN2、SAGAN、BigGAN、VQ-GAN 和 ViT VQ-GAN。

我們首先探討了 2017 年 ProGAN 論文初次提出的漸進式訓練概念。2018 年的 StyleGAN 論文推出了一些關鍵變更，讓模型更能夠控制圖像輸出，例如用於建立特定風格向量的映射網路，以及允許在不同解析度注入風格的合成網路。最後，StyleGAN2 用權重調變和解調變步驟代替了 StyleGAN 的自適應實例正規化，以及其他如路徑正則化等額外改良。該論文還解釋了如何在無須漸進訓練網路的情況下保留我們想要的逐步精緻化解析度的特性。

隨著 SAGAN 於 2018 年問世，我們看到了注意力的概念如何被融入 GAN 中。這讓網路可以捕捉到長距離依賴關係，例如圖像兩側的相似背景顏色，而無須依賴深度卷積圖將訊息散佈到圖像的空間維度上。BigGAN 為此概念的延伸，它做出了一些重要變更，並訓練了一個更大的網路來進一步提高圖像品質。

在 VQ-GAN 論文中，作者展現了如何將幾種不同類型的生成模型結合在一起以取得強大的效果。以引進具離散潛在空間的 VAE 概念之原始 VQ-VAE 論文為基礎，VQ-GAN 還加入了一個鑑別器來鼓勵 VAE 藉由額外的對抗損失項來生成更清晰的圖像。使用自迴歸 Transformer 建立一個新的編碼標記序列，再由 VAE 解碼器解碼來生成新圖像。ViT VQ-GAN 論文更進一步延伸了這個構想，用 Transformer 取代了 VQ-GAN 的卷積編碼器和解碼器。

參考文獻

1. Huiwen Chang et al., "Muse: Text-to-Image Generation via Masked Generative Transformers," January 2, 2023, *https://arxiv.org/abs/2301.00704*.

2. Tero Karras et al., "Progressive Growing of GANs for Improved Quality, Stability, and Variation," October 27, 2017, *https://arxiv.org/abs/1710.10196*.

3. Tero Karras et al., "A Style-Based Generator Architecture for Generative Adversarial Networks," December 12, 2018, *https://arxiv.org/abs/1812.04948*.

4. Xun Huang and Serge Belongie, "Arbitrary Style Transfer in Real-Time with Adaptive Instance Normalization," March 20, 2017, *https://arxiv.org/abs/1703.06868*.

5. Tero Karras et al., "Analyzing and Improving the Image Quality of StyleGAN," December 3, 2019, *https://arxiv.org/abs/1912.04958*.

6. Axel Sauer et al., "StyleGAN-XL: Scaling StyleGAN to Large Diverse Datasets," February 1, 2022, *https://arxiv.org/abs/2202.00273v2*.

7. Han Zhang et al., "Self-Attention Generative Adversarial Networks," May 21, 2018, *https://arxiv.org/abs/1805.08318*.

8. Andrew Brock et al., "Large Scale GAN Training for High Fidelity Natural Image Synthesis," September 28, 2018, *https://arxiv.org/abs/1809.11096*.

9. Patrick Esser et al., "Taming Transformers for High-Resolution Image Synthesis," December 17, 2020, *https://arxiv.org/abs/2012.09841*.

10. Aaron van den Oord et al., "Neural Discrete Representation Learning," November 2, 2017, *https://arxiv.org/abs/1711.00937v2*.

11. Anders Boesen Lindbo Larsen et al., "Autoencoding Beyond Pixels Using a Learned Similarity Metric," December 31, 2015, *https://arxiv.org/abs/1512.09300*.

12. Phillip Isola et al., "Image-to-Image Translation with Conditional Adversarial Networks," November 21, 2016, *https://arxiv.org/abs/1611.07004v3*.

13. Jun-Yan Zhu et al., "Unpaired Image-to-Image Translation using Cycle-Consistent Adversarial Networks," March 30, 2017, *https://arxiv.org/abs/1703.10593*.

14. Xianxu Hou et al., "Deep Feature Consistent Variational Autoencoder," October 2, 2016, *https://arxiv.org/abs/1610.00291*.

15. Jiahui Yu et al., "Vector-Quantized Image Modeling with Improved VQGAN," October 9, 2021, *https://arxiv.org/abs/2110.04627*.

16. Alexey Dosovitskiy et al., "An Image Is Worth 16x16 Words: Transformers for Image Recognition at Scale," October 22, 2020, *https://arxiv.org/abs/2010.11929v2*.

17. Jiahui Yu and Jing Yu Koh, "Vector-Quantized Image Modeling with Improved VQGAN," May 18, 2022, *https://ai.googleblog.com/2022/05/vector-quantized-image-modeling-with.html*.

第十一章

音樂生成

本章目標

本章學習內容如下：

- 了解如何將音樂生成視為序列預測問題，以應用 Transformer 這類自迴歸模型。

- 了解如何使用 music21 套件解析和標記化 MIDI 檔來建立訓練資料集。

- 學習使用正弦位置編碼。

- 使用多個處理音符和音長的輸入及輸出訓練音樂生成 Transformer。

- 了解如何處理複音音樂，包括網格標記和事件型標記。

- 訓練 MuseGAN 模型來生成多軌音樂。

- 使用 MuseGAN 調整生成小節的各種屬性。

音樂創作是一個複雜且富含創意的過程，涉及結合不同的音樂元素，如旋律、和聲、節奏和音色等。長久以來它被視為人類獨有的行為，但近期技術的飛快發展已使得生成既悅耳又具長期結構的音樂變得可能。

Transformer 是最受歡迎的音樂生成技術之一，因為音樂可以被視為序列預測問題。這些模型被改良成可以透過將音符視為一系列的標記（類似於語句中的單詞）來生成音樂。Transformer 模型會根據先前音符來預測序列的下一個音符，從而生成一段音樂。

另一方面，MuseGAN 採用了完全不同的方式來生成音樂。與逐一生成音符的 Transformers 不同，MuseGAN 透過將音樂視為由音高軸和時間軸組成的圖像來生成整篇樂曲。此外，MuseGAN 還將不同的音樂元素組成如和弦、風格、旋律和節奏分開以便獨立控制。

本章將學習如何處理音樂資料，並用 Transformer 和 MuseGAN 來生成與特定訓練資料集類似風格的音樂。

簡介

對一台能夠創作出悅耳音樂的機器來說，它必須掌握許多第 9 章介紹過的文字相關技術挑戰，特別是必須能夠學習並重建音樂的序列結構，並從離散的機率集合中選出後續音符。

然而，音樂生成還有著文字生成所沒有的其他挑戰，也就是音高和節奏。音樂通常為多聲部的，即同時有多種樂器在演奏一連串的音符，它們結合在一起形成不和諧（衝突）或和諧的和聲。文字生成只需要處理單一文字流，這與音樂中同時並進的多個和弦流相反。

此外，文字生成允許一次只處理一個單詞。不同於文字資料，音樂如同緊密交織在一起的聲音所組成的布幔，而且還不一定會同時彈奏，欣賞音樂的樂趣往往在於整段演奏不同節奏之間的互動。例如，吉他手可能會在鍵盤手持續演奏一段較長和弦的同時彈奏一連串綿密快速的音符。因此，逐音符生成音樂非常複雜，因為通常不希望所有樂器同時做出改變。

本章將從簡化問題開始，將重點放在如何生成單線（單聲道）音樂。第 9 章用於文字生成的許多技術也可以應用在音樂生成，因為兩者之間有許多共同之處。我們將從訓練 Transformer 生成類似巴哈無伴奏大提琴組曲風格的音樂開始，了解注意力機制如何讓模型專注於前述音符來決定最適合的後續音符。接著將處理複音音樂生成任務，探索如何基於 GAN 架構來創作多聲部音樂。

音樂生成的 Transformer 模型

在此要建立一個解碼器 Transformer，靈感來自 OpenAI 的 *MuseNet*（*https://oreil.ly/OaCDY*），該模型同樣利用了一個解碼器 Transformer（類似 GPT-3），被訓練來預測指定定音符序列的後續音符。

在音樂生成工作中，序列 *N* 的長度會隨著音樂的進展而變長，這代表每個注意力頭的 *N* × *N* 注意力矩陣的儲存和計算成本也將變得昂貴。在理想的情況下不會把輸入序列剪成少量標記，因為我們希望模型能夠掌握長期結構來建立作品，如同人類作曲家會重複幾分鐘前的主題和樂句。

為了解決這個問題，MuseNet 使用了一種稱為 *Sparse Transformer*（*https://oreil.ly/euQiL*）的 Transformer 變體。注意力矩陣中的每個輸出位置只需要計算輸入位置子集的權重，從而降低了訓練模型所需的運算複雜性和記憶體需求。因此 MuseNet 可以全神貫注多達 4,096 個標記，並學會多種風格的長期結構和旋律結構（請參考 OpenAI 在 SoundCloud 上的蕭邦（*https://oreil.ly/cmwsO*）和莫札特（*https://oreil.ly/-T-Je*）錄音作品）。

要了解幾個小節前的音符對於樂句延續的影響，請先看一下巴哈第一號無伴奏大提琴組曲的開頭（圖 11-1）。

圖 11-1　巴哈第一號無伴奏大提琴組曲的開頭（前奏曲）

小節

小節（*bar/measure*）是包含了固定且少量拍數、並由貫穿五線譜的垂直線標示的音樂單位。如果在一段音樂可以數出 1、2、1、2，表示每小節有兩拍且很可能是進行曲。如果節拍是 1、2、3、1、2、3，那麼每小節有三拍且可能是華爾滋。

接下來該是哪個音呢？即使沒有學過音樂應該還是可以猜到。如果你的答案是 G（與這首曲子的第一個音相同），那就猜對了。你是怎麼知道的呢？你可能看到每個小節和半節都是以相同音符開始，並用此訊息做出了判斷。我們希望模型能做到同樣的事，例如在演奏到前一個低音 G 時，模型能夠注意到前半小節中的特定音符。像 Transformer 這種以注意力為基礎的模型就能夠納入長期回顧機制，不必像遞歸神經網路那樣需要在多個小節間維持隱藏狀態。

任何嘗試處理音樂生成工作的人都必須先對音樂理論有基本的了解。下一節將介紹閱讀樂譜時所需的基本知識，以及如何用數字表示樂譜，好將音樂轉換成訓練 Transformer 所需的輸入資料。

執行本範例的程式碼

本範例的 Jupyter notebook 程式碼請由本書 Github 取得：

notebooks/11_music/01_transformer/transformer.ipynb

巴哈大提琴組曲資料集

我們要用的原始資料集是一組巴哈大提琴組曲的 MIDI 檔。請執行本書 GitHub 儲存庫中的資料集下載腳本來下載，如範例 11-1。MIDI 檔下載後會存放在 */data* 資料夾中。

範例 *11-1　下載巴哈大提琴組曲資料集*

```
bash scripts/download_music_data.sh
```

你還需要樂譜生成軟體來檢視並聆聽模型生成的音樂。MuseScore（*https://musescore.org*）是很好用的工具，還可以免費下載。

解析 MIDI 檔

我們要用 music21 這套 Python 函式庫來載入並處理 MIDI 檔。範例 11-2 示範了如何載入 MIDI 檔，並將它以樂譜與結構化資料來呈現（圖 11-2）。

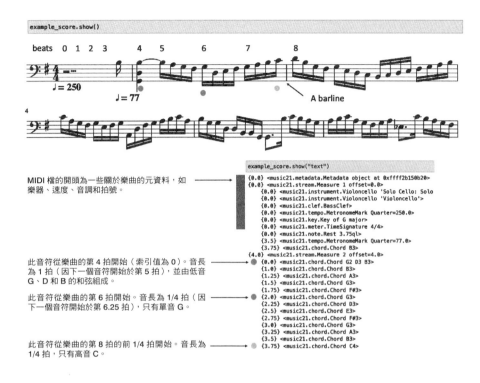

圖 11-2　樂譜

範例 11-2　匯入 MIDI 檔

```
import music21

file = "/app/data/bach-cello/cs1-2all.mid"
example_score = music21.converter.parse(file).chordify()
```

八度音階

音符名稱後面的數字表示該音符所在的八度音階位置。由於音符名稱（A 到 G）會重複，所以需要用數字標出音高。例如，G2 比 G3 低了八度。

現在是將樂譜轉換為更接近文字內容的時候了！首先遍歷每個樂譜，並將樂曲中每個元素的音符和音長提取至兩個不同的字串，元素之間以空格分隔。將樂曲的音調和拍號編碼為零音長的特殊符號。

單音與複音音樂

第一個範例會先將音樂視為單音（單聲道），只提取和弦的最高音。有時候，我們會希望將不同樂聲分開處理來生成本質上為複音的音樂。這將帶來本章之後會談到的其他挑戰。

此過程的輸出如圖 11-3，請與圖 11-2 比較來觀察原始音樂資料如何轉換為兩條字串。

```
Notes string
 START G:major 4/4TS rest B3 B3 B3 A3 G3 F#3 G3 D3 E3 F#3 G
3 A3 B3 C4 D4 B3 G3 F#3 G3 E3 D3 C3 B2 C3 D3 E3 F#3 G3 A3 B
3 C4 A3 G3 F#3 G3 E3 F#3 G3 A2 D3 F#3 G3 A3 B3 C4 A3 B3 ...

Duration string
 0.0 0.0 0.0 3.75 0.25 1.0 0.25 0.25 0.25 0.25 0.25 0.25 0.
25 0.25 0.25 0.25 0.25 0.25 0.25 0.25 0.25 0.25 0.25 0.25
0.25 0.25 0.25 0.25 0.25 0.25 0.25 0.25 0.25 0.25 0.25 0.25
0.25 0.25 0.25 0.25 0.25 0.25 0.25 0.25 0.25 0.25 0.25 0.25
0.25 0.25 0.25 ...
```

圖 11-3　與圖 11-2 相對應的音符字串和音長字串範例

它看起來更接近之前處理過的文字資料了。音符與音長的組合就是單詞，我們要試著建立一個根據前述音符和音長序列來預測下一個音符與音長的模型。音樂和文字生成間的關鍵差異在於前者需要一個能夠同時處理音符和音長預測的模型，也就是說，相較於第 9 章的單一文字流，這裡會需要處理兩筆資訊流。

標記化

為建立訓練模型用的資料集，首先需要將音符和音長標記化，如同之前為文字語料庫中的每個單詞所做的。我們可以對音符和音長應用 TextVectorization 層來實現這一點，如範例 11-3。

範例 *11-3*　音符和音長標記化

```python
def create_dataset(elements):
    ds = (
        tf.data.Dataset.from_tensor_slices(elements)
        .batch(BATCH_SIZE, drop_remainder = True)
        .shuffle(1000)
    )
    vectorize_layer = layers.TextVectorization(
        standardize = None, output_mode="int"
    )
```

```
        vectorize_layer.adapt(ds)
        vocab = vectorize_layer.get_vocabulary()
        return ds, vectorize_layer, vocab

notes_seq_ds, notes_vectorize_layer, notes_vocab = create_dataset(notes)
durations_seq_ds, durations_vectorize_layer, durations_vocab = create_dataset(
    durations
)
seq_ds = tf.data.Dataset.zip((notes_seq_ds, durations_seq_ds))
```

完整的解析和標記化過程如圖 11-4。

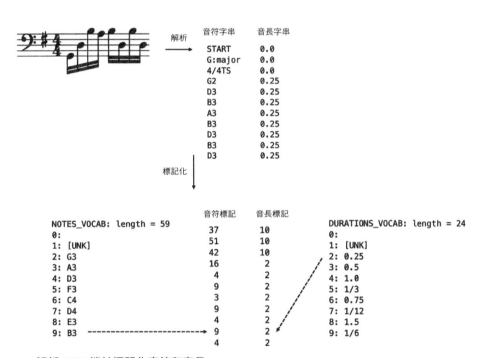

圖 11-4　解析 MIDI 檔並標記化音符和音長

建立訓練資料集

預處理的最後一個步驟是建立要被送入 Transformer 的訓練資料集。

為此，要透過滑動窗技術將音符和音長字串分成每 50 個元素一組的區塊。輸入窗位移一個音符之後就是輸出，這樣 Transformer 就可以被訓練成根據特定窗口中的前述元素來預測一個時步之後的音符和音長。圖 11-5 為範例（在此為了示範，只用了包含了 4 個元素的滑動窗）。

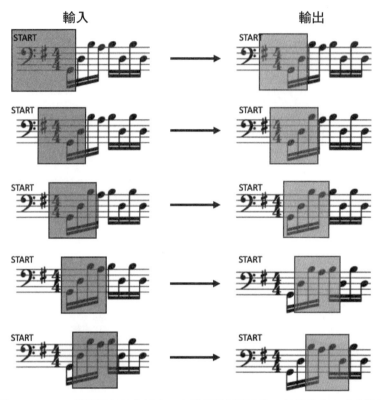

圖 11-5　音樂 Transformer 模型的輸入和輸出。本範例使用寬度為 4 的滑動窗來建立輸入區塊，並往後移動一個元素來建立目標輸出

我們將使用與第 9 章中用於文字生成的同款 Transformer 架構，但有一些關鍵差異。

正弦位置編碼

首先要介紹另一款標記位置的編碼方式。第 9 章使用了簡易的 Embedding 層為每個標記的位置編碼，可以有效地將每個整數位置映射到模型學到的不同向量。因此需要定義序列的最大長度（N），並以此序列長度進行訓練。這個方法的缺點是無法推論大於此長度的序列。因此必須將輸入修剪到最後的 N 個標記，若想要生成長格式內容的效果就不太好。

為了解決這個問題，我們可以改用另一種稱為正弦位置嵌入的方式。類似於第 8 章用來編碼擴散模型之雜訊變異數的嵌入方式。具體來說，請使用以下函數將輸入序列中的單詞位置（pos）轉換成長度為 d 的獨特向量：

$$PE_{pos, 2i} = \sin\left(\frac{pos}{10,000^{2i/d}}\right)$$

$$PE_{pos, 2i+1} = \cos\left(\frac{pos}{10,000^{(2i+1)/d}}\right)$$

請見公式中的小 i，此函數的波長較短，因此函數值會隨著位置軸迅速變化。i 值越大，波長越長。因此每個位置都會有自己獨特的編碼，也就是不同波長的特定組合。

 請注意，這項嵌入是針對所有可能的位置數值所定義。它是使用三角函數為每個可能位置定義獨特編碼的判別性函數（不是模型學來的）。

Keras NLP 模組中已內建了可實作嵌入的層，因此可以定義 TokenAndPositionEmbedding 層如範例 11-4。

範例 11-4　標記化音符和音長

```
class TokenAndPositionEmbedding(layers.Layer):
    def __init__(self, vocab_size, embed_dim):
        super(TokenAndPositionEmbedding, self).__init__()
        self.vocab_size = vocab_size
        self.embed_dim = embed_dim
        self.token_emb = layers.Embedding(input_dim=vocab_size, output_dim=embed_dim)
        self.pos_emb = keras_nlp.layers.SinePositionEncoding()

    def call(self, x):
        embedding = self.token_emb(x)
        positions = self.pos_emb(embedding)
        return embedding + positions
```

圖 11-6 說明了如何新增兩個嵌入（標記和位置）來生成序列的整體嵌入。

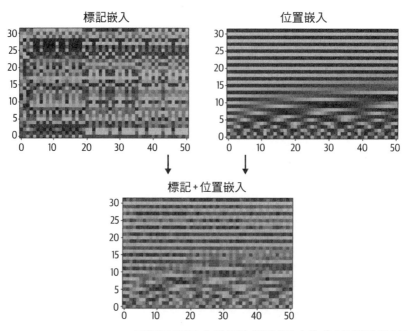

圖 11-6　TokenAndPositionEmbedding 層將標記嵌入加進正弦位置嵌入來生成序列的整體嵌入

多重輸入和輸出

現在我們有兩個輸入流（音符和音長）和兩個輸出流（預測音符和音長），還需要調整 Transformer 架構來滿足這一點。

處理雙重輸入流的方法有很多，例如可以建立代表各個音符-音長配對的標記，然後將序列視為單一的標記流。但是，這樣做的缺點是無法表示在訓練資料集未出現過的音符-音長配對（例如，我們可能分別看過 G#2 音符和 1/3 音長，但從未同時見到它們，因此不會有 G#2:1/3 的標記）。

相反地，我們要選擇分別嵌入音符和音長標記，然後使用串接層建立一個可供後續 Transformer 區塊使用的輸入單一表示。同樣地，Transformer 區塊的輸出會被傳遞到兩個不同的密集層，各自代表預測音符和音長的機率。整體架構如圖 11-7。層輸出形狀以批次大小 b 和序列長度 l 表示。

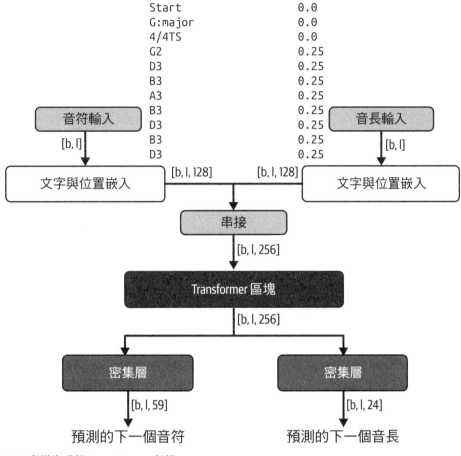

圖 11-7　音樂生成的 Transformer 架構

另一種做法是將音符和音長標記交織成單一輸入資料流，並讓模型去學習輸出音符和音長標記互換的單一資料流。但這會讓事情變得更複雜，因需要確保當模型尚未學會正確交織標記時仍可以解析輸出。

 設計模型的方法沒有對錯之分，樂趣之一就是嘗試不同的配置，看看哪一種最適合！

分析音樂生成 Transformer

首先,將 START 音符標記和 0.0 音長標記送入網路,藉此從頭開始生成一段音樂(也就是讓模型認為它是從樂曲的開頭開始)。接著,使用與第 9 章中用於生成文字序列的迭代技術來生成一段樂句,步驟如下:

1. 模型會根據目前序列(音符和音長)預測兩種分布,一個是下一個音符,另一個是下一個音長。

2. 從這兩個分布抽樣,並使用溫度參數來控制抽樣過程的變化程度。

3. 將所選音符和音長附加到對應的輸入序列中。

4. 使用新的輸入序列重複此過程,直到生成所需數量。

圖 11-8 為模型在訓練過程的不同時期從無到有的一些音樂範例。音符和音長的溫度為 0.5。

圖 11-8 僅指定 START 音符標記和 0.0 音長標記時,模型生成的樂句範例

本節大部分將集中在分析音符預測上，而非音長，因為就巴哈的大提琴組曲而言，和聲的複雜性更難以捉摸，因此更值得研究。然而，你也可以將相同的分析應用於模型的節奏預測上，這對其他可用來訓練此模型的音樂風格（例如打擊樂）可能更為相關。

圖 11-8 中的樂句段落有幾點需要特別注意。首先，請注意樂句如何隨著訓練的進展變得越來越複雜。一開始，模型保守地選擇了同一組音符和節奏。到第 10 回合，模型開始生成一小串音符，到了第 20 回合，模型產生出有趣的節奏並牢牢地建立於特定音調上（降 E 大調）。

再來，我們可將每個時步的預測分布繪製成熱圖，藉此來分析音符依時間的分布狀況。圖 11-9 為圖 11-8 中第 20 回合範例的熱圖。

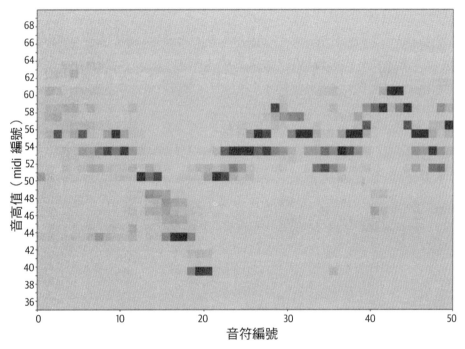

圖 11-9　下一個可能音符隨著時間推移之分布狀況（於第 20 回合）：方塊顏色越深表示模型對於下一個音符之音高的確定程度越高

一個值得注意的有趣地方是，模型顯然已經知道哪些音符屬於什麼音調，因為不屬於該音調的音符分布間存在著間隙。例如，第 54 個音（對應降 G／升 F 調）那行上有一段灰色間隙，代表這個音符不太可能出現在降 E 大調的樂曲中。模型在生成過程的早期便建立了音調，隨著作品的發展，模型透過專注於代表該音調的標記來選出更有可能出現的音符。

另外值得一提的是，模型還學會了巴哈特有的風格，也就是以低音作為一段的結尾，然後再次彈高來開始下一段。請看第 20 個音附近，該樂句以低音降 E 結束，在巴哈大提琴組曲中，通常會回到該樂器更高、更響亮的音域來開始下一段，而這正是模型的預測結果。低音降 E（第 39 號音高）和下一個音符之間有一大段灰色間隔，代表模型預測下一個音符應該會在第 50 號音高左右，而非繼續在深處低鳴。

最後要檢查注意機制是否如期運作。圖 11-10 中的橫軸為生成音符序列；縱軸為預測橫軸上的各個音符時網路的注意力焦點。方塊的顏色表示生成序列中每個點的所有注意力頭之最大注意力權重。顏色越深，表示生成序列中該位置受到的注意越多。為求簡單，此圖只顯示了音符，但網路其實也注意了每個音符的音長。

我們可以看到，就初始調號、拍號和休止符等，網路選擇將幾乎所有注意力都放在 START 標記上。這很合理，因為這些元素都是出現在樂曲的開端，一旦音符開始流動，START 標記就不再被注意到了。

隨著最初的幾個音符過去，我們可以看到網路主要將注意力放在最後的兩個到四個音符上，很少對四個之前的音符施予顯著的權重。同樣很合理，前四個音符很可能已包含足夠的訊息來理解樂句如何發展。此外，有些音符會更回頭注意 D 小調，例如，E3（作品的第 7 個音）和 B-2（降 B，作品的第 14 個音）。這太有趣了，因為它們正是依賴 D 小調來消除所有的模糊可能。網路必須回顧調號才會知道調號中有降 B（而非還原 B）但沒有降 E（所以必須使用還原 E）。

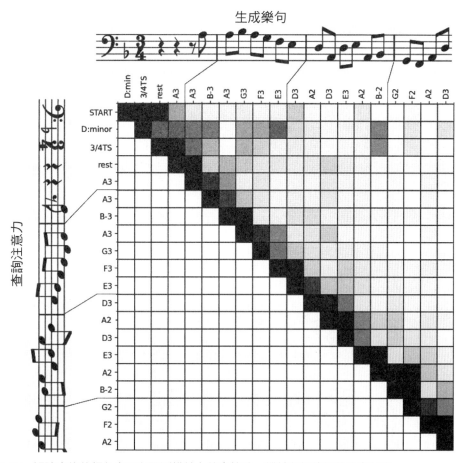

圖 11-10　矩陣方格的顏色表示在預測橫軸上的音符時，縱軸各個位置的注意程度

還有一些例子顯示網路選擇忽略某個音符或附近的休止符，因為它對樂句的理解不會提供任何額外的資訊。例如，倒數第二個音符（A2）對三個音符前的 B-2 並不特別關心，而是更注意四個音符前的 A2 一些。對模型來說，觀察落在拍子上的 A2 更有趣，而非不在拍點上、只是經過音的 B-2。

請記得，模型還不知道音符之間的關係，或是哪些音符屬於哪個調號──它僅僅是透過研究巴哈的音樂，就自己學會這些東西了！

複音音樂的標記化

本節討論的 Transformer 在處理單聲道（單音）音樂方面的表現相當優秀，但它能夠處理多聲道（複音）音樂嗎？

挑戰在於如何將不同的音樂線表示成單一的標記序列。前一節，我們將音符和音長拆成兩個不同的輸入和輸出，但也了解到可以將這些標記交織成單一的資料流。我們可以用相同的思維來處理複音音樂。在此將介紹兩種不同的方法：網格標記和事件型標記，如 2018 年的這篇論文「Music Transformer: Generating Music with Long-Term Structure」[1] 所述。

網格標記

請看圖 11-11 取自巴哈聖詠曲的兩個小節。在此有四個不同的聲部（女高音 [S]、女低音 [A]、男高音 [T]、男低音 [B]），分別寫在不同的五線譜上。

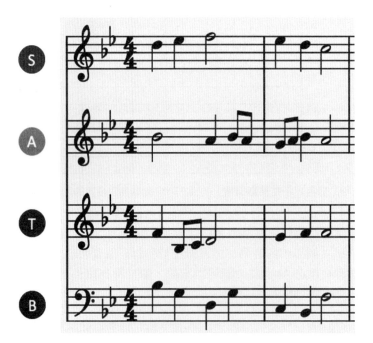

圖 11-11　巴哈聖詠曲的前兩個小節

想像在一個網格上繪製這段樂曲，其中 Y 軸表示音高，X 軸表示自開頭以來出現過的 16 分音符數量。填滿網格表示在該時間點彈奏了音符，並將四個聲部都畫在同一個網格上。這種網格被稱為鋼琴卷軸，因為它類似於一捲打有孔洞的紙捲，是數位系統發明之前的錄音機制。

透過先透過四個聲部再按順序沿著時步移動將網格序列化成一系列的標記。這會產生一系列的標記，S_1、A_1、T_1、B_1、S_2、A_2、T_2、$B_2\cdots$，下標表示了時步，如圖 11-12。

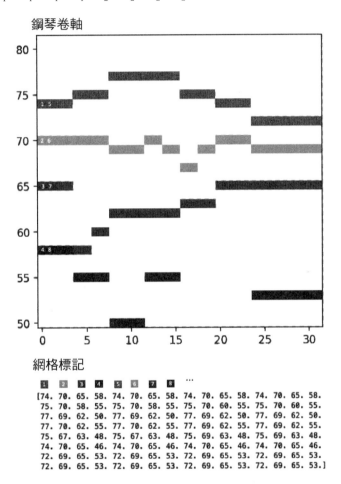

圖 11-12　將巴哈聖詠曲前兩個小節進行網格標記

接著用此標記序列訓練 Transformer 模型，並根據特定前述標記來預測下一個標記。透過將序列以四個音為一組（各聲部一個音）按時間回滾便可將生成序列解碼成網格結構。這個技術的效果出奇地好，雖然同一個音符常常會被分成多個標記，中間還夾雜了其他聲部的標記。

不過，這個方法還是有一些缺點。首先，若是同一個音高，模型完全無法區分單一長音和兩個相鄰的短音。這是因為標記化不會明確地編碼音長，只會表示出各個時步上是否存在音符。

再者，這個方法需要音樂具有可分割成合理大小區塊的規律節拍。比方說，當前系統無法編碼三連拍（在同一拍上演奏三個音符）。我們可以將音樂依 1/4 個音（四分音符）一組分成 12 個時步而非 4 個步驟，這會讓代表同一段音樂所需的標記數量增加三倍，從而增加訓練過程的負擔，也會影響模型的回顧能力。

最後，我們也不清楚該如何將其他元素加進標記之中，例如力度（樂曲在各個部分的強弱）或速度變化。我們被鋼琴卷軸的二維網格結構綁住了，它可以很方便地表示音高和時間，但不一定能輕易地融入更多讓音樂所以有趣的其他元素。

事件型標記

事件型標記是一種更靈活的方法。我們可以將它視為描述了如何用一組豐富的標記將音樂建立成一系列事件的詞彙。

例如，圖 11-13 使用了三種類型的標記：

- NOTE_ON<*pitch*>（於指定音高開始演奏音符）
- NOTE_OFF<*pitch*>（於指定音高停止演奏音符）
- TIME_SHIFT<*step*>（依指定步驟往前推移指定時間）

這個詞彙可用於建立描述音樂建構過程指令的序列。

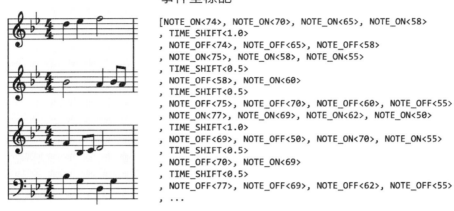

事件型標記

```
[NOTE_ON<74>, NOTE_ON<70>, NOTE_ON<65>, NOTE_ON<58>
, TIME_SHIFT<1.0>
, NOTE_OFF<74>, NOTE_OFF<65>, NOTE_OFF<58>
, NOTE_ON<75>, NOTE_ON<58>, NOTE_ON<55>
, TIME_SHIFT<0.5>
, NOTE_OFF<58>, NOTE_ON<60>
, TIME_SHIFT<0.5>
, NOTE_OFF<75>, NOTE_OFF<70>, NOTE_OFF<60>, NOTE_OFF<55>
, NOTE_ON<77>, NOTE_ON<69>, NOTE_ON<62>, NOTE_ON<50>
, TIME_SHIFT<1.0>
, NOTE_OFF<69>, NOTE_OFF<50>, NOTE_ON<70>, NOTE_ON<55>
, TIME_SHIFT<0.5>
, NOTE_OFF<70>, NOTE_ON<69>
, TIME_SHIFT<0.5>
, NOTE_OFF<77>, NOTE_OFF<69>, NOTE_OFF<62>, NOTE_OFF<55>
, ...
```

圖 11-13　巴哈聖詠曲第一小節的事件型標記

我們可以輕鬆地將其他類型的標記納入這個詞彙中，以表示後續音符的力度和速度變化。這個方法還可以使用 `TIME_SHIFT<0.33>` 標記來分割三連音，這樣就能在四分音的背景下生成三連音。整體而言，事件型標記是一種表現能力更好的標記框架，雖然就定義上來說，這種方法比網格法的結構更加鬆散，因此 Transformer 在學習訓練資料集的音樂內在模式可能會更加複雜。

> 建議你試著使用迄今為止從本書學到的所有知識來實作這些複音技術，並用新的標記化資料集訓練 Transformer。也建議你參考 Tristan Behrens 博士提供於 GitHub 的音樂生成研究指南（*https://oreil.ly/YfaiJ*），它完整收錄了有關使用深度學習生成音樂的不同論文。

下一節將採用另一種完全不同的方法來生成音樂，也就是生成對抗網路（GAN）。

MuseGAN

你可能會覺得圖 11-12 的鋼琴卷軸看起來有點像現代藝術。這帶來了一個問題──我們是否可以將此鋼琴卷軸視為一幅圖，並利用圖像生成法而非序列生成技術來處理呢？

正如接下來會看到的，這個答案是肯定的，我們可以直接將音樂生成視為圖像生成問題。這件事情代表，與其使用 Transformer，我們可以應用非常適合圖像生成問題的卷積基礎技術，特別是生成對抗網路（GAN）。

2017 年的一篇論文「MuseGAN: Multi-Track Sequential Generative Adversarial Networks for Symbolic Music Generation and Accompaniment」[2] 首次提出了 MuseGAN。作者說明了如何藉由一個全新的 GAN 框架來訓練模型生成多聲部、多音軌、多小節的樂曲。此外，作者也示範了藉由分配被送入生成器的雜訊向量責任程度，就能維持對音樂的高階時間與音軌特徵的精密控制。

先從介紹巴哈聖詠曲資料集開始吧。

執行本範例的程式碼

本範例的 Jupyter notebook 程式碼請由本書 Github 取得：

notebooks/11_music/02_musegan/musegan.ipynb

巴哈聖詠曲資料集

專案開始前，首先要下載用於訓練 MuseGAN 的 MIDI 檔。我們要用包含四聲部的 229 首巴哈聖詠曲的資料集。

請執行本書儲存庫中的巴哈聖詠曲資料集下載腳本來下載檔案，如範例 11-5。MIDI 檔下載後會存放在 */data* 資料夾中。

範例 11-5　下載巴哈聖詠曲資料集

```
bash scripts/download_bach_chorale_data.sh
```

該資料集包含各時步中由四個數字所組成的陣列：四個聲部的 MIDI 音高。在此資料集中，一個時步等於 1/16 音符（十六分音符）。因此，一個有 4 個 1/4 拍（四分音符）的小節總共會有 16 個時步。資料集會自動分為訓練、驗證和測試集。我們要用訓練資料集來訓練 MuseGAN。

首先要將資料轉換成適合送入 GAN 的形狀。此範例將生成兩小節的樂句，所以只會提取每首聖詠曲的前兩個小節。每個小節包含了 16 個時步，且 4 個聲部最多可以有 84 個音高。

從現在開始將稱這些聲部為音軌（*track*），好與原始論文用語維持一致。

轉換後的資料形狀如下：

```
[BATCH_SIZE, N_BARS, N_STEPS_PER_BAR, N_PITCHES, N_TRACKS]
```

其中：

```
BATCH_SIZE = 64
N_BARS = 2
N_STEPS_PER_BAR = 16
N_PITCHES = 84
N_TRACKS = 4
```

為了將資料轉換成這個形狀，我們使用獨熱編碼將音高數字轉成長度 84 的向量，並將各音符序列分成兩個小節，每小節為 16 個時步。在此假設資料集中的每首聖詠曲所有小節都是四拍，這很合理，而且就算情況並非如此，也不會對模型的訓練產生負面影響。

圖 11-14 說明了兩小節原始資料如何被轉成用於訓練 GAN 的轉換後鋼琴樂譜資料集。

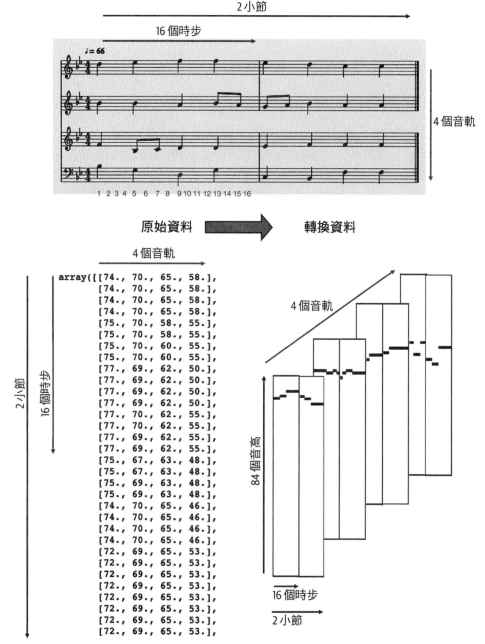

圖 11-14　將兩小節原始資料處理成可用來訓練 GAN 的鋼琴卷軸資料

MuseGAN 生成器

和所有 GAN 一樣，MuseGAN 同樣由生成器和評判器組成。生成器試圖用它的音樂創作去騙過評判器，而評判器則藉著自身能夠區分生成器偽造的巴哈聖詠曲與真品的能力來防止這種情況發生。

MuseGAN 的不同之處在於生成器並非接受單一雜訊向量作為輸入，而是會有四個獨立的輸入，分別對應音樂的四個不同特性：和弦、風格、旋律和節奏。透過單獨操縱各個輸入，就能改變生成音樂的高階屬性。

圖 11-15 為生成器的高階示意圖。

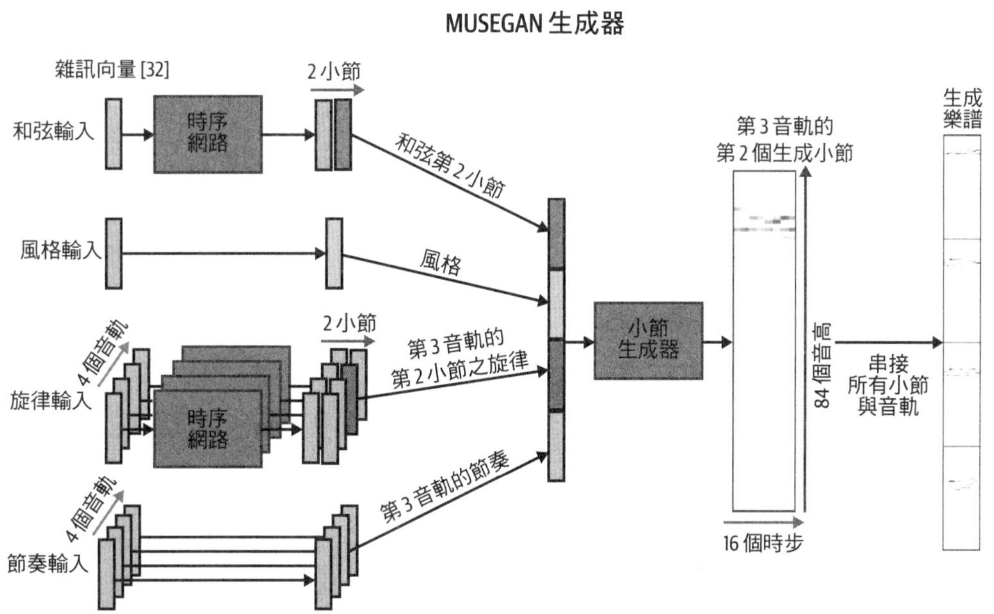

MUSEGAN 生成器

圖 11-15　MuseGAN 生成器的高階示意圖

由上圖可知，和弦與旋律輸入首先會透過時序網路，該網路會輸出其中一個維度等同於生成小節數量的張量。風格和節奏輸入不會在時間上以這種方式拉伸，因為它們在整首樂曲中維持不變。

然後，為了為特定音軌生成特定的小節，來自網路和弦、風格、旋律和節奏部分的相關輸出被串接在一起以形成一個更長的向量，接著將其傳遞給小節生成器，最終為指定音軌生成指定小節。

透過串接所有音軌的生成小節，我們便建立了一份可以交由評判器與真實樂譜進行比較的樂譜。

先來看看如何建立時序網路。

時序網路

時序網路是一個由卷積轉置層組成的神經網路，其工作是將長度為 Z_DIM = 32 的單一輸入雜訊向量轉換為每個小節的不同雜訊向量（長度同樣為 32）。範例 11-6 為建立此網路的 Keras 程式碼。

範例 11-6　建立時序網路

```
def conv_t(x, f, k, s, a, p, bn):
    x = layers.Conv2DTranspose(
                filters = f
                , kernel_size = k
                , padding = p
                , strides = s
                , kernel_initializer = initializer
                )(x)
    if bn:
        x = layers.BatchNormalization(momentum = 0.9)(x)

    x = layers.Activation(a)(x)
    return x


def TemporalNetwork():
    input_layer = layers.Input(shape=(Z_DIM,), name='temporal_input') ❶
    x = layers.Reshape([1,1,Z_DIM])(input_layer) ❷
    x = conv_t(
        x, f=1024, k=(2,1), s=(1,1), a = 'relu', p = 'valid', bn = True
    ) ❸
    x = conv_t(
        x, f=Z_DIM, k=(N_BARS - 1,1), s=(1,1), a = 'relu', p = 'valid', bn = True
    )
    output_layer = layers.Reshape([N_BARS, Z_DIM])(x) ❹
    return models.Model(input_layer, output_layer)
```

❶ 時序網路的輸入為一個長度 32 的向量（Z_DIM）。

❷ 將此向量重塑成一個具有 32 個通道的 1 × 1 張量，以便應用卷積 2D 轉置運算。

❸ 使用 Conv2DTranspose 層來沿著一軸擴充張量大小，使其長度與 N_BARS 相同。

❹ 使用 Reshape 層刪除其他不必要的維度。

之所以使用卷積運算而不是將兩個獨立向量送入網路，是因為我們希望網路學會小節如何隨著先前小節來一致地發展下去。使用神經網路沿時間軸擴展輸入向量表示模型有機會學會音樂是如何在小節中流動，而不是將每個小節視為完全獨立的存在。

和弦、風格、旋律和節奏

接下來讓我們仔細看看送入生成器的四種不同輸入：

和弦

和弦輸入是一個長度為 Z_DIM 的單一雜訊向量。這個向量的工作是控制音樂隨著時間跨音軌的整體變化，因此會運用 TemporalNetwork 將此單一向量轉換為每個小節的不同潛在向量。請注意，雖然我們稱這個輸入為和弦，但它實際上可以控制音樂在每一個小節中的變化，例如整體節奏，且不必跟著特定音軌。

風格

風格輸入也是一個長度為 Z_DIM 的向量。此向量無須轉換就能往前傳遞，因此在所有小節和音軌上都一樣。可以將它看作控制音樂整體風格的向量（意即它將整體性影響所有小節和音軌）。

旋律

旋律輸入是一個形狀為 [N_TRACKS, Z_DIM] 的陣列，也就是說，我們提供模型一個每個音軌長度皆為 Z_DIM 的隨機雜訊向量。

這些向量都會透過各音軌專屬的 TemporalNetwork，音軌之間不共享權重。輸出為各音軌的各個小節長度為 Z_DIM 的向量。模型因此可以用這些輸入向量分別微調各個音軌和小節的內容。

節奏

節奏輸入也是形狀為 [N_TRACKS, Z_DIM] 的陣列，也就是各音軌長度為 Z_DIM 的隨機雜訊向量。與旋律輸入不同，這些向量不會透過時序網路，而是跟風格向量一樣直接送入。因此，每個節奏向量都會影響該音軌所有小節的整體屬性。

我們可以將 MuseGAN 生成器各部分所負責的事情整理成表 11-1。

表 11-1 MuseGAN 生成器的組成

	各小節的輸出是否不同?	各部分的輸出是否不同?
風格	✗	✗
節奏	✗	✓
和弦	✓	✗
旋律	✓	✓

MuseGAN 生成器的最後一個部分是小節生成器,來看看如何用它結合和弦、風格、旋律和節奏的輸出。

小節生成器

小節生成器會接收四個潛在向量,分別來自和弦、風格、旋律和節奏元件。這些向量被串接在一起以產生一個長度為 4 * Z_DIM 的向量作為輸入。輸出為單一音軌的單一小節之鋼琴樂譜表示,也就是形狀為 [1, n_steps_per_bar, n_pitches, 1] 的張量。

小節生成器只是一個使用卷積轉置層來擴充輸入向量的時間與音高維度的神經網路。我們要為每條音軌建立一個小節生成器,且音軌之間不會共享權重。建立 BarGenerator 的 Keras 程式碼如範例 11-7。

範例 11-7 建立 BarGenerator

```python
def BarGenerator():

    input_layer = layers.Input(shape=(Z_DIM * 4,), name='bar_generator_input') ❶

    x = layers.Dense(1024)(input_layer) ❷
    x = layers.BatchNormalization(momentum = 0.9)(x)
    x = layers.Activation('relu')(x)
    x = layers.Reshape([2,1,512])(x)

    x = conv_t(x, f=512, k=(2,1), s=(2,1), a= 'relu', p = 'same', bn = True) ❸
    x = conv_t(x, f=256, k=(2,1), s=(2,1), a= 'relu', p = 'same', bn = True)
    x = conv_t(x, f=256, k=(2,1), s=(2,1), a= 'relu', p = 'same', bn = True)
    x = conv_t(x, f=256, k=(1,7), s=(1,7), a= 'relu', p = 'same', bn = True) ❹
    x = conv_t(x, f=1, k=(1,12), s=(1,12), a= 'tanh', p = 'same', bn = False) ❺

    output_layer = layers.Reshape([1, N_STEPS_PER_BAR , N_PITCHES ,1])(x) ❻

    return models.Model(input_layer, output_layer)
```

❶ 小節生成器的輸入為長度 4 * Z_DIM 的向量。

❷ 在向量透過一個 Dense 層後，重塑張量以準備進行卷積轉置作業。

❸ 首先沿著時步軸擴展張量 ...

❹ ... 然後沿著音高軸擴展。

❺ 最後一層應用了 tanh 觸發函數，因為在此採用了 WGAN-GP（需要 tanh 輸出觸發函數）來訓練網路。

❻ 張量被重塑來加入兩個大小為 1 的額外維度，以便與其他小節和音軌串接。

整合所有內容

最終，MuseGAN 生成器接收四個輸入雜訊張量（和弦、風格、旋律和節奏），並將它們轉換為多音軌、多小節的樂譜。範例 11-8 為建立 MuseGAN 生成器的 Keras 程式碼。

範例 11-8　建立 MuseGAN 生成器

```python
def Generator():
    chords_input = layers.Input(shape=(Z_DIM,), name='chords_input') ❶
    style_input = layers.Input(shape=(Z_DIM,), name='style_input')
    melody_input = layers.Input(shape=(N_TRACKS, Z_DIM), name='melody_input')
    groove_input = layers.Input(shape=(N_TRACKS, Z_DIM), name='groove_input')

    chords_tempNetwork = TemporalNetwork() ❷
    chords_over_time = chords_tempNetwork(chords_input)

    melody_over_time = [None] * N_TRACKS
    melody_tempNetwork = [None] * N_TRACKS
    for track in range(N_TRACKS):
        melody_tempNetwork[track] = TemporalNetwork() ❸
        melody_track = layers.Lambda(lambda x, track = track: x[:,track,:])(
            melody_input
        )
        melody_over_time[track] = melody_tempNetwork[track](melody_track)

    barGen = [None] * N_TRACKS
    for track in range(N_TRACKS):
        barGen[track] = BarGenerator() ❹

    bars_output = [None] * N_BARS
    c = [None] * N_BARS
    for bar in range(N_BARS): ❺
        track_output = [None] * N_TRACKS
```

```
        c[bar] = layers.Lambda(lambda x, bar = bar: x[:,bar,:])(chords_over_time)
        s = style_input

        for track in range(N_TRACKS):

            m = layers.Lambda(lambda x, bar = bar: x[:,bar,:])(
                melody_over_time[track]
            )
            g = layers.Lambda(lambda x, track = track: x[:,track,:])(
                groove_input
            )

            z_input = layers.Concatenate(
                axis = 1, name = 'total_input_bar_{}_track_{}'.format(bar, track)
            )([c[bar],s,m,g])

            track_output[track] = barGen[track](z_input)

        bars_output[bar] = layers.Concatenate(axis = -1)(track_output)

    generator_output = layers.Concatenate(axis = 1, name = 'concat_bars')(
        bars_output
    ) ❻

    return models.Model(
        [chords_input, style_input, melody_input, groove_input], generator_output
    ) ❼

generator = Generator()
```

❶ 定義生成器輸入。

❷ 將和弦輸入透過時序網路。

❸ 將旋律輸入透過時序網路。

❹ 為每個音軌建立獨立的小節生成器網路。

❺ 遍歷音軌和小節,為每種組合建立生成小節。

❻ 串接所有內容以形成單一輸出張量。

❼ MuseGAN 模型接受四個不同的雜訊張量作為輸入,並輸出多軌道、多小節的生成樂譜。

MuseGAN 的評判器

與生成器相比，評判器的架構就簡單多了（GAN 通常都是這樣）。

評判器會試圖將由生成器建立的完整多音軌、多小節樂譜與巴哈聖詠曲的真實摘錄區分開來。它是一個卷積神經網路，主要由將樂譜折疊成單一輸出預測的 Conv3D 層所組成。

Conv3D 層

本書目前只介紹過適用於三軸的輸入圖像（寬度、高度、通道）的 Conv2D 層。在此必須使用 Conv3D 層，它類似於 Conv2D 層，但可接受四軸輸入張量（n_bars、n_steps_per_bar、n_pitches、n_tracks）。

評判器在此不使用批正規化層，因為我們要用 WGAN-GP 框架來訓練 GAN，而該框架不能使用批正規化。

建立評判器的 Keras 程式碼如範例 11-9。

範例 11-9　建立 MuseGAN 評判器

```python
def conv(x, f, k, s, p):
    x = layers.Conv3D(filters = f
                , kernel_size = k
                , padding = p
                , strides = s
                , kernel_initializer = initializer
                )(x)
    x = layers.LeakyReLU()(x)
    return x

def Critic():
    critic_input = layers.Input(
        shape=(N_BARS, N_STEPS_PER_BAR, N_PITCHES, N_TRACKS),
        name='critic_input'
    ) ❶

    x = critic_input
    x = conv(x, f=128, k = (2,1,1), s = (1,1,1), p = 'valid') ❷
    x = conv(x, f=128, k = (N_BARS - 1,1,1), s = (1,1,1), p = 'valid')

    x = conv(x, f=128, k = (1,1,12), s = (1,1,12), p = 'same') ❸
    x = conv(x, f=128, k = (1,1,7), s = (1,1,7), p = 'same')

    x = conv(x, f=128, k = (1,2,1), s = (1,2,1), p = 'same') ❹
```

```
x = conv(x, f=128, k = (1,2,1), s = (1,2,1), p = 'same')
x = conv(x, f=256, k = (1,4,1), s = (1,2,1), p = 'same')
x = conv(x, f=512, k = (1,3,1), s = (1,2,1), p = 'same')

x = layers.Flatten()(x)

x = layers.Dense(1024, kernel_initializer = initializer)(x)
x = layers.LeakyReLU()(x)

critic_output = layers.Dense(
    1, activation=None, kernel_initializer = initializer
)(x) ❺

return models.Model(critic_input, critic_output)

critic = Critic()
```

❶ 評判器的輸入為一個多音軌、多小節樂譜的陣列,每個形狀都是 [N_BARS, N_STEPS_PER_BAR, N_PITCHES, N_TRACKS]。

❷ 首先沿著小節軸折疊張量。由於現在要處理四維張量,因此要在整個評判器中使用 Conv3D 層。

❸ 接著沿著音高軸折疊張量。

❹ 最後沿著時步軸折疊張量。

❺ 輸出為單一單元且無觸發函數的 Dense 層,如 WGAN-GP 框架所要求。

MuseGAN 分析

我們可以試玩看看 MuseGAN、生成樂譜並微調一些輸入雜訊參數來查看對輸出的影響。

生成器的輸出是範圍在 [–1, 1] 之間的數值陣列(這是因為最後一層的 tanh 觸發函數)。為了將其轉換為各音軌的單一音符,我們要為每個時步選出在 84 個音高中數值最高的音符。在原始的 MuseGAN 論文中,作者設定閾值為 0,因為每個音軌可以包含多個音符;然而於本書設定中,我們可以採用最大值以確保每個音軌在每個時步中都只有一個音,就跟巴哈的聖詠曲一樣。

圖 11-16 為模型根據隨機常態分布的雜訊向量所生成的樂譜(左上角)。透過歐氏距離,我們可以在資料集中找到最接近的樂譜,並檢查所生成的樂譜並非只是複製資料集中的現成樂曲。最接近的樂譜顯示於下方,可以看出它與生成樂譜是有一定差異的。

圖 11-16　MuseGAN 預測樂譜之範例，顯示訓練資料中最接近的真實樂譜，以及輸入雜訊的改變如
　　　　何影響生成的樂譜

現在嘗試不同的輸入雜訊來調整生成的樂譜。首先，可以試著改變和弦雜訊向量，圖
11-16 左下角的樂譜為其結果。不出所料，每條音軌都發生了變化且兩個小節表現出了
不同的屬性。相較於第一小節，第二小節的最後一行更活潑，而第一行的音高則變高
了。這是因為影響兩個小節的是不同的潛在向量，並且輸入和弦向量是經由時序網路來
傳遞的。

當改變風格向量（右上角）時，兩個小節都發生了類似的變化。整段的風格與原始生成
的樂譜相比發生了一致性的變化（也就是說，使用同樣的潛在向量調整了所有音軌和
小節）。

我們也可以透過旋律和節奏輸入來單獨改變音軌。從圖 11-16 中段的右圖，可以看到僅
更改了樂曲第一行的旋律雜訊輸入的效果。所有其他部分皆不受影響，但第一行音符出
現了明顯變化。此外，也可以看到第一行的兩個小節間的節奏變化：第二節比第一小節
更活潑，出現比第一節更快速的音符。

最後，右下角的樂譜是只更改了最後一行的節奏輸入參數時的預測結果。同樣地，所有其他部分保持不變，但最後一行卻不同。此外，最後一行的各小節間整體維持了類似的模式，正如我們所預期的。

這說明了如何使用每個輸入參數來直接影響生成音樂序列的高階屬性，如同先前章節中調整 VAE 和 GAN 的潛在向量以改變生成圖像的方式非常類似。這個模型的一個缺點是必須先指定要生成的小節數量。為了解決這個問題，作者還推出了模型的延伸，讓先前的小節也可以用作輸入，從而讓模型能夠不斷將最新預測的小節作為額外輸入來生成長篇樂譜。

總結

本章探討了兩種不同類型的音樂生成模型：Transformer 和 MuseGAN。

Transformer 在本章的設計與第 9 章討論過的文字生成網路類似。音樂和文字生成有許多共通點，經常可以使用類似的技術。透過合併音符和音長的兩個輸入和輸出流來擴充 Transformer 架構。我們看到模型如何學習音調和音階等概念，單純經由學習就能精準地生成巴哈風格的樂句。

我們也探討了如何調整標記化過程來處理複音（多音軌）音樂生成。網格標記負責把樂譜的鋼琴卷軸表示序列化，讓我們能夠用單一標記流來訓練 Transformer，這些標記以離散或等距的時步間隔描述哪些音符出現在什麼聲部。事件型標記生成了一套描述如何透過單一指令流依序建立多音軌音樂的方法。這兩種方法都有各自的優缺點──Transformer 基礎的音樂生成法成功與否很大程度上取決於所選用的標記化方法。

我們還看到，並非一定得用序列法才能生成音樂──MuseGAN 使用卷積方式將樂譜視為一幅以音軌作為獨立通道的圖片，藉此生成多音軌的複音音樂樂譜。MuseGAN 的新穎之處在於四個輸入雜訊向量（和弦、風格、旋律和節奏）的組織方式，因此可以完全控制音樂的高階特徵。雖然基礎和聲仍不如原始巴哈作品那樣完美與多元，但它仍是為了解決這個極為困難的問題一次很好的嘗試，並突顯了 GAN 在解決各種問題上的能力。

參考文獻

1. Cheng-Zhi Anna Huang et al., "Music Transformer: Generating Music with Long-Term Structure," September 12, 2018, *https://arxiv.org/abs/1809.04281*.

2. Hao-Wen Dong et al., "MuseGAN: Multi-Track Sequential Generative Adversarial Networks for Symbolic Music Generation and Accompaniment," September 19, 2017, *https://arxiv.org/abs/1709.06298*.

第十二章

世界模型

本章目標

本章學習內容如下：

- 認識強化學習（RL）。

- 了解如何在 RL 的世界模型中來運用生成模型。

- 了解如何訓練變分自動編碼器（VAE）於低維度潛在空間中擷取環境觀測結果。

- 認識預測潛在變數的混合密度遞歸網路（MDN-RNN）之訓練過程。

- 使用共變異數矩陣自適應進化策略（CMA-ES）訓練出能在環境中採取智慧行動的控制器。

- 了解經訓練的 MDN-RNN 本身如何被用作環境，讓代理能夠在自己的虛構夢境中訓練控制器，而非真實環境。

本章將介紹近年生成模型最有趣的應用之一，也就是它們在所謂世界模型中的應用。

簡介

2018 年 3 月 David Ha 和 Jürgen Schmidhuber 發表了「World Models」這篇論文 [1]。該論文展示了如何訓練模型在自己生成的虛擬環境而非真實世界中進行實驗，藉此學會執行特定工作。這是一個超棒的例子，說明了生成模型如何與強化學習等其他機器學習技術一起應用以解決實際問題。

該架構的核心元件為一個生成模型，可以根據特定當前狀態和動作建立下一個可能狀態的機率分布。透過隨機動作建立對環境基本物理的理解之後，模型就能完全在自己的環境內部表示中針對新工作從頭開始訓練。此方法在測試的兩項任務中都獲得了世界最高分。

本章將詳細探討論文中的模型，尤其是一項要求代理學習如何盡可能地在虛擬賽道上奔馳的汽車駕駛任務。雖然將使用 2D 電腦模擬作為環境，但是，當即時環境的測試策略成本太高或不可行時，也可以應用相同的技術於真實場景。

 本章將參考公開於 GitHub 上的「World Models」論文中優秀的 TensorFlow 實作（*https://oreil.ly/_OlJX*），建議你複製下來並自己執行看看！

在開始討論模型之前，需要仔細了解強化學習的概念。

強化學習

強化學習的定義如下：

> 強化學習（*Reinforcement Learning, RL*）是機器學習的一個領域，目的是在特定環境中訓練一個代理，可針對特定目標達到最佳表現。

有別於判別模型和生成模型的目的都是將觀測資料集的損失函數最小化，強化學習的目的則是要把特定環境中代理的長期獎勵最大化。它經常與監督式學習（用已標註資料預測）和非監督式學習（從無標註資料學習結構）並列為機器學習三個主要分支之一。

首先要介紹一些強化學習的重要用語：

環境

代理所處的世界。它定義了一組規則，根據代理之前的動作和當前遊戲狀態來管理狀態的更新過程和獎勵分配。舉例來說，假設我們正在教一個強化學習演算法如何下西洋棋，環境將包括管理特定動作（例如，士兵移動至 e2e4）會如何影響下一個遊戲狀態（棋子在棋盤上的新位置）的規則，並且明確規定如何評估是否將軍，並分配贏家 1 點獎勵值。

代理

在環境中做出動作的實體。

遊戲狀態

表示代理可能會遇到的特定情況之資料（也簡稱為狀態）。例如，伴隨像是輪到哪個玩家等遊戲資訊的特定棋盤配置。

動作

代理可採取的動作。

獎勵

做出動作後環境回饋給代理的值。代理的目標是將獎勵的長期總和最大化。例如，在西洋棋中，將軍對手的國王可以獲得 1 點，其他動作的獎勵則為 0 點。也有其他遊戲會在整個回合中不斷給予獎勵（例如太空侵略者遊戲的積分）。

回合

代理在環境中執行一次的過程；又稱為推演（*rollout*）。

時步

在離散事件環境中，所有狀態、動作和獎勵都會以帶有時步 t 的下標來顯示當時的值。

這些概念之間的關係如圖 12-1。

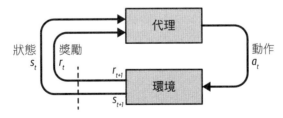

圖 12-1　強化學習示意圖

環境首先使用當前遊戲狀態 s_0 來初始化。在時步 t，代理接收到當前遊戲狀態 s_t，以此決定最佳動作 a_t 並執行。環境根據此動作計算出下一個狀態 s_{t+1} 和獎勵 r_{t+1}，並回饋給代理開始下一個循環。循環一直持續到滿足該回合的結束標準（例如達到一定數量的時步或代理分出勝負了）。

要如何設計一個能在特定環境中最大化獎勵總和的代理呢？我們可以建立一個擁有一套可以應對任何特定遊戲狀態之規則的代理。然而，這很快就變得不可行，由於環境會變得超級複雜又龐大，而且因為需要寫死規則，所以無法做出能跳脫特定任務框架的代理。強化學習需要建立一個可以藉由不斷進行遊戲且可在複雜環境中自行學習最佳策略的代理。

現在來看看用於模擬賽車於賽道上行駛的 CarRacing 環境。

CarRacing 環境

CarRacing 為 Gymnasium（*https://gymnasium.farama.org*）提供的一個環境。Gymnasium 是一套用於開發強化學習演算法的 Python 函式庫，包含了一些經典的強化學習環境，如 CartPole 和 Pong，也有一些更具挑戰的環境，例如訓練代理在顛簸地形上行走或贏一場 Atari 遊戲。

Gymnasium

Gymnasium 是 OpenAI 維護的一條 Gym 函式庫分支，2021 年以後 Gym 的新開發都已轉移到 Gymnasium。本書將 Gymnasium 環境簡稱為 Gym 環境。

所有環境都會提供動作（*step*）方法，你可以透過該方式提交特定動作；環境將依此回饋下一個狀態和獎勵。藉由使用代理所選動作來反覆呼叫動作方法，便可以在環境中完成一個回合。還有一個讓環境回到初始狀態的重置（*reset*）方法，以及讓你查看代理在特定環境中表現的渲染（*render*）方法，後者對於除錯和找出代理有待改進的地方很有幫助。

先來看看 CarRacing 環境中，遊戲狀態、動作，獎勵和回合的定義：

遊戲狀態

一張描繪了軌道與賽車俯視的 64 × 64 像素 RGB 圖片。

動作

三個數值：轉彎（–1 到 1），加速（0 到 1）和剎車（0 到 1）。代理必須在每個時步中設定好所有數值。

獎勵

　　每個時步都會帶來 -0.1 點的懲罰，每行駛過一片軌道路面都能獲得 1,000/N 點的獎勵，N 為構成軌道的總片數。

回合

　　於賽車完成賽道或駛離環境邊緣，或者超過 3,000 個時步則回合結束。

圖 12-2 的遊戲狀態圖顯示了這些概念。

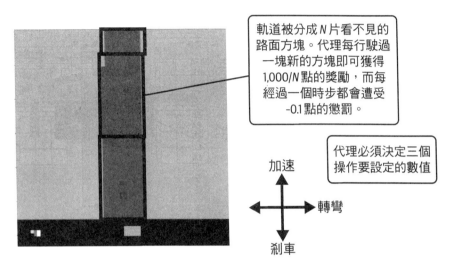

軌道被分成 N 片看不見的路面方塊。代理每行駛過一塊新的方塊即可獲得 1,000/N 點的獎勵，而每經過一個時步都會遭受 -0.1 點的懲罰。

代理必須決定三個操作要設定的數值

加速

轉彎

剎車

圖 12-2　CarRacing 環境中其中一個遊戲狀態的顯示圖

視角

請想像代理是漂浮在軌道上並以俯視角度來控制車輛，而非駕駛視角。

世界模型概述

現在將概略地介紹整個世界模型架構和訓練過程，接著再詳細討論各元件的細節。

架構

解決方案是由三個獨立訓練的不同部分所組成，如圖 12-3：

V

變分自動編碼器（VAE）

M

混合密度遞歸網路（MDN-RNN）

C

控制器

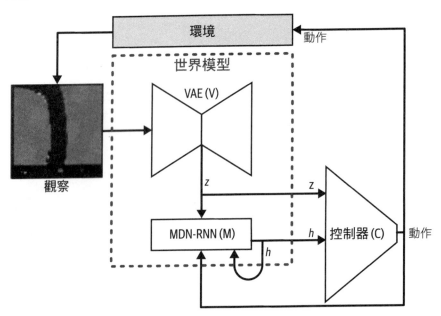

圖 12-3　世界模型架構示意圖

變分自動編碼器

當在駕駛過程中需要做出決定時，你不會主動分析視野中的每一個像素，相反地，你會將視覺訊息壓縮成少量的潛在實體來為接下來的行動提供訊息，例如道路的筆直程度、即將到來的彎道以及針對道路上的相對位置。

第 3 章已談到 VAE 如何透過最小化重構誤差和 KL 散度將高維度輸入圖像壓縮成大致遵循標準高斯分布的潛在隨機變數。這確保了潛在空間的連續性，並且讓我們能夠輕鬆從中抽樣來生成有意義的新觀測值。

在賽車範例中，VAE 會把 64 × 64 × 3（RGB）的輸入圖像壓縮成由 mu 和 logvar 這兩個變數所參數化的 32 維常態分布隨機變數。這裡的 logvar 是分布變異數的對數。我們可以從這個分布中抽樣來生成代表當前狀態的潛在向量 z。它會被傳遞到網路的下一個部分：MDN-RNN。

混合密度遞歸網路（MDN-RNN）

當你在開車時，對每個後續的觀察都不會感到過分訝異。若當前的觀察顯示前方需左轉，而你也左轉了，那麼你會預期接下來的觀察會顯示你仍開在道路上。

你如果不具備這種能力就可能不斷蛇行，因為除非現在就採取行動，否則無法看出稍微偏離道路中心將在下一個時步變得更糟。

前瞻性思考是 MDN-RNN 的工作，它會根據上一個潛在狀態和動作來預測下一個潛在狀態的分布。

具體來說，MDN-RNN 是一個含有 256 個隱藏單元的 LSTM 層，伴隨著一個混合密度網路（MDN）輸出層，它會讓下一個潛在狀態實際上可由多個常態分布中的任何一個進行抽樣來取得。

同一款技術也被「世界模型」論文的作者之一 David Ha 應用於手寫生成任務（*https://oreil.ly/WmPGp*），證實了下一段手寫筆畫實際上可以落在任一紅色區域中，如圖 12-4。

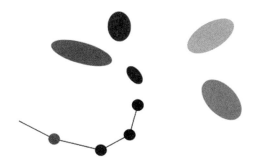

圖 12-4　手寫生成任務中的 MDN

在賽車範例中，我們讓下一個觀察到的潛在狀態中的每個元素都可以從五個常態分布中的其中任何一個取得。

控制器

到目前為止，還沒提到任何關於選擇動作的事情。這件事由控制器來負責，控制器是一個密集連接神經網路，輸入為 z（從 VAE 編碼的分布中抽樣的當前潛在狀態）與 RNN 隱藏狀態的串聯。三個輸出神經元對應三個動作（轉彎、加速、剎車），並被縮放至適當範圍。

控制器是藉由強化學習來訓練，因為沒有訓練資料集能告訴我們動作的好壞。相反地，代理會透過反覆實驗來自行探索。

後面會談到，「世界模型」論文的核心在於它呈現了這種強化學習如何在代理自身所處的生成模型而非 Gym 環境中進行。換句話說，它發生在代理想像出來的環境行為中，而非現實。

我們可以想像以下對話來理解這三個元件的不同角色以及它們如何配合：

> *VAE*（看著最新的 64 × 64 × 3 觀測值）：車輛面對道路方向，看起來是一條前方有微幅左轉的直線（z）。

> *RNN*：根據這個描述（z）以及控制器在上一個時步選擇大力加速（action），將更新隱藏狀態（h）讓下一個觀察預測仍為直線，但於視野中微幅左轉。

> *控制器*：根據 VAE 的描述（z）以及 RNN 當前的隱藏狀態（h），神經網路輸出 [0.34, 0.8, 0] 作為下一個動作。

接著控制器的動作被傳回環境，環境回饋新的觀察之後進入下一次循環。

訓練

訓練由五個步驟組成，依步驟順序說明如下：

1. 收集隨機推演資料。在此，代理不關心特定工作，而是單純藉由隨機動作來探索環境。模擬多個回合並儲存每個時步中所觀察到的狀態、動作和獎勵。這個想法的基礎是建立針對環境物理運作方式的資料集，VAE 可以從中學習並有效擷取狀態作為潛在向量。MDN-RNN 接著可以學習潛在向量隨著時間的變化狀況。

2. 訓練 VAE。使用隨機收集而來的資料在觀察圖上訓練 VAE。

3. 收集資料以訓練 MDN-RNN。VAE 訓練完成之後，要用它將每個收集到的觀測值編碼成 `mu` 和 `logvar` 向量，並與當前動作和獎勵一起保存。

4. 訓練 MDN-RNN。提取幾批回合，並載入在步驟 3 生成的各時步下的 `mu`、`logvar`、`action` 和 `reward` 等變數。接著從 `mu` 和 `logvar` 向量中抽樣 `z` 向量。根據當前 `z` 向量、`action` 和 `reward`，訓練 MDN-RNN 以預測後續的 `z` 向量和 `reward`。

5. 訓練控制器。有了訓練好的 VAE 和 RNN，就能訓練控制器來根據當前 `z` 和 RNN 的隱藏狀態 `h` 來輸出動作了。控制器用進化演算法 CMA-ES 作為最佳化器。該演算法會對生成了提高工作整體得分動作的矩陣權重給予獎勵，讓接下來的世代有機會繼承這個良好行為。

接下來將詳細介紹這些步驟。

收集隨機推演資料

首先要讓代理隨意做一些動作來從環境收集推演資料。這可能看起來有點奇怪，因為我們最終是希望代理學會如何採行智慧動作，但這個步驟將提供代理學習環境的運作方式以及它所採取的（儘管一開始是隨機的）會如何影響後續觀察所需的資料。

啟動多個 Python 行程並各自執行一項獨立的環境實例，這麼做就能同時擷取多個回合。每個行程都會在單獨的核心上執行，因此如果你可使用多核心的電腦，那麼收集資料的速度會比核心數量較少的電腦來得更快。

此步驟使用以下超參數：

`parallel_processes`

同時要執行的行程數（電腦若有 8 個以上的核心，則行程數為 8）

`max_trials`

各行程需執行的回合總數（假設為 125，那麼 8 個行程共會執行 1000 回合）

`max_frames`

各回合的最大時步（例如 300）

圖 12-5 摘自某個回合的第 40 到 59 幅畫面，當車輛接近彎道時隨機採取的動作及其獎勵。請注意，當車輛行經新的軌道路面時的獎勵為 3.22，否則為 -0.1。

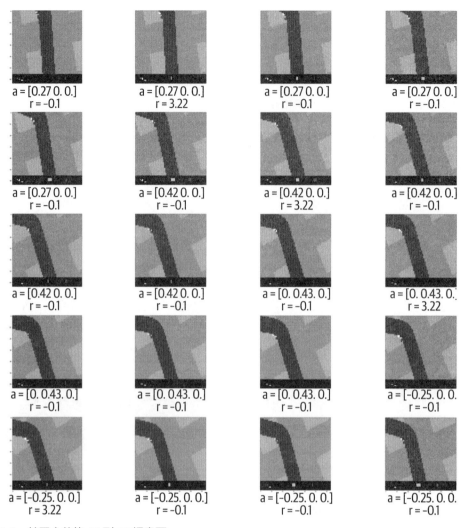

圖 12-5　某回合的第 40 到 59 幅畫面

訓練 VAE

現在要用收集來的資料建立一個生成模型（VAE）。請記得 VAE 的目的是將一張 64 × 64 × 3 的圖片壓縮成一個常態分布的隨機變異數 z，其分布由 mu 和 logvar 兩個向量參數化。這些向量的長度皆為 32。此步驟的超參數如下：

vae_batch_size

訓練 VAE 時使用的批大小（也就是每批有多少觀測值，如 100）

z_size

潛在向量 z 的長度（也是 mu 和 logvar 變異數的長度，如 32）

vae_num_epoch

訓練回合數（如 10）

VAE 的架構

如之前所述，Keras 不僅讓我們可以定義要進行端對端訓練的 VAE 模型，還可以另外定義已訓練網路的編碼器和解碼器子模型。這在想要編碼特定圖像或解碼特定 z 向量時很有幫助。VAE 模型和三個子模型的定義如下：

vae

經訓練的端到端 VAE。輸入為 64 × 64 × 3 的圖像，並輸出重構後的 64 × 64 × 3 圖像。

encode_mu_logvar

輸入為 64 × 64 × 3 的圖像，並輸出與該輸入相對應的 mu 和 logvar 向量。用同樣的輸入圖像多次執行此模型每次都會生成相同的 mu 和 logvar 向量。

encode

輸入為 64 × 64 × 3 的圖像，並輸出一個 z 向量樣本。用同樣的輸入圖像多次執行此模型每次都會產生不同的 z 向量，使用算出來的 mu 和 logvar 值以定義抽樣分布。

decode

輸入為 z 向量，返回重構後的 64 × 64 × 3 圖像。

圖 12-6 為模型和子模型的示意圖。

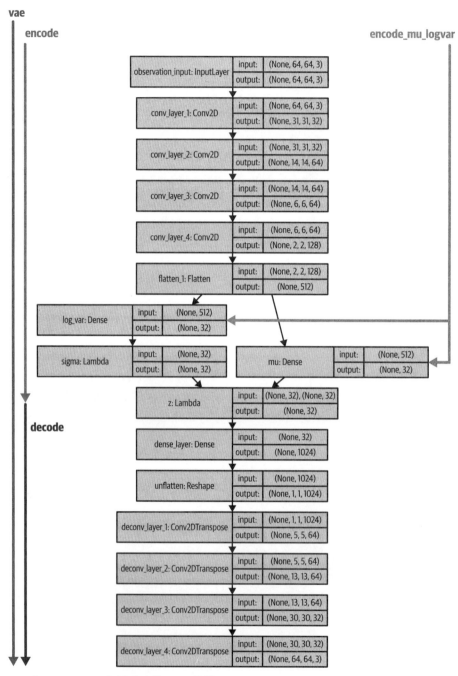

圖 12-6 "World Models" 論文中的 VAE 架構

探索 VAE

現在來看看 VAE 和每個子模型的輸出，以及如何用 VAE 生成全新的軌道觀察。

VAE 模型

將觀察送入 VAE 後就能精確地重構出原始圖像，如圖 12-7。這有助於更直接檢查 VAE 是否正常運作。

 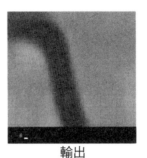

輸入　　　　　　　　　　輸出

圖 12-7　VAE 模型的輸入和輸出

編碼器模型

將觀測值送入 encode_mu_logvar 模型便會輸出描述了多維常態分布的 mu 和 logvar 向量。encode 模型則進一步從該分布中抽樣特定的 z 向量。圖 12-8 為兩個編碼器模型的輸出示意圖。

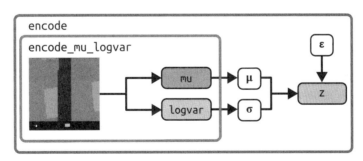

圖 12-8　編碼器模型的輸出

透過縮放並位移從標準高斯分布抽樣的向量，便可從 mu 和 logvar 定義的高斯分布中來抽樣潛在變異數 z（如範例 12-1）。

範例 12-1　從 mu 和 logvar 定義的多維常態分布抽樣 z

```
eps = tf.random_normal(shape=tf.shape(mu))
sigma = tf.exp(logvar * 0.5)
z = mu + eps * sigma
```

解碼器模型

decode 模型的輸入為 z 向量，並會重構出原始圖像。圖 12-9 中，在 z 的兩個維度線性插值以顯示每個維度如何編碼軌道的特定面，在此範例中，z[4] 控制距離車輛最近軌道的即時左 / 右方向，而 z[7] 則控制了即將到來的左轉幅度。

這說明了 VAE 學到的潛在空間是連續的，並可生成代理從未見過的新路段。

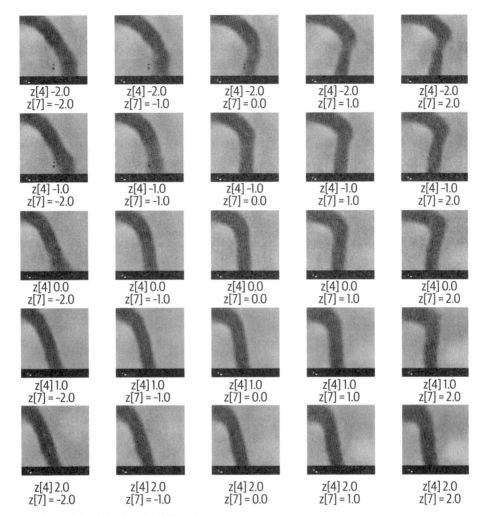

圖 12-9　在 z 的兩個維度間進行線性插值

收集資料以訓練 MDN-RNN

VAE 現在已經訓練好了，可以用它來生成 MDN-RNN 的訓練資料了。

在此要將所有隨機推演的觀測值透過 encode_mu_logvar 模型，並儲存與各個觀測值相對應的 mu 和 logvar 向量。這些編碼資料與收集到的 action、reward 和 done 變數將用於訓練 MDN-RNN。過程如圖 12-10。

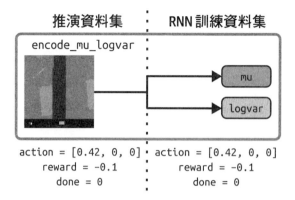

圖 12-10　建立 MDN-RNN 的訓練資料集

訓練 MDN-RNN

現在可以訓練 MDN-RNN 來根據目前的 z 向量、動作和前一個獎勵來預測下一個時步中 z 向量的分布與獎勵了。接著就能將 RNN 的內部隱藏狀態（可以將它視為模型目前對環境動態的理解）作為控制器輸入的一部分，它將決定下一步該採取的最佳行動。

此行程步驟的超參數如下：

rnn_batch_size

　　訓練 MDN-RNN 時使用的批大小（每個批次有多少序列，如 100）

rnn_num_steps

　　總訓練迭代數（如 4000）

MDN-RNN 架構

圖 12-11 為 MDN-RNN 架構。

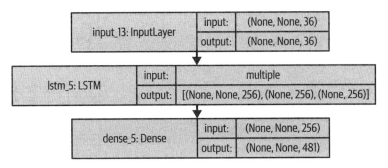

圖 12-11　MDN-RNN 架構

MDN-RNN 由 LSTM 層（RNN）與密集連接層（MDN）組成，密集連接層會將 LSTM 的隱藏狀態轉換成混合分布的參數。讓我們逐一介紹這個網路。

LSTM 層的輸入為一個長度 36 的向量，這是由來自 VAE 的編碼 z——向量（長度 32）、當前動作（長度 3）和前一個獎勵（長度 1）的串聯結果。

LSTM 層的輸出為一個長度 256 的向量，每個 LSTM 單元皆為 1。此向量被傳到 MDN，一個將長度 256 的向量轉換成長度 481 的密集連接層。

為什麼是 481？圖 12-12 說明了 MDN-RNN 的輸出組成。混合密度網路的目的是模擬出於特定機率下可以從幾種可能分布中得出下一個 z 之事實。賽車範例選擇了五個常態分布。需要多少參數來定義這些分布呢？五種混合的每一種中，z 的所有 32 個維度都需要一個 mu 和 logvar（定義分布）還有選擇該混合的對數機率（logpi）。所以是 $5 \times 3 \times 32 = 480$ 個參數，額外多的一個參數是用於獎勵預測。

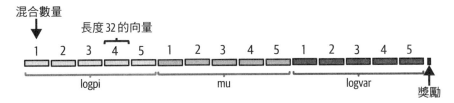

圖 12-12　混合密度網路的輸出

從 MDN-RNN 抽樣

從 MDN-RNN 的輸出中抽樣並生成下一個時步中的 z 與獎勵之預測的步驟如下：

1. 將 481 維度的輸出向量拆分成 3 個變異數（logpi、mu、logvar）與獎勵值。

2. 指數化並縮放 logpi，以便將其解譯分布在五個混合索引上的 32 個機率分布。

3. 從 logpi 建立的分布中針對 z 的 32 個維度抽樣（針對 z 的每個維度選擇該用五個分布中的哪一個）。

4. 取得該分布相對應的 mu 和 logvar 值。

5. 從常態分布中針對 z 的各維度抽樣，該常態分布是用 mu 和 logvar 為此維度所選之參數來參數化。

MDN-RNN 的損失函數為 z 向量重構損失和獎勵損失的總和。z 向量的重構損失為 MDN-RNN 根據 z 的真值所預測之分布的負對數似然，而獎勵損失為預測獎勵和實際獎勵之間的均方誤差。

訓練控制器

最後一個步驟是透過共變異數矩陣自適應進化策略（CMA-ES）來訓練控制器（輸出所選動作的網路）。

此行程步驟的超參數如下：

controller_num_worker

  同時測試解決方案的工作者數量

controller_num_worker_trial

  每個工作者在每一世代中所需測試的解決方案數量

controller_num_episode

  每個解決方案需測試的回合數，用於計算出平均獎勵

controller_eval_steps

  針對當前最佳參數做出評估之間的世代數量

控制器架構

控制器的架構非常簡單。它是一個沒有隱藏層的密集連接神經網路,將輸入向量直接連到動作向量。

輸入向量為當前 z 向量(長度 32)和 LSTM 當前隱藏狀態(長度 256)的串聯,也就是一個長度 288 的向量。因為要將每個輸入單元直接連到 3 個輸出動作單元,所以需要調整的權重總數為 $288 \times 3 = 864$,再加上 3 個偏差權重,共計 867。

該如何訓練這個網路呢?請注意這不是一個監督式學習問題,因此不是要試著預測出正確動作。因為我們無法得知在特定環境狀態下要採取什麼動作最好,所以沒有正確動作的訓練集。這就是將本問題歸類為強化學習問題的原因。我們需要代理在環境中進行各種嘗試,並根據接收到的回饋更新權重來自行找出最佳權重。

進化策略是解決強化學習問題的熱門選擇,因為它簡單、高效率並可擴充。我們將特別使用稱為 CMA-ES 的策略。

CMA-ES

進化策略通常採取以下步驟:

1. 建立一群代理並隨機初始化每個代理要最佳化的參數。

2. 反覆執行以下步驟:

   a. 評估環境中的每個代理,回傳多個回合的平均獎勵。

   b. 以得分最高的代理來培育群體的新成員。

   c. 於新成員的參數加入隨機性。

   d. 透過加入新建立的代理並移除表現不佳的代理來更新群體。

這與自然界中動物進化的過程類似,因此得名進化策略。在此所謂「培植」單純只是把現有最高得分的代理整合起來,讓下一代更有可能產生與上一代類似的高品質結果。與所有強化學習解決方案一樣,需要在貪婪地搜索局部最佳解和探索參數空間未知區域來尋求更好的解決方案之間找到平衡。這就是為什麼在群體中加入隨機性很重要,如此才能確保搜尋範圍不會過於狹隘。

CMA-ES 只是進化策略的其中一種。簡而言之，它要維護一個可以抽樣新代理參數的常態分布。它會在每一世代中更新分布的平均值，藉此盡可能將抽出上一個時步中的高得分代理的可能性拉到最高。同時，它會更新分布的共變異數矩陣，根據前一個平均值來盡可能提高抽出高得分代理的可能性。它可視為一種自然生成的梯度下降，但卻沒有副作用，意即不需要大費周章去計算或估計梯度。

圖 12-13 為某個簡易範例中演算法的其中一代。在此是要試著找到高度非線性二維函數的最小點，圖中紅／黑色區域裡的函數值會大於白／黃色部分的函數值。

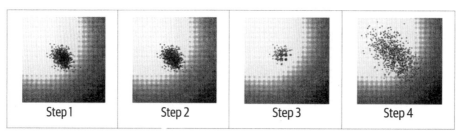

圖 12-13　CMA-ES 演算法的一個更新步驟（資料來源：Ha, 2017）[2]

步驟如下：

1. 從一個隨機生成的 2D 常態分布開始，抽樣候選群體，如圖 12-13 中的藍點。

2. 接著計算每個候選的函數值，並隔離出最好的 25%，如圖 12-13 中的紫色點，並稱此族群為 P。

3. 將新的常態分布平均值設為 P 的平均值。這可視為培育階段，在此只會用最優秀的候選來為分布生成新的平均值。還要將新常態分布的共變異數矩陣設為 P 的共變異數矩陣，但要用共變異數來計算現有的平均值而非 P 當前的平均值。現有平均值與 P 點的平均值之間的差異越大，下一個常態分布的變異就越大。這將自然地產生出尋找最佳參數的動力。

4. 接著可以用更新後的平均值和共變異數矩陣從新的常態分布中抽樣新的候選群體。

圖 12-14 顯示了過程中的幾個世代。請注意，共變異數首先隨著平均數大步向最小值靠近而變寬，但又隨著平均值趨於真實最小值而變窄。

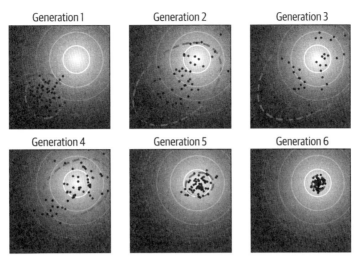

圖 12-14　CMA-ES（資料來源：Wikipedia，*https://oreil.ly/FObGZ*）

賽車任務並沒有要進行最大化的單一明確定義函數，而是一個需要最佳化 867 個參數才能確定代理得分的環境。最初，某些參數集會因偶然而產生比其他參數更高的得分，而演算法會將常態分布逐漸移向在環境中得分最高的那些參數。

平行化 CMA-ES

CMA-ES 的一大優點是可以輕鬆地平行化。該演算法最耗時的地方是計算特定參數集的分數，因為它需要用這些參數在環境中模擬代理。然而，這個過程可以平行化，因為各個模擬之間沒有依賴關係。編排器行程會將要測試的參數集同時發送給多個節點行程。節點將結果回傳給編排器，編排器累積結果後將該世代的整體結果傳給 CMA-ES 物件。此物件會根據圖 12-13 來更新常態分布的平均值和共變異數矩陣，並提供編排器一組要測試的新群體，接著再重新開始。圖 12-15 為此過程的示意圖。

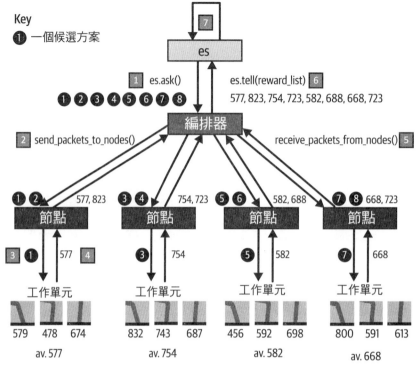

圖 12-15　平行化 CMA-ES 的示意圖——此圖中的群體大小為 8，共四個節點（因此 t = 2，即每個節點負責的測試次數）

❶ 編排器請求 CMA-ES 物件（es）提供一組測試參數。

❷ 編排器將參數依可用節點數劃分。在此範例中，四個節點各需處理兩組參數。

❸ 節點執行會遍歷每一組參數並將工作行程執行多次。此範例中，每組參數各會執行三個回合。

❹ 平均各回合的獎勵分數來算出各組參數的得分。

❺ 各節點將其分數表回傳給編排器。

❻ 編排器將所有得分合併之後傳給 es 物件。

❼ es 物件根據此分數表計算出新的常態分布，如圖 12-13。

經過大約 200 個世代後，訓練過程於賽車工作中獲得的平均得分大概是 840 分，如圖 12-16。

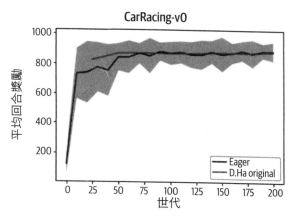

圖 12-16　控制器訓練過程於各世代的平均回合獎勵（資料來源：Zac Wellmer，"World Models"）

夢境訓練

目前為止，控制器都是在 Gym CarRacing 環境中訓練，希望能實作出能將模擬從某個狀態移轉到下一個狀態的步驟方法。此函數會根據當前環境狀態和所選動作來算出下一個狀態和獎勵。

請注意，步驟方法執行的功能與模型中的 MDN-RNN 非常類似。也就是根據當前 z 和所選動作從 MDN-RNN 中抽樣，並輸出下一個 z 和獎勵之預測。

事實上，MDN-RNN 本身可以被視為一個環境，不過是在 z 空間中運作，而非原始圖像空間中。令人難以置信的是，這表示我們其實可以用 MDN-RNN 的副本來取代真實環境，並完全在一個由 MDN-RNN 所啟發的夢境中訓練控制器，這個夢境呈現了環境應有的行為。

換句話說，MDN-RNN 已經從原始的隨機動作資料集充分理解了真實環境的物理常識，以致於在訓練控制器時可用它來代替真實環境。這相當驚人，這表示代理可藉由思考如何在夢境中最大化獎勵來訓練自己學會新任務，而不必在現實世界中嘗試策略。在從未於現實環境測試過的情況下，它第一次執行就能有相當好的表現。

下圖為於真實環境和於夢境中訓練的架構比較：圖 12-17 為真實環境的架構，而圖 12-18 為夢境訓練的設置。

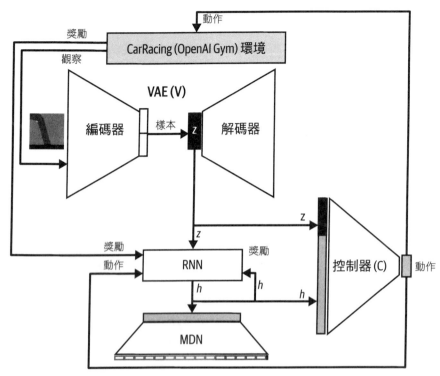

圖 12-17　於 Gym 環境訓練控制器

請注意，在夢境架構中，控制器完全是在 z 空間中訓練，因此無須將 z 向量解碼為可辨識的軌道圖像。當然也可以這樣做以便直接觀察代理表現，但對訓練來說是不必要的。

完全在 MDN-RNN 夢境中訓練代理的挑戰之一是過度擬合。當代理找到一種在夢境中很有效但無法一般化到真實環境的策略時就會發生這個狀況，因為 MDN-RNN 無法完全擷取到真實環境在某些條件下的行為。

原論文的作者特別提及了這個挑戰，並表示透過包含一個控制模型不確定性的 temperature 參數便可緩解這個狀況。增加這個參數會放大在從 MDN-RNN 抽樣 z 時的變異程度，導致在夢境中訓練時會出現較不穩定的推演。能夠良好應對已知狀態的安全策略會讓控制器獲得較高分，因此對於真實環境的一般化程度也更好。然而，也會需要平衡溫度的增幅，以免環境變得過於不穩導致控制器無法學習任何策略，因為這樣一來夢境隨著時間演變的一致性會不足。

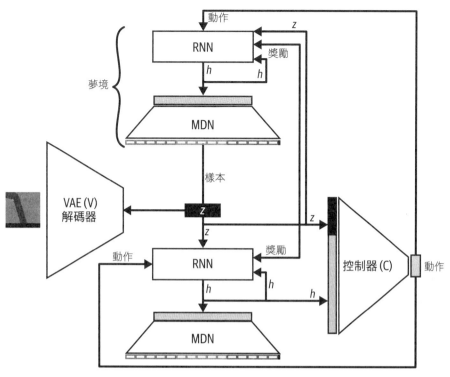

圖 12-18　在 MDN-RNN 夢境中訓練控制器

在原論文中，作者成功地在不同環境中應用了這項技術，也就是以 *Doom*（毀滅戰士）電玩遊戲為基礎的 DoomTakeCover。圖 12-19 說明了調整溫度參數會如何影響虛擬（夢境）得分和在真實環境中的實際分數。

溫度 τ	虛擬得分	實際得分
0.10	2086 ± 140	193 ± 58
0.50	2060 ± 277	196 ± 50
1.00	1145 ± 690	868 ± 511
1.15	918 ± 546	1092 ± 556
1.30	732 ± 269	753 ± 139
隨機策略	N/A	210 ± 108
GYM 領先者	N/A	820 ± 58

圖 12-19　用溫度控制夢境的波動（資料來源：Ha and Schmidhuber, 2018）

最佳溫度 1.15 於真實環境中獲得了 1,092 分，於發表時超越了當時的 Gym 領先者。這是一項了不起的成就，別忘了控制器從 未在真實環境中嘗試過該任務。它只在真實環境中採取過隨機動作（用來訓練 VAE 和 MDN-RNN 夢境模型），然後便用夢境訓練控制器。

使用生成式世界模型作為強化學習方法的一個主要的好處是，在夢境中每一代的訓練速度都比在真實環境訓練快得多。這是因為 MDN-RNN 預測 z 和獎勵的速度比 Gym 環境計算出 z 和獎勵的速度更快。

總結

本章介紹了如何在強化學習環境中利用生成模型（VAE），使代理能藉由在自己生成的夢境，而非在真實環境之中來測試各種策略，藉此學會某個有效的策略。

VAE 的訓練目的是學習環境的潛在表徵，並將其作為遞歸神經網路的輸入，該網路會預測潛在空間內的未來軌跡。神奇的是，代理已可運用這個生成模型作為虛擬環境，並透過進化法反覆測試策略來對真實環境有更好的一般化效果。

更多關於此模型的資訊，請參考網路上原論文作者寫的一篇優秀的互動式教學（*https://worldmodels.github.io*）。

參考文獻

1. David Ha and Jürgen Schmidhuber, "World Models," March 27, 2018, *https://arxiv.org/abs/1803.10122*.

2. David Ha, "A Visual Guide to Evolution Strategies," October 29, 2017, *https://blog.otoro.net/2017/10/29/visual-evolution-strategies*.

第十三章

多模態模型

本章目標

本章學習內容如下：

- 何謂多模態模型。

- 探索 OpenAI 的大規模文字轉圖片模型 DALL.E 2 的內部運作方式。

- 了解 CLIP 和 GLIDE 等擴散模型為何在 DALL.E 2 整體架構中舉足輕重。

- 分析論文作者特別提出的 DALL.E 2 相關限制。

- 探索 Google Brain 的大規模文字轉圖片模型 Imagen 之架構。

- 認識開放原始碼文字轉圖片模型 Stable Diffusion 使用的潛在擴散過程。

- 了解 DALL.E 2、Imagen 和 Stable Diffusion 彼此的相似之處與差異。

- 探討用於評估文字轉圖片模型的基準測試套件，DrawBench。

- 了解 DeepMind 所推出的全新視覺語言模型，Flamingo 的架構設計。

- 拆分 Flamingo 的不同元件以了解它們在整體模型所扮演的角色。

- 探索 Flamingo 的部分功能，包括對話提示。

目前為止，本書分析了專注於單一資料如文字、圖像或音樂等形式的生成學習問題。我們也看到了 GAN 和擴散模型如何生成最新圖像，以及 Transformers 如何引領文字和圖像生成的發展。然而，身為人類，跨領域對我們來說一點都不難，例如，以文字描述特定照片內容，為書中虛構的奇幻世界創造數位畫作，或依特定電影場景的情緒配樂等。我們能夠訓練機器做到同樣的事情嗎？

簡介

多模態學習需要訓練生成模型在兩種以上的不同類型資料間轉換。過去兩年間問世的一些令人讚嘆的模型在本質上都屬於多模態。本章將詳細探討它們的運作方式，並思考大型多模態模型將如何塑造生成模型的未來。

我們將探討四種不同的視覺語言模型：OpenAI 的 DALL.E 2、Google Brain 的 Imagen、Stability AI、CompVis 和 Runway 的 Stable Diffusion；以及 DeepMind 的 Flamingo。

 本章目的是簡單扼要地說明每個模型的工作原理，不會深入探討其設計決策細節。欲了解更多資訊，請參考各模型的論文，其中詳細解釋了所有設計選擇和架構決策。

文字轉圖片生成的重點在於根據特定文字提示來生成最棒的圖像。例如，假設輸入為：「一顆由黏土捏成的花椰菜在陽光下微笑（A head of broccoli made out of modeling clay, smiling in the sun）」，我們會希望模型能夠輸出一幅符合文字提示的圖像，如圖 13-1。

A head of broccoli made out of modeling clay, smiling in the sun

圖 13-1　DALL.E 2 的文字轉圖片生成範例

這顯然是一個極具挑戰性的問題。正如本書的前幾章所述，文字理解和圖像生成本身就很困難。像這樣的多模態建模帶來了更多挑戰，因為模型還必須學會如何跨越兩個領域之間的鴻溝來學會某種共享的表示方法，使其能在不丟失資訊的前提下還能準確地把一段文字轉換成高還原度的圖像。

此外，為了成功轉換，模型還需要結合可能從未見過的概念和風格。例如，米開朗基羅的壁畫中不會有戴著虛擬實境裝置的人，但我們會希望模型能夠依照要求創造出這樣的圖。同樣地，模型也需要能夠根據文字提示來準確推斷出生成圖像中物體之間的關係。例如，「太空人騎著甜甜圈飛越太空」的圖應該要與「太空人在擁擠的太空中吃著甜甜圈」的圖看起來截然不同。模型必須學習單詞在上下文中的涵義，以及如何將實體之間明確的文字關係轉換成相同涵義的圖像。

DALL.E 2

首先要探討的是 OpenAI 為文字轉圖片生成而設計的 *DALL.E 2*。第一個版本 DALL.E[1] 是在 2021 年 2 月問世，引發了人們對多模態生成模型的新一波關注。在此將討論的是模型的第二代，也就是距離第一代僅一年多便在 2022 年 4 月推出的 DALL.E 2[2]。

DALL.E 2 是一款十分令人驚豔的模型，它進一步增進了我們對 AI 解決多模態問題的理解。它不僅有著深遠的學術影響，還促使我們提出一些涉及到 AI 在創作過程中所扮演角色的大哉問，這些過程以往被認為只有人類才能做到。我們首先將探討 DALL.E 2 的工作原理，並以本書之前討論過的關鍵概念為基礎來說明。

架構

要理解 DALL.E 2 的工作原理，首先必須先認識它的整體架構，如圖 13-2。

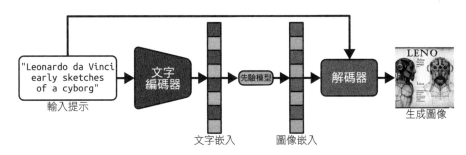

圖 13-2　DALL.E 2 的架構

DALL.E 2 的架構有三個不同的部分：文字編碼器、先驗模型和解碼器。文字首先透過文字編碼器來產生文字嵌入向量，再由先驗模型轉換向量以產生圖像嵌入向量，最後與原始文字一起透過解碼器來生成圖像。我們將逐一討論每個元件，這樣才能全面理解 DALL.E 2 的實際運作方式。

文字編碼器

文字編碼器的目的是將文字提示轉換成一個能在潛在空間中代表文字提示概念的嵌入向量。如之前的章節所述，將離散文字轉換為連續潛在空間向量對所有下游工作來說都很重要，因為這讓我們可以根據特定目標進一步持續控制向量。

作者沒有重新訓練 DALL.E 2 的文字編碼器，而是利用了一個同樣是 OpenAI 製作的既有模型：對比圖文預訓練（CLIP）。因此，要理解它的文字編碼器，首先必須認識 CLIP 的工作原理。

CLIP

CLIP（*https://openai.com/blog/clip*）[3] 是在 2021 年 2 月 OpenAI 發表的一篇論文中首次亮相（就在第一篇 DALL.E 論文發表的幾天後），並將其描述為「一種從自然語言監督來有效學習視覺概念的神經網路」。

它使用一種叫做對比學習的技術來比對圖像與文字描述。該模型使用從網路爬取而來的 4 億個圖文組資料集所訓練，圖 13-3 為其中一些範例。相較之下，ImageNet 只有 1,400 萬張人工標註的圖像。CLIP 的工作是要從一系列可能的文字中找出符合特定圖像的描述。

對比學習背後的主要概念很簡單。總共會訓練兩個神經網路：一個將文字轉換為文字嵌入的文字編碼器，和一個將圖像轉換為圖像嵌入的圖像編碼器。接著，指定一批圖文組並使用餘弦相似度來比較所有文字和圖像的嵌入組合，並訓練網路將相符圖文組之間的得分最大化，同時還要讓不相符的圖文組之間的得分最小化。過程如圖 13-4。

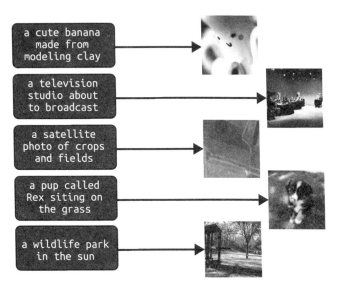

圖 13-3　圖文組範例

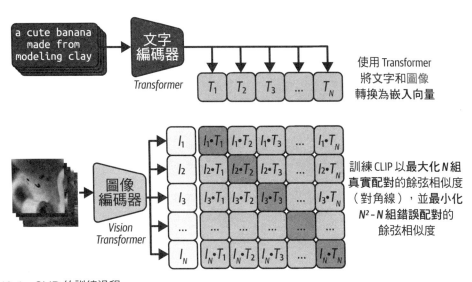

使用 Transformer
將文字和圖像
轉換為嵌入向量

訓練 CLIP 以最大化 N 組
真實配對的餘弦相似度
（對角線），並最小化
$N^2 - N$ 組錯誤配對的
餘弦相似度

圖 13-4　CLIP 的訓練過程

CLIP 不是生成模型

請注意，CLIP 本身並非生成模型，它不能生成圖像或文字。由於它最終的輸出是預測特定的文字組中哪一個最符合指定圖像（或者哪個圖像最貼近指定的文字描述），因此它更像是個鑑別模型。

文字編碼器和圖像編碼器都是 Transformer，圖像編碼器是第 282 頁「ViT VQ-GAN」中介紹過的 Vision Transformer（ViT），對圖像應用了相同的注意力概念。作者還測試了其他模型架構，但發現這個組合的結果最好。

CLIP 特別有趣的地方在於，它可以對從未接觸過的工作進行零樣本預測。舉例來說，假設要用 CLIP 來預測 ImageNet 資料集中特定圖像的標籤，首先可以用樣板（例如，「a photo of a <label>」）將 ImageNet 標籤轉換成句子，如圖 13-5。

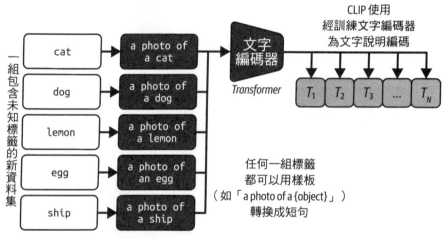

圖 13-5　將新資料集中的標籤轉換為文字說明以生成 CLIP 文字嵌入

將圖像傳給 CLIP 的圖像編碼器並計算圖像嵌入與所有可能文字嵌入之間的餘弦相似度來找出得分最高的標籤，如此一來就能預測指定圖像的標籤，如圖 13-6。

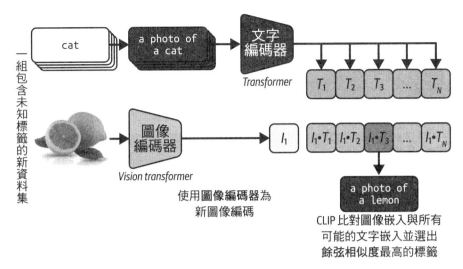

圖 13-6　用 CLIP 預測圖像內容

請注意，不需要重新訓練任何一個 CLIP 神經網路就能將其直接應用於新的任務。它用語言作為表現任何一組標籤的共通領域。

這個方法足以證明 CLIP 在應對各種圖像資料集標註挑戰的表現都非常亮眼（圖 13-7）。其他用特定資料集訓練來預測指定標籤的模型通常無法應用在具有相同標籤的不同資料集上，因為它們針對所訓練的個別資料集已高度最佳化。CLIP 相較之下則更加穩健，因為它對完整文字描述和圖像的概念已有深刻理解，而不只是擅長對資料集特定圖像指定單一標籤這種狹隘的任務。

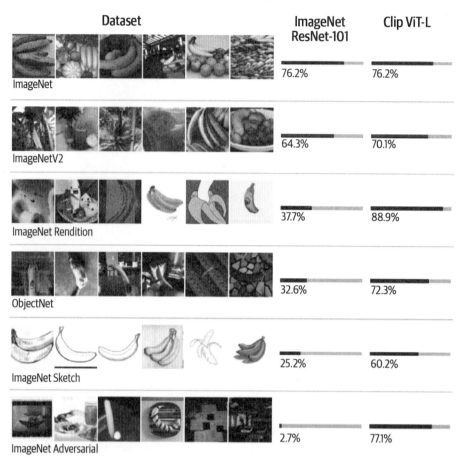

Dataset	ImageNet ResNet-101	Clip ViT-L
ImageNet	76.2%	76.2%
ImageNetV2	64.3%	70.1%
ImageNet Rendition	37.7%	88.9%
ObjectNet	32.6%	72.3%
ImageNet Sketch	25.2%	60.2%
ImageNet Adversarial	2.7%	77.1%

圖 13-7　CLIP 在各種圖像標籤資料集上都表現優異（資料來源：Radford et al., 2021）

如上述，CLIP 是根據鑑別能力來衡量，那麼它是如何有助於建立 DALL.E 2 這類生成模型？

答案是，將訓練好並凍結權重的文字編碼器作為如 DALL.E 2 等大型模型的一部分。訓練過的編碼器是一個能將文字轉換為文字嵌入的通用模型，對生成圖像等下游工作應有所幫助。文字編碼器能夠擷取到文字中豐富的概念，因為它已被訓練成盡可能貼近所對應的圖像嵌入，而後者只能透過已配對的圖像來產生。因此它是做到從文字跨越到圖像領域所需橋樑的第一個部分。

先驗模型

過程的下一階段要將文字嵌入轉換為 CLIP 圖像嵌入。DALL.E 2 的作者嘗試了兩種不同的方法來訓練先驗模型:

- 自迴歸模型

- 擴散模型

最後他們發現擴散法的效果優於自迴歸模型,運算效率也更好。本節將介紹這兩種做法並了解之間的差異。

自迴歸先驗

自迴歸模型藉由對輸出標記(如單詞、像素)進行排序,並根據前一個標記來條件化下一個標記,這樣就能依序生成輸出。前面的章節已介紹過這項技術在遞歸神經網路(如 LSTM)、Transformer 和 PixelCNN 中的應用。

DALL.E 2 的自迴歸先驗是一個編碼器-解碼器 Transformer。它被訓練來為特定 CLIP 文字嵌入重現出 CLIP 圖像嵌入,如圖 13-8。請注意,原論文中的自迴歸模型還有一些其他的元件,但本書為求簡潔在此省略。

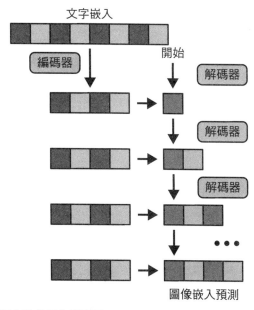

圖 13-8　DALL.E 2 自迴歸先驗的簡化示意圖

模型使用 CLIP 圖文組資料集訓練。可以將這部分視為從文字跳到圖像領域所需橋樑的第二段：將向量從文字嵌入潛在空間轉換為圖像嵌入潛在空間。

Transformer 的編碼器首先處理輸入文字嵌入來生成另一個表示，並和當前的生成輸出圖像嵌入一起送入解碼器。輸出是逐元素生成，並使用教師強迫法來比較下一個元素的預測結果與真實的 CLIP 圖像嵌入。

生成的連續性代表了自迴歸模型的運算效率比作者嘗試的另一種方法更低，接下來將討論該方法。

擴散先驗

如第 8 章介紹過的，擴散模型和 Transformer 正迅速地成為生成式模型從業者的首選。DALL.E 2 的先驗為透過擴散過程訓練的解碼器 Transformer。

訓練和生成過程如圖 13-9。再次強調這是簡化版，原論文中有建置擴散模型的完整細節。

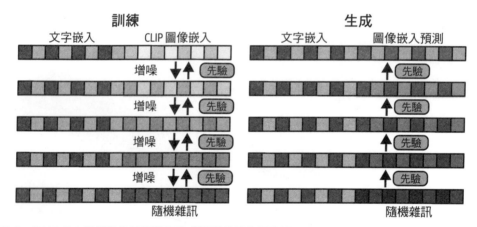

圖 13-9　DALL.E 2 的擴散先驗訓練和生成過程的簡化示意圖

在訓練期間，每組 CLIP 文字和圖像嵌入配對首先被串聯成一個單一向量。然後圖像嵌入增噪 1,000 個時步以上直到無法與隨機雜訊區分為止，接著訓練擴散先驗來預測前一個時步的降噪圖像嵌入。先驗模型在整個過程皆可存取文字嵌入，因此它能夠根據此訊息調整預測，逐漸將隨機雜訊轉換為預測的 CLIP 圖像嵌入。損失函數是各個降噪步驟的均方誤平均結果。

抽樣一個隨機向量並在前面加入相關文字嵌入，將其送入訓練好的擴散先驗模型數次後便可生成新的圖像嵌入。

解碼器

DALL.E 2 的最後一個部分是解碼器。這部分的模型會根據文字提示和先驗模型預測的圖像嵌入來生成最終圖像。

解碼器的架構和訓練借鑑了 OpenAI 於 2021 年 12 月發表的一篇論文，其中介紹了一款名為「用於生成和編輯的引導式語言轉圖像擴散（GLIDE）」[4] 的生成模型。

GLIDE 能夠根據文字提示生成逼真圖像，方式與 DALL.E 2 大致相同。不同之處在於，GLIDE 無法使用 CLIP 嵌入，而是直接使用原始文字提示從頭開始訓練整個模型，如圖 13-10。

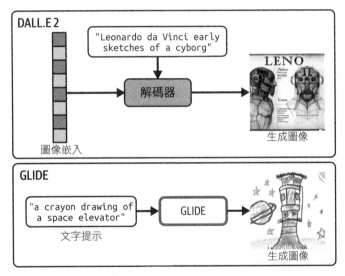

圖 13-10　DALL.E 2 和 GLIDE 的比較：GLIDE 是從頭開始訓練整個生成模型，而 DALL.E 2 使用 CLIP 嵌入將訊息從原始文字提示傳遞下去

先來看看 GLIDE 的工作原理。

GLIDE

GLIDE 在訓練上被視為擴散模型，具有用於降噪的 U-Net 架構和用於文字編碼器的 Transformer 架構。它能學會如何在文字提示的引導下消除圖像中所加入的雜訊。最後訓練上抽樣器將生成的圖像放大為 1,024 × 1,024 像素。

GLIDE 會從頭開始訓練一個含有 35 億個參數的模型，模型的視覺部分（U-Net 和上抽樣器）有 23 億個參數，而 Transformer 部分有 12 億個，使用 2.5 億對圖文組進行訓練。

擴散過程如圖 13-11。Transformer 用於建立輸入文字提示的嵌入，此嵌入負責在整個降噪過程中引導 U-Net。第 8 章曾探討過 U-Net 架構，它在當圖像整體尺寸必須維持不變時（例如樣式轉移、降噪等）是一個完美的選擇。

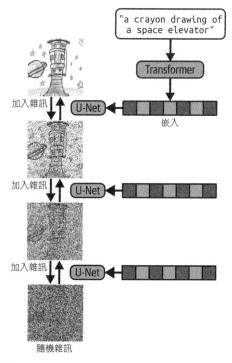

圖 13-11　GLIDE 的擴散過程

DALL.E 2 的解碼器仍使用 U-Net 降噪器和 Transformer 文字編碼器架構，但另外具有 CLIP 圖像嵌入預測作為條件。這是 GLIDE 和 DALL.E 2 之間的關鍵差異，如圖 13-12。

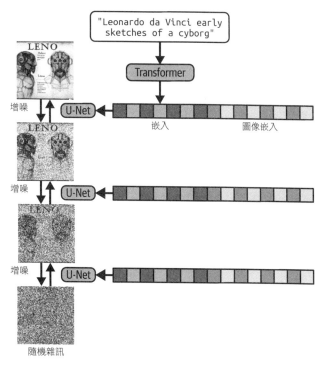

圖 13-12　DALL.E 2 的解碼器還會以先驗生成的圖像嵌入作為條件

與所有擴散模型一樣，首先抽樣一些隨機雜訊並以 Transformer 文字編碼和圖像嵌入為條件，多次透過 U-Net 降噪器後就能產生新圖像。輸出為一張 64 × 64 像素的圖像。

上抽樣器

解碼器最後一個部分為上抽樣器（由兩個獨立的擴散模型組成）。第一個擴散模型會將圖像從 64 × 64 轉成 256 × 256 像素。第二個再進一步將其從 256 × 256 轉成 1,024 × 1,024 像素，如圖 13-13。

上抽樣技術相當好用，因為這表示我們不必建立大型上游模型來處理高維度圖像，也就是說，在使用上抽樣的最後階段之前只要處理小圖就好。

這個做法可以節省了模型參數，並確保上游訓練過程的效率能夠更好。

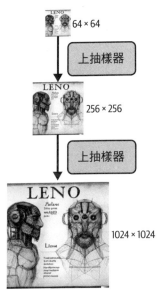

圖 13-13　第一個上抽樣擴散模型將圖像從 64 x 64 轉為 256 x 256 像素，而第二個會將圖像從 256 x 256 轉換成 1,024 x 1,024 像素

DALL.E 2 模型的說明到此結束！整體而言，DALL.E 2 使用預訓練 CLIP 模型來生成對應於輸入提示的文字嵌入，然後藉由名為先驗的擴散模型將它轉換成圖像嵌入。最後，實作 GLIDE 式擴散模型，以預測的圖像嵌入和 Transformer 編碼的輸入提示為條件來生成輸出圖像。

DALL.E 2 的生成範例

OpenAI 的官網上有許多 DALL.E 2 的生成範例（*https://openai.com/dall-e-2*）。該模型能夠以逼真的方式結合各種不同且複雜的概念令人讚嘆不已，象徵著 AI 和生成模型的重大躍進。

論文中，作者還展示了模型於文字轉圖片生成以外的其他用途。其中一項應用便是下一節將討論的變造指定圖像。

圖像變造

如前所述，在使用 DALL.E 2 的解碼器生成圖像時，首先要抽樣一張純隨機雜訊圖像，接著藉由降噪擴散模型根據所提供的圖像嵌入來逐步減少雜訊量。選擇不同的初始隨機雜訊樣本會生成不同的圖像。

因此，只需要建立特定圖像嵌入並送入解碼器就可以生成該圖像的各種變化版。透過原始的 CLIP 圖像編碼器便可取得圖像嵌入，因為它的設計目的就是將圖像轉換為 CLIP 圖像嵌入，過程如圖 13-14。

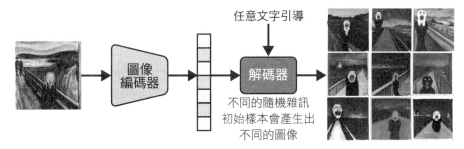

圖 13-14　DALL.E 2 可用來變造特定圖像

先驗的重要性

作者探索的另一個途徑是確立先驗的重要性。先驗的目的是利用預訓練 CLIP 模型為解碼器提供有助於圖像生成的表示。然而，其實可以不需要這個步驟，或許我們可以直接將文字嵌入而非圖像嵌入傳給解碼器，或是完全忽略 CLIP 嵌入，只用文字提示作為生成條件。但是這樣做是否會影響生成的品質呢？

為了測試這一點，作者嘗試了三種不同做法：

1. 只提供解碼器文字提示（圖像嵌入為零向量）。

2. 提供解碼器文字提示和文字嵌入（視為圖像嵌入）。

3. 提供解碼器文字提示和圖像嵌入（完整模型）。

結果如圖 13-15。我們可以看到，當解碼器缺乏圖像嵌入訊息時，只能生成約略符合文字提示的圖像但是缺少如計算機等關鍵訊息。將文字嵌入視為圖像嵌入的方法的效果有比較好，但仍無法捕捉到刺蝟和計算機之間的關係。只有具備先驗的完整模型才能生成精準反映了所有訊息的圖像。

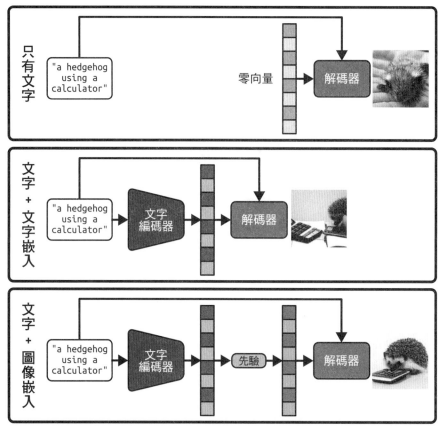

圖 13-15　先驗提供了模型額外的上下文，有助於解碼器產生更準確的生成結果
（資料來源：Ramesh et al., 2022）

限制

在 DALL.E 2 的論文中，作者還提及了幾個模型的已知限制。其中兩個（屬性綁定和文字生成）如圖 13-16。

屬性綁定是模型理解特定文字提示中單詞之間關係的能力，特別是屬性與物體的關係。例如，「在藍色方塊上的紅色方塊」這段提示在視覺上必須與「在紅色方塊上的藍色方塊」有明顯差異。相較於 GLIDE 這類早期模型，DALL.E 在這方面比較不擅長，但生成的整體品質更好又更多樣化。

圖 13-16　DALL.E 2 的兩個限制在於屬性與物體的綁定和重現文字訊息：上方提示：「在藍色方塊上的紅色方塊」；下方提示：「寫著深度學習的牌子」（資料來源：Ramesh et al., 2022）

此外，DALL.E 2 無法準確地重現文字，這可能是因為 CLIP 嵌入無法捕捉拼字，只能包含文字的較高階標示。這些標示可以部分成功地解碼成文字（個別字母大致正確），但沒有足夠的組合理解來形成完整的單詞。

Imagen

就在 OpenAI 發表 DALL.E 2 的一個多月後，Google Brain 團隊也推出了自家的文字轉圖像模型——Imagen[5]。本章已經探討過的許多核心主題也與 Imagen 有關，例如，它也運用了文字編碼器和擴散模型解碼器。

下一節將討論 Imagen 的整體架構，並與 DALL.E 2 比較。

架構

Imagen 的整體架構如圖 13-17。

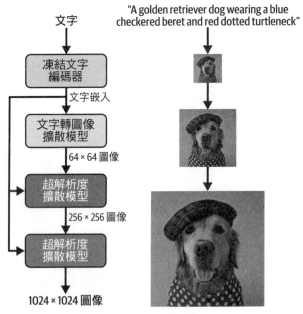

圖 13-17　Imagen 架構（資料來源：Saharia et al., 2022）

凍結的文字編碼器為預訓練 T5-XXL 模型，這是一個大型的編碼器-解碼器 Transformer。與 CLIP 不同，T5-XXL 僅用文字而不用圖像訓練，所以它不是多模態模型。然而，作者發現它仍然非常適合作為 Imagen 的文字編碼器，且縮放此模型對整體效能的影響比縮放擴散模型解碼器更大。

跟 DALL.E 2 一樣，Imagen 的解碼擴散模型是以 U-Net 為基礎，並以文字嵌入為條件。在多次改良標準 U-Net 架構後才有了作者所謂的 *Efficient U-Net*。此模型比之前的 U-Net 記憶體用量更低、收斂速度更快，樣本品質也更好。

將生成圖像從 64 × 64 轉成 1,024 × 1,024 像素的上抽樣超解析度模型也是一種擴散模型，持續使用文字嵌入來引導上抽樣過程。

DrawBench

Imagen 論文的另一個貢獻是 *DrawBench*，一套含有 200 條文字提示的文字轉圖片評估工具。文字提示涵蓋了 11 個類別，例如計數（生成指定數量物體的能力）、描述（生成描述物體的複雜長文提示的能力）和文字（生成引用文字的能力）等。為了比較這兩款生圖模型，可將 DrawBench 文字提示送入各模型，並將輸出交給一個人類評審團來評估，評估標準包括以下兩個指標：

一致性

哪張圖更準確地描述了說明？

真實性

哪張圖更逼真（看起來更真實）？

圖 13-18 為 DrawBench 人類評審團給出的結果。

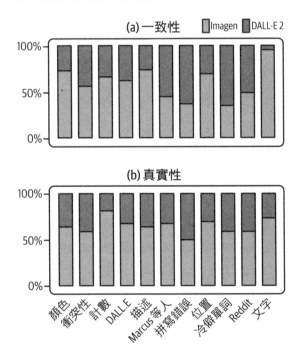

圖 13-18　於 DrawBench 比較 Imagen 和 DALL.E 2 的一致性和真實性
（資料來源：Saharia et al., 2022）

DALL.E 2 和 Imagen 都是非常出色的模型，為文字轉圖片生成這個領域做出了重大貢獻。雖然 Imagen 在許多 DrawBench 的標準上贏過 DALL.E 2，但 DALL.E 2 提供了許多 Imagen 沒有的附加功能。例如，因為 DALL.E 2 採用了 CLIP（一個多模態文字轉圖像模型），它得以接受圖像作為輸入並生成圖像嵌入。這表示 DALL.E 2 可以編輯和變造圖像。這對 Imagen 來說是不可能的，因為它的文字編碼器是純文字模型因此無法以圖像作為輸入。

Imagen 的生成範例

圖 13-19 為 Imagen 的生成範例。

Three spheres made of glass falling into the ocean. Water is splashing. Sun is setting.

Vines in the shape of text "Imagen" with flowers and butterflies bursting out of an old TV.

A strawberry splashing in the coffee in a mug under the starry sky.

圖 13-19　Imagen 生成的圖像範例（資料來源：Saharia et al., 2022）

Stable Diffusion

最後一個要介紹的文字轉圖片擴散模型是 *Stable Diffusion*，於 2022 年 8 月由 Stability AI（*https://stability.ai*）、慕尼黑大學的電腦視覺與學習研究小組（*https://ommer-lab.com*）以及 Runway（*https://runwayml.com*）共同推出。與 DALL.E 2 和 Imagen 不同的是，它的程式碼和模型權重已公開於 Hugging Face（*https://oreil.ly/BTrWI*），表示任何人都可以用自己的硬體來介接模型，無須透過專有 API。

架構

Stable Diffusion 與之前討論過的文字轉圖片模型在架構上的主要差異為，它使用潛在擴散作為基礎生成模型。潛在擴散模型（LDM）首次出現在 Rombach 等人於 2021 年 12 月發表之「使用潛在擴散模型合成高解析度圖像」[6] 論文當中，其核心概念是將擴散模型包在自動編碼器中，讓擴散過程執行於圖像的潛在空間表示中，而非圖像本身，如圖 13-20。

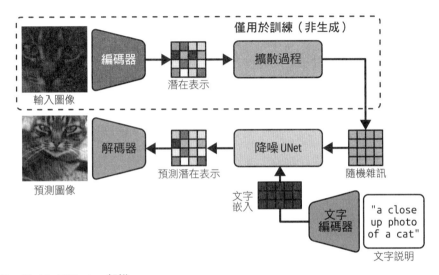

圖 13-20　Stable Diffusion 架構

這項突破代表著降噪 U-Net 模型會比在執行於完整圖像時更輕量化。將圖像細節編碼到潛在空間並將潛在空間解碼回高解析度圖像等繁重任務都交給了自動編碼器，讓擴散模型只在潛在的概念空間中運作，就能大幅提高了訓練過程的速度和效能。

另外，也可以選擇透過文字編碼器傳遞文字提示來引導降噪過程。第一版 Stable Diffusion 使用了 OpenAI 的預訓練 CLIP 模型（與 DALL.E 2 的一樣），但 Stable Diffusion 2 使用了 OpenCLIP，另一款從頭訓練的客製化 CLIP 模型（*https://oreil.ly/RaCbu*）。

Stable Diffusion 的生成範例

圖 13-21 為一些 Stable Diffusion 2.1 的輸出範例，你可以用 Hugging Face 上的模型試試看自己的提示（*https://oreil.ly/LpGW4*）。

"an insect robot preparing a delicious meal"

"a high tech solarpunk utopia in the the Amazon rainforest"

"a small cabin on top of a snowy mountain in the style of Disney, artstation"

圖 13-21　Stable Diffusion 2.1 的輸出範例

探索潛在空間

若想進一步了解 Stable Diffusion 模型的潛在空間，請參考 Keras 網站上的教學（*https://oreil.ly/4sNe5*）。

Flamingo

截至目前為止，我們已經看過三種不同類型的文字轉圖像模型。本節將探討一款根據文字和視覺資料流來生成文字的多模態模型。Flamingo 是 DeepMind 於 2022 年 4 月所發表論文[7]中介紹的視覺語言模型（VLM），可作為連接預訓練純視覺和純語言模型之間的橋樑。

本節將介紹 Flamingo 模型的架構，並與目前討論過的文字轉圖像模型做比較。

架構

Flamingo 的整體架構如圖 13-22。為求簡潔，在此只會討論 Flamingo 之所以獨特的核心元件——視覺編碼器、感知器重抽樣器和語言模式等重點概念。建議你參考原始論文以了解各部分的全貌。

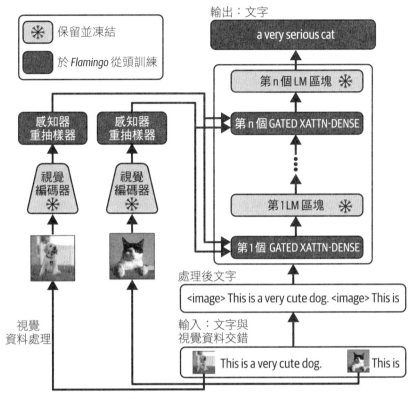

圖 13-22　Flamingo 架構（資料來源：Alayrac et al., 2022）

視覺編碼器

比較 Flamingo 模型與 DALL.E 2 和 Imagen 等純文字轉圖像模型，兩者首先差在 Flamingo 可以接受文字和視覺資料交錯的組合。視覺資料包含了影音和圖像。

視覺編碼器的工作是將輸入中的視覺資料轉換為嵌入向量（類似 CLIP 中的圖像編碼器）。Flamingo 的視覺編碼器是由 Brock 等人於 2021 年推出的預訓練無正規化 ResNet（NFNet）[8]，具體來說就是一個 NFNet-F6 模型（NFNet 模型依大小和性能從 F0 到 F6 有不同版本）。這是 CLIP 圖像編碼器和 Flamingo 視覺編碼器之間的一個關鍵差異：前者使用 ViT 架構，而後者使用了 ResNet 架構。

視覺編碼器使用與 CLIP 論文相同的對比式目標訓練圖文資料組。訓練後權重會被凍結，讓 Flamingo 模型後續在訓練時都不會影響到視覺編碼器的權重。

視覺編碼器的輸出是一個二維特徵網格，在傳遞給感知器重抽樣器之前會先被攤平成一維向量。影片的處理方式則是每秒抽樣 1 幀，並將每個畫面單獨傳遞給視覺編碼器以產生多個特徵網格；所學會的時間編碼會在攤平特徵之前先被加入，並將結果串接成單一向量。

感知器重抽樣器

傳統編碼器 Transformer（如 BERT）的記憶體需求會隨著輸入序列長度的增加呈二次方上升，這就是為什麼輸入序列通常會被限制在一定數量的標記內（像 BERT 便是 512 個）。然而，視覺編碼器的輸出是可變長度向量（由於輸入圖像的解析度和幀數可變），因此可能會非常長。

感知器架構是專門設計來有效地處理長輸入序列。它使用固定長度的潛在向量，並只在交叉注意力層使用輸入序列，而非在完整輸入序列上執行自注意力。具體來說，Flamingo 感知器重抽樣器中的鍵和值是輸入序列和潛在向量的串聯，而查詢只是潛在向量。影音資料於視覺編碼器和感知器重抽樣器中的處理過程示意圖，如圖 13-23。

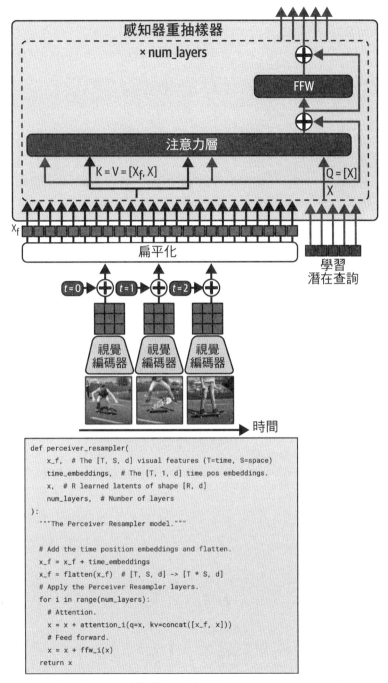

圖 13-23　應用於影音輸入的感知器重抽樣器（資料來源：Alayrac et al., 2022）

感知器重抽樣器的輸出為傳遞給語言模型的固定長度潛在向量。

語言模型

語言模型由數個堆疊區塊組成，如解碼器 Transformer，並輸出後續文字的預測。事實上，語言模型的大部分是由名為 *Chinchilla* 的 DeepMind 預訓練模型所構成。Chinchilla 的論文發表於 2022 年 3 月 [9]，其中提出了一個比同類小得多、但又可以使用更多標記訓練的語言模型（舉例來說，相較於 GPT-3 有 1700 億個參數，Chinchilla 只有 700 億個）。作者表示該模型在多項任務上的表現比大型模型更好，強調在訓練較大模型和使用更多標記訓練之間取得最佳平衡的重要性。

Flamingo 論文的一項重要貢獻是展現了 Chinchilla 可適用於夾雜著語言資料（Y）的額外視覺資料（X）。先來看看如何結合語言和視覺輸入以產生語言模型的輸入吧（如圖 13-24）。

首先，用 <image> 標籤取代視覺資料（如圖像），並用 <EOC>（區塊結束）標籤將文字分成多個小塊來處理。每塊最多包含一個圖像，並永遠在區塊的開頭，也就是說後續文字應只和該圖像有關。序列的開頭同樣標有 <BOS>（語句開始）標籤。

接下來，序列會被標記化並分配各個標記與前一個圖像索引（若區塊中沒有前一個圖像，則為 0）相對應的索引（phi）。這樣一來便可以透過遮罩強迫文字標記（Y）只會去交叉注意在與各自區塊相對應的圖像標記（X）上。例如，圖 13-24 中的第一個區塊中沒有任何圖像，因此所有來自感知器重抽樣器的圖像都會被遮起來。第二個區塊包含圖像 1，因此這些標記可以與圖像 1 的圖像標記互動。同樣地，最後一個區塊包含圖像 2，因此這些標記可以與圖像 2 的圖像標記互動。

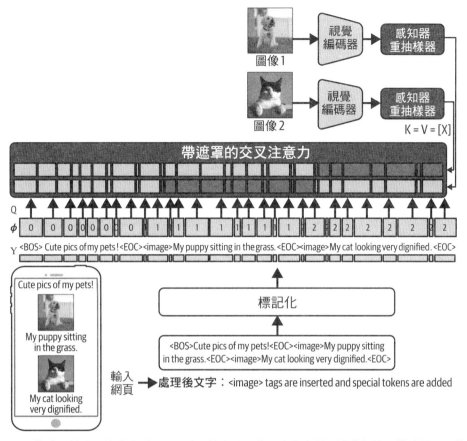

圖 13-24 帶遮罩的交叉注意力（XATTN），結合了視覺和文字資料。淺藍色輸入帶遮罩，深藍色部分則無遮罩（資料來源：Alayrac et al., 2022）

從圖 13-25 可以看出這個帶遮罩的交叉注意力元件如何被整合在語言模型的整體架構中。

藍色 LM 層元件是 Chinchilla 的凍結層，在訓練過程中不會被更新。紫色 GATED XATTN-DENSE 層則作為 Flamingo 的一部分訓練，並包含混合語言和視覺訊息的帶遮罩交叉注意力元件以及後續的前饋（密集）層。

此層具備門控機制，因為它會把來自交叉注意力和前饋元件的輸出透過兩個不同且都初始化為零的 tanh 閘。因此當網路初始化時，GATED XATTN-DENSE 層不會產生任何貢獻，語言訊息會直接透過。alpha 門控參數由網路學習而來，並隨著訓練進行而逐漸混合來自視覺資料的訊息。

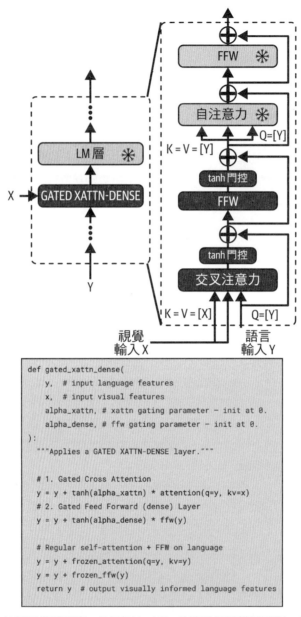

```
def gated_xattn_dense(
    y,  # input language features
    x,  # input visual features
    alpha_xattn, # xattn gating parameter - init at 0.
    alpha_dense, # ffw gating parameter - init at 0.
):
    """Applies a GATED XATTN-DENSE layer."""

    # 1. Gated Cross Attention
    y = y + tanh(alpha_xattn) * attention(q=y, kv=x)
    # 2. Gated Feed Forward (dense) Layer
    y = y + tanh(alpha_dense) * ffw(y)

    # Regular self-attention + FFW on language
    y = y + frozen_attention(q=y, kv=y)
    y = y + frozen_ffw(y)
    return y  # output visually informed language features
```

圖 13-25　Flamingo 的語言模型區塊，包括 Chinchilla 的凍結標記模型層和一個 GATED XATTN-DENSE 層（資料來源：Alayrac et al., 2022）

Flamingo 的生成範例

Flamingo 的用途相當廣泛，包括圖像和影音理解、會話提示以及視覺對話。圖 13-26 為
Flamingo 功能的一些範例。

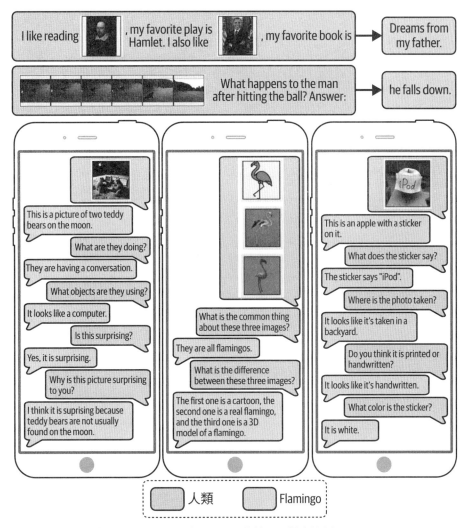

圖 13-26　從 800 億個參數的 Flamingo 模型所取得的輸入和輸出範例
　　　　　（資料來源：Alayrac et al., 2022）

請注意，在每個範例中，Flamingo 都是以真正的多模態風格來混合文字和圖像資訊。第一個範例用圖像代替了文字，並建議了一本適合的書來延續提示。第二個範例為影片的畫面，而 Flamingo 正確地判斷出動作的後果。最後三個範例都顯示了與 Flamingo 的互動，藉由對話或進一步提問來提供額外訊息。

看到機器能夠針對如此多元的模態和輸入任務對答如流真的十分令人驚訝。在原論文中，作者用一系列衡量工作量化了 Flamingo 的能力，並發現 Flamingo 的效能在許多標準上皆超越了專門處理該工作的模型。這突顯了大型多模態模型能夠快速地適應各種工作，不只能為侷限於單一任務的 AI 代理開發打好了基礎，而是在推論時能即時接受使用者指導的真正通用代理。

總結

本章探討了四種最先進的多模態模型：DALL.E 2、Imagen、Stable Diffusion 和 Flamingo。

DALL.E 2 是 OpenAI 的大型文字轉圖像模型，可以根據文字提示產生各種風格的逼真圖像。它的工作原理是透過結合預訓練模型（如 CLIP）與先前作品中的擴散模型架構（如 GLIDE）。DALL.E 2 還具有其他功能，例如透過文字提示編輯圖像和變造指定圖像。雖然仍有一些限制，例如文字渲染和屬性綁定不一致，但 DALL.E 2 確實是推動生成模型領域進入新時代的強大 AI。

另一個超越了先前標準的模型是 Google Brain 的 Imagen。它與 DALL.E 2 有許多相似之處，例如文字編碼器和擴散模型解碼器。兩個模型的關鍵差異之一在於 Imagen 的文字編碼器是用純文字資料訓練，而 DALL.E 2 文字編碼器的訓練則涉及圖像資料（透過對比 CLIP 學習目標）。作者透過 DrawBench 評估套件證實了這個方法在一系列任務上皆取得了最好的表現。

Stable Diffusion 是 Stability AI、CompVis 和 Runway 的開源產品。它是一款文字轉圖像的模型，模型權重和程式碼都可免費取得，因此可以在自己的硬體上執行。Stable Diffusion 又快又輕，因為它使用了可運行於自動編碼器潛在空間（而非圖像本身）中的潛在擴散模型。

最後，DeepMind 的 Flamingo 是一款視覺語言模型，它接受文字和視覺資料流（圖像和影音），並能夠用解碼器 Transformer 的方式來附加文字延續提示。Flamingo 的關鍵貢獻在於說明如何將視覺輸入特徵編碼成少量視覺標記的視覺編碼器和感知器重抽樣器，這樣才能把視覺資訊送入 Transformer。語言模型則改良了 DeepMind 早期的 Chinchilla 模型來混合視覺訊息。

四款模型都是展現多模態模型強大威力的傑出範例。未來，生成模型的模態極有可能變得更加豐富，而 AI 模型將可藉由互動式語言提示來輕鬆跨越各種模態與任務。

參考文獻

1. Aditya Ramesh et al., "Zero-Shot Text-to-Image Generation," February 24, 2021, *https://arxiv.org/abs/2102.12092*.

2. Aditya Ramesh et al., "Hierarchical Text-Conditional Image Generation with CLIP Latents," April 13, 2022, *https://arxiv.org/abs/2204.06125*.

3. Alec Radford et al., "Learning Transferable Visual Models From Natural Language Supervision," February 26, 2021, *https://arxiv.org/abs/2103.00020*.

4. Alex Nichol et al., "GLIDE: Towards Photorealistic Image Generation and Editing with Text-Guided Diffusion Models," December 20, 2021, *https://arxiv.org/abs/2112.10741*.

5. Chitwan Saharia et al., "Photorealistic Text-to-Image Diffusion Models with Deep Language Understanding," May 23, 2022, *https://arxiv.org/abs/2205.11487*.

6. Robin Rombach et al., "High Resolution Image Synthesis with Latent Diffusion Models," December 20, 2021, *https://arxiv.org/abs/2112.10752*.

7. Jean-Baptiste Alayrac et al., "Flamingo: A Visual Language Model for Few-Shot Learning," April 29, 2022, *https://arxiv.org/abs/2204.14198*.

8. Andrew Brock et al., "High-Performance Large-Scale Image Recognition Without Normalization," February 11, 2021, *https://arxiv.org/abs/2102.06171*.

9. Jordan Hoffmann et al., "Training Compute-Optimal Large Language Models," March 29, 2022, *https://arxiv.org/abs/2203.15556v1*.

第十四章

結語

本章目標

本章學習內容如下:

- 回顧生成式 AI 從 2014 年至今的歷史,包含關鍵模型和發展時間軸。

- 了解生成式 AI 的現狀,包括主導這個領域的廣泛議題。

- 筆者對生成式 AI 的未來以及它將如何影響日常生活、工作場所和教育之預測。

- 了解生成式 AI 將面臨的重要倫理與實用性挑戰。

- 筆者對生成式 AI 深層涵義的想法,以及它為何有可能徹底改變人類對通用 AI 的追求。

我在 2018 年 5 月開始著手本書的第一版。五年後,我對生成式 AI 的無限可能和潛在影響力感到前所未有的興奮。

這段時間裡,該領域已取得了令人難以置信的進展並在實際應用上有著無限潛力。我對迄今為止取得的成果感到無比敬畏與驚豔,熱切地期待見證生成式 AI 在未來幾年對世界帶來的影響。生成式深度學習的威力正以超乎我們所能想像的方式在塑造未來。

更重要的是，在為本書蒐集資料時，我越來越清楚地認識到，這個領域不僅關乎創作圖畫、文章或音樂。我相信生成深度學習的核心還蘊含了關於智慧的祕密。

本章的第一部分將總結人類在生成式 AI 的旅途是如何走到這一步。我們將按時間順序回顧自 2014 年以來生成式 AI 發展的時間軸，讓你了解各項技術登場的歷史時間點。第二部分將說明目前我們在最新生成式 AI 中所處的位置。也將討論目前生成深度學習方法的趨勢，以及可供一般大眾使用的現成模型。接著將探討生成式 AI 的未來以及面臨的機會和挑戰。我們將思考五年後生成式 AI 可能的發展，以及它對社會與商業的潛在影響，並回應一些主要的倫理和實用性問題。

生成式 AI 的時間軸

圖 14-1 為本書探討過的生成模型的發展關鍵時間軸。不同顏色代表不同種類的模型。

生成式 AI 領域建立在深度學習早期的發展基礎上，例如反向傳播和卷積神經網路，開啟了模型大規模學習資料集中複雜關係的可能性。本節將研究自 2014 年以來便以驚人速度發展的現代生成式 AI 歷史。

為了幫助我們理解所有過程，可以大致將這段歷史分成三個主要階段：

1. 2014 ～ 2017 年：VAE 和 GAN 時代

2. 2018 ～ 2019 年：Transformer 時代

3. 2020 ～ 2022 年：大模型時代

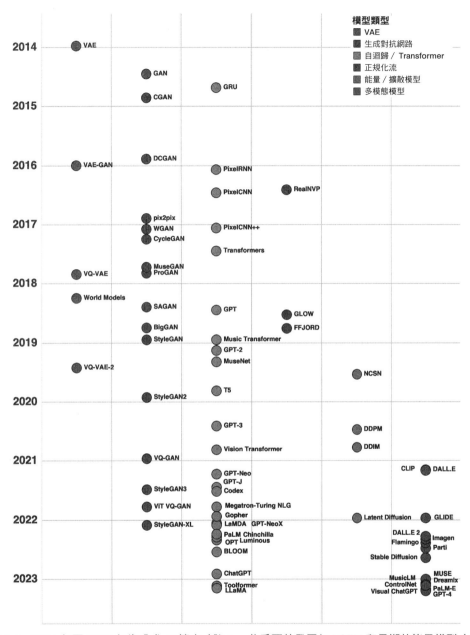

圖 14-1　2014 年至 2023 年生成式 AI 簡史（註：一些重要的發展如 LSTM 和早期的能量模型（如波茲曼機器）在早於這份時間軸就出現了）

2014 ～ 2017 年：VAE 和 GAN 時代

於 2013 年 12 月問世的 VAE 或許可以看作是點燃生成式 AI 的火種。這篇論文證明模型不只能夠生成如 MNIST 數字這種簡單的圖像，更為複雜的圖案像是能在潛在空間中平順移動的臉部圖像等也沒問題。隨後於 2014 年，一款用於解決生成建模問題的全新對抗型框架 GAN 也隨之登場。

接下來的三年都由 GAN 越來越令人驚豔的延伸變化佔據了舞台。除了 GAN 模型架構（2015 年的 DCGAN）、損失函數（2017 年的 Wasserstein GAN）和訓練過程（2017 年的 ProGAN）等根本性的改變之外，GAN 也觸及了新的問題領域，如圖像轉圖像的轉換（2016 年的 pix2pix 和 2017 年的 CycleGAN）以及音樂生成（2017 年的 MuseGAN）。

此時 VAE 也有了重大改良，例如 VAE-GAN（2015 年）和後來的 VQ-VAE（2017 年），以及在「World Models」論文（2018 年）中介紹的強化學習應用。

這段期間，既有自迴歸模型如 LSTM 和 GRU 仍然是文字生成的主力。隨著 PixelRNN（2016 年）和 PixelCNN（2016 年）被作為新的生成圖像方法，相同的自迴歸概念也應用在生成圖像上。與此同時，其他圖像生成方法如 RealNVP 模型（2016 年）也在測試當中，為後來的正規化流模型打好了基礎。

2017 年 6 月，一篇名為「Attention Is All You Need」的開創性論文問世，引領生成式 AI 進入以 Transformer 為中心的下一個時代。

2018 ～ 2019 年：Transformer 時代

Transformer 的核心是注意力機制，它免去了舊有自迴歸模型如 LSTM 等對於遞歸網路的依賴。隨著 2018 年 GPT（只有解碼器的 Transformer）和 BERT（只有編碼器的 Transformer）的推出，Transformer 迅速嶄露頭角。接下來的一年，模型規模逐漸擴大並藉由將各種工作視為單純的文字轉文字生成問題而獲得了出色表現，其中 GPT-2（2018 年，15 億個參數）和 T5（2019 年，110 億個參數）都是傑出的例子。

隨著像是 Music Transformer（2018 年）和 MuseNet（2019 年）模型的推出，Transformer 也開始成功地應用於音樂生成。

在這兩年中，一些令人印象深刻的 GAN 也陸續誕生，讓這項技術穩坐最佳圖像生成方法的寶座。特別是 SAGAN（2018 年）和更大型的 BigGAN（2018 年）透過將注意力機制融入 GAN 框架而取得了驚人的成果，而 StyleGAN（2018 年）和後來的 StyleGAN2（2019 年）則展示了模型在生成圖像樣式和內容控制上令人讚嘆的細膩度。

另一個正蓬勃發展的生成式 AI 是各種以分數為基礎的模型（NCSN, 2019），最終為生成式 AI 領域的下一個巨變──擴散模型──鋪好了路。

2020 ～ 2022 年：大模型時代

這個時代開始出現了幾款將不同生成模型家族的概念融合在一起，並大幅增強現有架構的模型。例如，將 GAN 鑑別器融入 VQ-VAE 架構的 VQ-GAN（2020 年），而 Vision Transformer（2020 年）則展現了如何訓練 Transformer 來處理圖像。2022 年推出的 StyleGAN-XL 進一步更新了 StyleGAN 架構並可生成 1,024 × 1,024 像素圖像。

2020 年登場的兩個模型為未來所有大型圖像生成模型奠定了基礎：DDPM 和 DDIM。突然間，擴散模型在圖像生成品質上成了 GAN 的競爭對手，正如 2021 年「Diffusion Models Beat GANs on Image Synthesis」論文的標題所說。擴散模型的圖像品質好得令人難以置信，而且只需要訓練一個 U-Net 網路，而非雙網路結構的 GAN，使得整個訓練過程更穩定。

大約在同一時間（2020 年），GPT 3 問世了。它是一個擁有 1750 億個參數的巨無霸 Transformer，可以用一種幾乎令人無法參透的方式生成任何主題的文章。該模型透過網頁應用程式和 API 發表，讓企業能將其用作產品和服務的基礎。ChatGPT（2022 年）是 OpenAI 最新版本 GPT 的網頁應用程式和 API 的外包產品，讓使用者可以跟 AI 談論任何主題。

2021 和 2022 年間，與 GPT-3 競爭的大型語言模型蜂湧而出，包括微軟和 NVIDIA 的 Megatron-Turing NLG（2021 年），DeepMind 的 Gopher（2021 年）和 Chinchilla（2022 年），Google 的 LaMDA（2022 年）和 PaLM（2022 年），以及 Aleph Alpha 的 Luminous（2022 年）。一些開源模型也陸續登場，例如 EleutherAI 的 GPT-Neo（2021 年），GPT-J（2021 年）和 GPT-NeoX（2022 年）；Meta 的 660 億個參數的 OPT 模型（2022 年）；Google 的 Flan-T5 微調模型（2022 年）以及 Hugging Face 的 BLOOM 模型（2022 年）等。這些模型都是使用龐大語料庫訓練出來的 Transformer 變體。

用於文字生成的強大 Transformer 以及用於圖像生成的最新擴散模型的迅速崛起說明了過去兩年生成式 AI 發展的重點大多集中在多模態模型上，也就是可執行於多個領域（如文字轉圖像模型）的模型。

這股**趨勢**在 2021 年 OpenAI 推出 DALL.E 時變得更加明顯，它是一個以離散 VAE（類似 VQ-VAE）和 CLIP（可預測圖文配對的 Transformer 模型）為基礎的文字轉圖像模型。隨後又出現了 GLIDE（2021 年）和 DALL.E 2（2022 年），它們更新了模型的生成部分，改用擴散模型而非離散 VAE 並取得了令人讚嘆的成果。這一時期 Google 還推出了三種文字轉圖像模型：Imagen（2022 年，使用 Transformer 和擴散模型），Parti（2022 年，使用 Transformers 和 ViT-VQGAN 模型）以及後來的 MUSE（2023 年，使用 Transformers 和 VQ-GAN）。另外，DeepMind 於 2022 年推出了 Flamingo，這是一種視覺語言模型，基於自家的 Chinchilla 大型語言模型來改進，並允許將圖像用作提示資料的一部分。

另一個重要的擴散技術發展是 2021 年發表的潛在擴散，也就是在自動編碼器的潛在空間中訓練擴散模型。這一技術催生了 2022 年由 Stability AI、CompVis 和 Runway 共同推出的 Stable Diffusion 模型。與 DALL.E 2、Imagen 和 Flamingo 不同，Stable Diffusion 的程式碼和模型權重都是開放原始碼，任何人都可以用自己的硬體執行模型。

生成式 AI 的現狀

在結束生成式 AI 歷史之旅前，有必要先來回顧我們在當今最新應用和模型上所處的位置。讓我們花一點時間評估迄今為止在這個領域取得的進展和主要成就。

大型語言模型

生成式 AI 現在幾乎完全集中火力在建立大型語言模型（LLM），它唯一的目的是直接用龐大的文字語料庫生成語言，也就是說，它們被訓練來像解碼器 Transformer 般預測出下一個單詞。

大型語言模型方法因其靈活度以及在各種任務上皆有出色表現而被廣泛採用。同樣的模型可以用於問答、摘要、內容創作等多種案例，由於每個案例最終都可以被建構成文字轉文字問題，特定的工作指令（提示）因此也可作為送入模型的部分輸入。

以 GPT-3（*https://oreil.ly/Pga1w*）為例。圖 14-2 顯示相同的模型可以應用在文字摘要和內容創作上。

Write an exciting and impactful opening paragraph for a textbook about generative AI that ends on a cliffhanger.

Generative AI is one of the most revolutionary technologies of our time, transforming the way we interact with machines. Its potential to revolutionize the way we live, work, and play has been the subject of countless conversations, debates, and predictions. But what if there was an even greater potential to this powerful technology? What if the possibilities of generative AI extend beyond our current imagination? The future of generative AI may be more exciting than we ever thought possible...

Write a short one stanza rhyming poem about the following paragraph:

Until recently, discriminative modeling has been the driving force behind most progress in machine learning methodology. This is because for any discriminative problem, the corresponding generative modeling problem is typically much more difficult to tackle. For example it is much easier to train a model to predict if a painting is by Van Gogh than it is to train a model to generate a Van Gogh styled paining from scratch. Similarly, it is much easier to train a model to predict if a page of text was written by Charles Dickens than it is build a model to generate a set of paragraphs in the style of Dickens. Until recently, most generative challenges were simply out of reach and many doubted that they could ever be solved. Creativity was considered a purely human capability that couldn't be rivaled by AI.

Discriminative tasks so easily done,
Generative ones so hard to be won,
Creativity thought to be a human thing,
Until AI showed what it can bring!

圖 14-2　GPT-3 的輸出。無螢光筆標示的文字為提示，綠色標記的文字為 GPT-3 的輸出

請看到這兩個範例的提示都包含了相關指示。GPT-3 的工作只是根據標記來逐一延續提示。它不具備可以查詢訊息的事實資料庫，也沒有可以複製到答案中的文字片段。它只被要求根據現有標記預測出接下來最有可能的標記，然後將此預測附加到提示中以生成下一個標記，以此類推。

令人驚訝的是，這種簡單的設計便足以讓語言模型在各種任務中有驚人的表現，如圖 14-2。此外，它讓語言模型具備不可思議的靈活性，可以針對任何提示生成逼真的文字回應，往往只受限於我們的想像力！

圖 14-3 為自 2018 年原始 GPT 首次發表以來，大型語言模型規模的增長過程。直至 2021 年底，參數數量呈指數級成長，其中 Megatron-Turing NLG 模型更高達 5300 億個參數。最近更著重於建立參數量更少的高效率語言模型，因為大型模型應用在生產環境時的運算速度較慢，成本也更高。

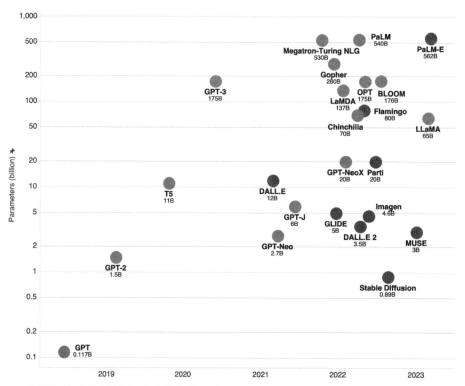

圖 14-3　大型語言模型（橘色）和多模態模型（粉紅色）的參數數量規模隨著時間的變化

OpenAI 的 GPT 系列（GPT-3、GPT-3.5、GPT-4 等）仍然被一般大眾認為是個人與商用最強大且最先進的語言模型套件。它們皆可透過網頁應用程式（*https://platform.openai.com/playground*）和 API（*https://openai.com/api*）來取用。

大型語言模型家族的另一個新成員是 Meta 的 *Large Language Model Meta AI*（LLaMA）[1]，它是一套使用公開資料集訓練的模型家族，參數規模從 70 億到 650 億不等。

表 14-1 整理了當今一些最強大的大型語言模型。有些是包含多種不同大小的模型家族，如 LLaMA，在此僅列出最大的模型作為代表。部分模型的預訓練權重是完全開源的，任何人都可以免費使用和建模。

表 14-1　大型語言模型一覽表

模型	推出時期	開發商	參數量	是否開源
GPT-3	2020 年 5 月	OpenAI	1750 億	否
GPT-Neo	2021 年 3 月	EleutherAI	27 億	是
GPT-J	2021 年 6 月	EleutherAI	60 億	是
Megatron-Turning NLG	2021 年 10 月	微軟與 NVIDIA	5300 億	否
Gopher	2021 年 12 月	DeepMind	2800 億	否
LaMDA	2022 年 1 月	Google	1370 億	否
GPT-NeoX	2022 年 2 月	EleutherAI	200 億	是
Chinchilla	2022 年 3 月	DeepMind	700 億	否
PaLM	2022 年 4 月	Google	5400 億	否
Luminous	2022 年 4 月	Aleph Alpha	700 億	否
OPT	2022 年 5 月	Meta	1750 億	是（僅公開 660 億參數版本）
BLOOM	2022 年 7 月	Hugging Face 協作	1750 億	是
Flan-T5	2022 年 10 月	Google	110 億	是
GPT-3.5	2022 年 11 月	OpenAI	未知	否
LLaMA	2023 年 2 月	Meta	650 億	否
GPT-4	2023 年 3 月	OpenAI	未知	否

儘管大型語言模型的應用令人驚豔，但仍存在著需要克服的重大挑戰。其中最值得注意的是它們容易捏造事實，並且無法可靠地應用邏輯思考過程，如圖 14-4。

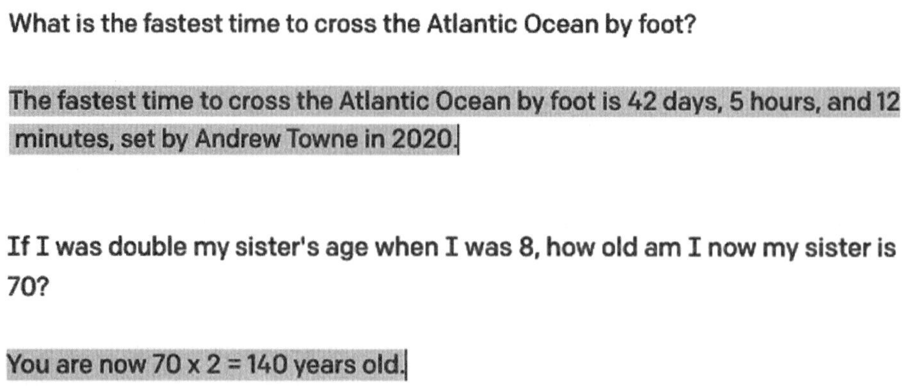

What is the fastest time to cross the Atlantic Ocean by foot?

The fastest time to cross the Atlantic Ocean by foot is 42 days, 5 hours, and 12 minutes, set by Andrew Towne in 2020.

If I was double my sister's age when I was 8, how old am I now my sister is 70?

You are now 70 x 2 = 140 years old.

圖 14-4　儘管大型語言模型在某些工作上表現出色，但它們也容易在與事實或邏輯推理相關的問題上出錯（顯示為 GPT-3 的輸出）

重點是，要謹記大型語言模型只是被訓練來預測下一個單詞。它們與現實世界沒有其他聯繫來做到可靠地分辨事實或邏輯謬誤。在生產中使用這些強大的文字預測模型必須非常謹慎，因為它們在任何需要精確推理的事情上還不夠可靠。

文字轉程式碼模型

程式碼生成為大型語言模型的另一個應用。2021 年 7 月，OpenAI 推出了一款名為 *Codex* 的模型，這是一款針對 GitHub 程式碼進行了微調的 GPT 語言模型[2]。該模型能夠成功地為一系列問題編寫出全新的編碼解決方案，只需要輸入待解決問題的註解或函式名稱作為提示就能運作。今天，這項技術成了 GitHub Copilot（*https://oreil.ly/P5WXo*）的主力，一款可以在輸入時即時提供程式碼建議的 AI 搭檔工程師。Copilot 是提供免費試用期的訂閱制付費服務。

圖 14-5 是兩個自動生成的程式碼完成範例。第一個範例是透過 Twitter API 從特定用戶取得推文的函式。只要提供函式名稱和參數，Copilot 便能自動完成剩餘的函式定義。第二個範例要求 Copilot 分析一張費用清單，透過另外在文字檔字串中包含說明了輸入參數格式和與工作相關的具體指示之自由文字描述。Copilot 只要根據描述便能自動完成整個函式。

這項傑出的技術已經開始改變工程師處理特定工作的方式。通常，工程師大部分的時間會花在尋找既有的解決方案範例，閱讀如 Stack Overflow 等社群的問答論壇以及在軟體套件文件中查找語法等。這表示他們不得不離開原本寫程式的整合開發環境（IDE），跑去網頁搜尋再把找到的程式碼片段複製貼上，看看可否解決手上的問題。Copilot 在許多情況下免除了這個需要，因為只要簡要描述想要實現的目標，就可以在 IDE 中瀏覽 AI 生成的潛在解決方案。

```python
import tweepy, os # secrets in environment variables

def fetch_tweets_from_user(user_name):
    # authentification
    auth = tweepy.OAuthHandler(os.environ['TWITTER_KEY'], os.environ['TWITTER_SECRET'])
    auth.set_access_token(os.environ['TWITTER_TOKEN'], os.environ['TWITTER_TOKEN_SECRET'])
    api = tweepy.API(auth)

    # fetch tweets
    tweets = api.user_timeline(screen_name=user, count=200, include_rts=False)
    return tweets
```
⊞ Copilot

```python
import datetime

def parse_expenses(expenses_string):
    """Parse the list of expenses and return the list of triples (date, value, currency).
    Ignore lines starting with #.
    Parse the date using datetime.
    Example expenses_string:
        2016-01-02 -34.01 USD
        2016-01-03 2.59 DKK
        2016-01-03 -2.72 EUR
    """
    expenses = []
    for line in expenses_string.splitlines():
        if line.startswith("#"):
            continue
        date, value, currency = line.split(" ")
        expenses.append((datetime.datetime.strptime(date, "%Y-%m-%d"),
                        float(value),
                        currency))
    return expenses
```
⊞ Copilot

圖 14-5　兩個 GitHub Copilot 功能的範例（資料來源：GitHub Copilot）

文字轉圖像模型

目前，最先進的圖像生成技術是由可將特定文字提示轉換成圖像的大型多模態模型所主導。文字轉圖像模型非常好用，因為它們讓使用者透過自然語言就能輕鬆操控生成圖像。這和 StyleGAN 等模型形成鮮明對比，StyleGAN 雖然也很厲害，但不具備可以描述所要生成圖像的文字介面。

目前可供商業和個人使用的三款重點文字轉圖像生成模型為 DALL.E 2、Midjourney 和 Stable Diffusion。

OpenAI 的 DALL.E 2 是一款可透過網頁應用程式和 API（*https://labs.openai.com*）取得的預付服務。Midjourney（*https://midjourney.com*）則是在 Discord 上的訂閱制文字轉圖像服務。DALL.E 2 和 Midjourney 都提供了平台的早鳥用戶一些免費點數。

Midjourney

本書第二篇中的故事插圖就是用 Midjourney 畫的！

Stable Diffusion 因為是完全開源所以截然不同。在 GitHub 上已公開了訓練模型用的權重和程式碼（*https://oreil.ly/C47vN*），因此任何人都可以用自己的硬體執行。用來訓練 Stable Diffusion 的資料集也是開源的。這個叫做 LAION-5B 的資料集（*https://oreil. ly/2O758*）含有 58.5 億個圖文組，是目前世界上最大的公開存取圖文資料集。

這個方法帶來一個結論，就是可以用 Stable Diffusion 的基本模型為基礎，再根據不同案例的需求改造。ControlNet 就是一個很好的例子，它是一個藉由加入額外條件來控制 Stable Diffusion 輸出細節的神經網路架構[3]。例如，輸出圖像可以用特定輸入圖像的 Canny 邊緣圖（*https://oreil.ly/8v9Ym*）作為條件，如圖 14-6。

圖 14-6　用 Canny 邊緣圖和 ControlNet 作為 Stable Diffusion 的輸出條件
　　　　（資料來源：Lvmin Zhang, ControlNet）

ControlNet 有一個可訓練的 Stable Diffusion 編碼器副本，以及一個完整 Stable Diffusion 模型的固定副本。可訓練編碼器的工作是學習如何處理輸入條件（如 Canny 邊緣圖），而固定副本則保留了原始模型的功能。這樣一來便可以只用少量的圖像配對來微調 Stable Diffusion。零卷積是所有權重和偏誤皆為零的 1 × 1 卷積，因此在訓練之前不會對 ControlNet 產生任何影響。

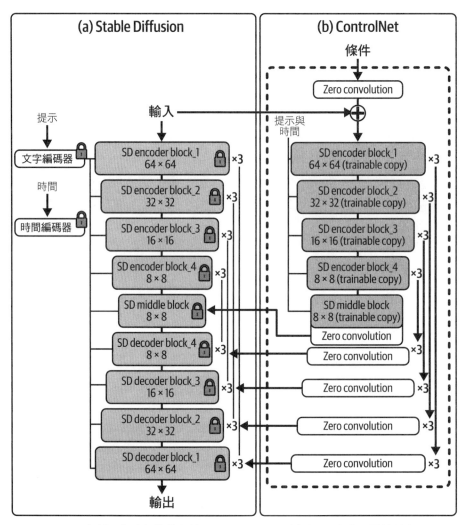

圖 14-7 ControlNet 架構，包含標為藍色的 Stable Diffusion 編碼器區塊之可訓練副本
（資料來源：Lvmin Zhang, ControlNet）

Stable Diffusion 的另一個優點是它可執行於只有 8 GB VRAM 的中型單一 GPU 上，讓它很適合邊緣裝置而不用呼叫雲端服務。隨著下游產品開始納入文字轉圖像服務，生成速度也變得越來越重要。這也是為什麼多模態模型逐漸變得越來越小的原因之一（如圖14-7）。

圖 14-8 為這三個模型的輸出範例。這些模型都非常出色，都能夠擷取到指定描述的內容和風格。

A unicorn leaping over a magnificent river, beautiful oil painting, stunning natural scenery, award-winning art, golden lighting, intricate detail

| Stable Diffusion v2.1 | Midjourney | DALL.E 2 |

圖 14-8　Stable Diffusion v2.1、Midjourney 和 DALL.E 2 針對相同提示的輸出

表 14-2 整理了當今一些最強大的文字轉圖像模型。

表 14-2　文字轉圖像模型一覽表

模型	推出時期	開發商	參數量	是否開源
DALL.E 2	2022 年 4 月	OpenAI	35 億	否
Imagen	2022 年 5 月	Google	46 億	否
Parti	2022 年 6 月	Google	200 億	否
Stable Diffusion	2022 年 8 月	Stability AI, CompVis 和 Runway	8 億 9000 萬	是
MUSE	2023 年 1 月	Google	30 億	否

使用文字轉圖像模型的技巧之一在於，提示需要包含所要生成圖像的內容以及鼓勵模型生成特定樣式或圖像類型的關鍵字。例如，驚豔（*stunning*）與獲獎（*award-winning*）等形容詞通常有助於提高生成品質。然而，相同的提示對於不同模型也並非一體適用，這取決於用來訓練模型的特定圖文資料集內容。所謂提示工程便是找出適合特定模型的提示之技術。

其他應用

生成式 AI 正被迅速地應用在各種新領域當中，從強化學習到其他能以文字轉換的多模態模型。

例如，2022 年 11 月 Meta 發表了一篇有關 *CICERO*（*https://oreil.ly/kBQvY*）的論文，它是一個被訓練來玩外交風雲這款桌遊的 AI 代理。在這款遊戲中，每個玩家各自代表一個第一次世界大戰前的歐洲國家，目標是要透過互相談判與欺騙來取得歐洲大陸的控制權。對 AI 代理來說這是一款極為複雜的遊戲，特別是因為遊戲中溝通的部分，玩家必須與其他玩家討論計劃以贏得盟友，協調行動並提出戰略目標。為了實現目標，CICERO 包含了一個能夠發起對話並回應其他玩家訊息的語言模型。關鍵是，對話必須和由模型的另一部分因應不斷變化的情勢而生成的戰略計畫一致。這包括代理在與其他玩家對話時能夠虛張聲勢，也就是說，說服另一名玩家來代理的計畫，然後之後再對該玩家採取侵略性策略。令人驚訝的是，在一個共 40 場的匿名線上外交聯賽中，CICERO 的得分是人類玩家平均得分的兩倍多，並在參加了多場比賽的參賽者中排名前 10%。這是生成式 AI 結合強化學習的優秀案例。

具體化大型語言模型的發展是一個令人興奮的研究領域，Google 的 *PaLM-E*（*https://palm-e.github.io*）進一步證明了這一點。它結合了強大的語言模型 PaLM 和 Vision Transformer，藉由把視覺和感測器資料轉換為可與文字指令交錯的標記，好讓機器能夠根據文字提示和來自其他感測模式的持續回饋來執行工作。PaLM-E 的網站展示了該模型的能力，包括控制機器人根據文字描述排列積木和拿取物品等。

文字轉影音模型牽涉到根據文字輸入建立影音。此領域建立在文字轉圖像模型的概念上，但多了整合時間維度的額外挑戰。例如，2022 年 9 月 Meta 發表了 *Make-A-Video*（*https://makeavideo.studio*），一款只需要輸入文字提示就能創作出短影音的模型。該模型還能在兩張靜態圖像之間加入動作，以及變造特定輸入影音。有趣的是，它只用了圖文組資料和無監督影音片段來訓練，而非直接用文字／影音配對訓練。無監督影音資料已足以讓模型了解世界如何運作；接著它用圖文組來學習文字圖像模態之間的映射關係再將其動畫化。*Dreamix* 模型（*https://oreil.ly/F9wdw*）可以編輯影音，輸入影片會根據特定文字提示進行轉換，同時保留其他風格屬性。例如，可以將一段倒牛奶的影片改成倒咖啡，但同時保留原始影片的拍攝角度、背景和光線等元素。

同樣地，文字轉 3D 模型將傳統的文字轉圖像方法延伸到了第三維度。2022 年 9 月，Google 發表了 *DreamFusion*（*https://dreamfusion3d.github.io*），一款能夠根據輸入文字提示來生成 3D 物體的擴散模型。重點是，該模型不需要用已標記 3D 物體來訓練。相反地，作者使用預訓練 2D 文字轉圖像模型（Imagen）作為先驗，然後訓練一個 3D 神經輻射場（NeRF），讓它能夠從隨機角度繪製出高品質的圖像。另一個例子是 OpenAI 於 2022 年 12 月發表的 *Point-E*（*https://openai.com/research/point-e*）。Point-E 是一個能夠根據特定文字提示生成 3D 點雲的純擴散基礎系統。雖然它生成的輸出品質不如

DreamFusion，但這種方法的優點是速度比 NeRF 基礎方法快得多，單一 GPU 只需一到兩分鐘就能生成輸出，而不需要 GPU 執行數小時以上。

有鑒於文字和音樂之間的相似性，有人試著建立文字轉音樂模型也就不足為奇。Google 於 2023 年 1 月發布的 *MusicLM*（*https://oreil.ly/qb7II*）是一個語言模型，能將描述一段音樂的文字（例如「一段背景有著失真吉他聲的寧靜小提琴旋律」）轉換成精準反映這段描述的數分鐘高連貫性樂曲。它以早期的 *AudioLM*（*https://oreil.ly/0EDRY*）為基礎，增加了用文字提示引導模型的功能；Google Research 網站提供了許多試聽範例。

生成式 AI 的未來

最後這段將探討強大的生成式 AI 系統對我們身處世界產生的潛在影響 —— 從日常生活、工作到教育。我們也將列出生成式 AI 若要成為能一個普遍使用、且能為社會帶來明顯正向貢獻的工具，所面臨的主要實務與倫理挑戰。

日常生活中的生成式 AI

毫無疑問，生成式 AI 未來勢必會在人們的日常生活中越顯重要，尤其是大型語言模型。借助於 OpenAI 的 ChatGPT（*https://chat.openai.com/chat*）的力量，我們已經可以透過生成式 AI 產出完美的求職信、回覆給同事的專業電子郵件，或者針對特定主題的有趣社交媒體貼文等。它是真正的互動技術：能夠包含用戶要求的具體細節、對回饋做出回應，並在不清楚狀況時提出問題。這種 AI 個人助理應該只存在於科幻小說中，但事實並非如此，它已然到來，任何想用的人都能使用。

這樣的應用程式成為主流之後會帶來什麼影響呢？最直接的影響應該是提高了書面溝通的品質。透過友善的介面使用大型語言模型讓人們能夠在極短的時間內將構想草稿轉換成條理清晰的優質文章。這項技術將徹底改變電子郵件寫作、社交媒體貼文甚至簡訊。它不僅消除了拼寫、語法和可讀性所帶來的常見障礙，還直接將我們的思考過程與可用輸出聯繫起來，往往根本不需要經歷建構語句的過程。

生成正確格式的文字只是大型語言模型的用途之一。人們將開始運用這些模型來激發想法、提供建議和檢索訊息。我認為可以將此看作是人類身為智慧物種來取得、分享、檢索和綜合訊息的第四階段。我們首先從身邊的人獲取訊息，或者親自前往新地點來傳播知識。印刷機的發明使書籍成為分享思想的主要媒介。最後，網路的出現讓我們只需按幾個鍵就能夠輕鬆搜尋並檢索資訊。生成式 AI 開啟了資訊綜合的新時代，我相信它將取代當今搜尋引擎的許多用途。

例如，OpenAI 的 GPT 模型套件可以提供客製化的渡假勝地推薦，如圖 14-9，或建議如何應對困境，或是詳細解釋晦澀難懂的概念。在使用這項技術時更像是在問一個朋友，而非只是在搜尋引擎中輸入查詢，也因此人們蜂擁而至。ChatGPT 是有史以來發展最快的技術平台，只推出 5 天就吸引了 100 萬個用戶，而 Instagram 當時花了 2.5 個月才達到相同的用戶數，Facebook 則花了 10 個月。

Provide me with three holiday destination suggestions in Europe that are off-the-beaten track and have both adventurous and relaxing activities nearby, for a family with teenage children. Give examples of why each is a perfect destination.

1. Riga, Latvia: Riga is a great holiday destination for a family with teenage children. It's off-the-beaten track and has something for everyone. It offers a wide range of activities, from adventure sports like kite surfing, kayaking, and rock climbing, to more relaxed activities like sightseeing and touring the city's historic sites. It's also a great base for exploring the Latvian countryside, with plenty of outdoor activities like hiking and camping.

2. Plitvice Lakes National Park, Croatia: Plitvice Lakes National Park is an ideal off-the-beaten-track destination for a family with teenage children. It offers a unique combination of activities, from relaxing boat rides and lake cruises to thrilling zip-lining and hiking. The park is also home to some of the most stunning waterfalls and cascades in Europe, making it a great place to explore and take in the incredible views.

3. Lofoten Islands, Norway: The Lofoten Islands in Norway are a great off-the-beaten-track destination for a family with teenage children. With its beautiful fjords, stunning coastal views, and abundant wildlife, there's plenty to explore in this remote archipelago. There are also plenty of activities to do, from fishing and kayaking to hiking and beachcombing. It's a great combination of adventure and relaxation.

圖 14-9　GPT-3 提供的客製化渡假勝地推薦

生成式 AI 在工作中的應用

除了一般用途，生成式 AI 還將應用在需要創意的特定工作中。可能因此獲益的職業大致如下：

廣告

　　透過生成式 AI 根據瀏覽或購買紀錄建立針對特定客群的個人化廣告。

音樂製作

　　運用生成式 AI 來譜寫和製作原創樂曲，開啟無限可能。

建築

　　生成式 AI 可根據風格和佈局限制等因素來設計各種建築和結構。

時裝設計

　　生成式 AI 可根據流行趨勢和客戶喜好來創造出獨特又多樣的服裝設計。

車輛設計

生成式 AI 可用於設計和開發新車款，並自動找出特定設計的有趣改款。

電影及影片製作

生成式 AI 可用於製作特效和動畫，並為整個場景或故事情節生成對話。

製藥研究

生成式 AI 可用於生成新的藥品化合物，有助於開發新療法。

創意寫作

生成式 AI 可用於產生文字內容，如小說故事、詩歌、新聞報導等。

遊戲設計

生成式 AI 可用於設計和開發新的遊戲關卡和內容，創造出無限種遊戲體驗。

數位設計

生成式 AI 可產生高原創性的數位藝術和動畫，以及設計和開發新介面和網頁設計。

人們常說 AI 對上述領域的工作者構成了生存威脅，但我不這麼認為。對我來說，AI 只是這些創意工作者工具箱中的另一種工具（雖然非常強大），而非角色的替代品。選擇擁抱這項新科技的人們會發現，他們能夠更快速地探索新想法，並用過去難以想像的方式來精進自身概念。

生成式 AI 於教育中的應用

我認為另一個將受到重大影響的日常生活領域是教育。生成式 AI 將以自網路誕生以來前所未見的方式來挑戰教育的基本原則。網路使學生能夠即時並明確地檢索資訊，讓純粹測試記憶力和回憶能力的考試顯得過時又無謂。這促成了測試方法的轉變，學生是否能夠以更加新穎的方式進行綜合性思考成了重點，而非只是測驗事實知識。

我相信生成式 AI 將引發另一場教育變革，現有的教學方式和評量標準都必須重新審視與調整。如果每個學生可以隨身攜帶一台針對問題做出新奇回答的寫作機器，那麼寫作導向作業的目的究竟為何？

許多人呼籲禁止使用這類 AI 工具，理由跟禁止抄襲一樣。然而，事情沒有那麼簡單，因為檢測 AI 生成的文字比檢測抄襲要困難得多，且毫無疑問地更難以證明。而且，學生大可以使用 AI 工具生成作文的骨架，然後再根據需要添加細節或更正不實之處。這樣該算是學生的原創，還是 AI 代勞？

顯然，為了保持教育和認證的誠信，這些都是需要解決的重大問題。在我看來，抵制 AI 工具在教育中的擴散毫無意義，任何抵抗都注定失敗，因為它們終將普及於日常生活中，試圖限制去使用它們都是徒勞。相反地，我們需要找到擁抱這項技術的方法，探討如何設計開放使用 AI 的作業如同允許開放書本一樣，並鼓勵學生公開地使用網路和 AI 工具來蒐集資料。

生成式 AI 在幫助學習過程上的潛力也是巨大而深遠。AI 導師可以幫助學生學習新議題（如圖 14-10）、釐清誤解，或生成完全個人化的學習計畫。需要從捏造的虛構消息中過濾出真實訊息這一點與目前從網路獲得的資訊沒什麼不同，這是一項在整個課程中都需要進一步關注的生活技能。

Explain the the difference between generative and discriminative AI to a high school student.

Generative AI is the process of using algorithms to generate new data based on existing data. It is primarily used for creating new ideas or objects such as music, text, images, etc. It tries to capture the underlying structure and patterns in the data and use it to generate new data from the same distribution.

Discriminative AI is the process of using algorithms to classify or distinguish between different items. It is primarily used for tasks such as image recognition, natural language processing and speech recognition. It tries to identify the differences between different items and then use those differences to classify them.

圖 14-10　GPT-3 的輸出。大型語言模型用於學習的範例

生成式 AI 可以成為一套能在擁有優秀教師和教學資源的學生，與沒有這些資源的學生之間創造出公平環境的強大工具。我很期待看到這方面的進展，因為我相信它將在全球各地釋放出巨大潛力。

生成式 AI 的倫理與挑戰

儘管生成式 AI 領域取得了令人難以置信的發展，仍有許多需要克服的挑戰。其中一些挑戰在於實際應用，一些則與倫理有關。

例如，目前關於大型語言模型的主要批評是，當被問及陌生或矛盾的主題時，它們很容易生成錯誤訊息，如圖 14-4。這件事之所以危險是因為很難判斷在生成回應中的訊息是否真實。即使要求語言模型解釋推論過程或引用來源，它也可能編造參考文獻或只是吐出一連串邏輯不通的陳述。這不是一個容易解決的問題，因為語言模型不過是一組根據特定輸入標記來準確地捕捉後續可能性最高單詞的權重，它並沒有可以參考的真實資訊庫。

解決這個問題的可能做法之一是，讓大型語言模型在處理需要精準執行或事實的工作時能夠呼叫結構化工具，如計算機軟體、程式碼編譯器和線上資訊來源等。例如，圖 14-11 為 Meta 於 2023 年 2 月發表的 *Toolformer* [4] 之輸出範例。

The New England Journal of Medicine is a registered trademark of [QA("Who is the publisher of The New England Journal of Medicine?") → Massachusetts Medical Society] the MMS.

Out of 1400 participants, 400 (or [Calculator(400 / 1400) → 0.29] 29%) passed the test.

The name derives from "la tortuga", the Spanish word for [MT("tortuga") → turtle] turtle.

The Brown Act is California's law [WikiSearch("Brown Act") → The Ralph M. Brown Act is an act of the California State Legislature that guarantees the public's right to attend and participate in meetings of local legislative bodies.] that requires legislative bodies, like city councils, to hold their meetings open to the public.

圖 14-11　Toolformer 自行呼叫不同的 API 以便在必要時取得正確資訊
（資料來源：Schick et al., 2023）

Toolformer 能夠明確呼叫 API 來取得資訊作為生成回應的一部分。例如，它可以用 Wikipedia API 來檢索特定人物的訊息，而非將此資訊嵌在模型權重裡。這個方法對講求精確的數學運算特別好用，因為 Toolformer 可以說明需要輸入計算機 API 的算式，而不是試圖以自迴歸方式丟出答案。

生成式 AI 另一個顯著的道德問題聚焦在大型企業實際上是運用大量從網路搜刮來的資料訓練模型，而原作者們並非都已明確同意。很多時候，這些資料甚至不公開，因此根本無從得知你的資料是否早就被拿來訓練大型語言模型或文字轉圖像的多模態模型。這顯然是一個合理的擔憂，尤其對藝術家來說，他們可能會抗議藝術作品被擅自使用且從未獲得任何版稅或佣金。此外，藝術家的名字可能被用作提示來生成更多與原作類似風格的作品，從而降低內容的獨特性並讓該風格變得舉目皆是。

Stability AI 率先提出了這個問題的解決方案，其多模態模型 Stable Diffusion 是用開源 LAION-5B 資料集的子集訓練而成的。

Stability AI 還推出了 *Have I Been Trained?*（我被拿來訓練了嗎？）網站（*https://haveibeentrained.com*），任何人都可以在訓練資料集中搜尋特定圖像或文字段落，並選擇不讓它繼續被用於模型訓練過程。這將控制權還給了原作者，並確保用來建立這種強大工具的資料公開透明。然而，這種做法並不普遍，許多商用生成 AI 模型不會公開資料集或模型權重，也不提供任何退出訓練過程的選項。

總之，雖然生成式 AI 是日常生活、工作場所和教育領域中用於溝通、生產力和學習的強大工具，但它的普及有好也有壞。重要的是，要意識到使用生成式 AI 模型產出結果的潛在風險，並永遠以負責任的態度來使用。無論如何，我對生成式 AI 的未來充滿樂觀，並且等不及看到企業和人們如何運用這一項令人興奮的新科技了。

最終想法

本書回顧了過去十年來的生成式模型研究，從變分自動編碼器（VAE）、生成對抗網路（GAN）、自迴歸模型、正規化流模型、能量模型以及擴散模型的基本概念開始，進一步理解 VQ-GAN、Transformer、世界模型和多模態等最新技術如何推動生成式模型突破各種工作能力的極限。

我相信，生成式模型日後即將成為超越任何特定任務的更深層次人工智慧之關鍵，讓機器能夠在環境中自行制定獎勵、策略，甚至意識。我非常贊同卡爾・弗里斯頓（Karl Friston）開創的主動推論原則，其背後的理論可以輕鬆地寫完另一本書，也確實如此，那就是 Thomas Parr 等人的優秀著作《*Active Inference: The Free Energy Principle in Mind, Brain, and Behavior*》（MIT Press 出版），我強烈建議你閱讀此書，所以在此只會簡單介紹。

在嬰兒時期，我們會不斷探索周圍的環境，在腦海中對可能的未來建立模型，除了加深對世界的了解之外沒有其他明顯目的。我們接收到的資料沒有標籤，從出生的那一刻起，一連串看似隨機的光影和聲音不斷轟炸著感官。即使當家人指著一個蘋果說這是蘋果，我們年幼的大腦也沒有理由將這兩個輸入聯繫起來，並學會此時進入眼睛的特定光線，在某種程度上與聽到的特定聲波有關。我們沒有聲音和圖像的訓練集，沒有嗅覺和味覺的訓練集，也沒有行為和獎勵的訓練集；只有無止盡且極度嘈雜的資料流。

然而，現在你就在這裡讀著這句話，或許正在熱鬧的咖啡廳中享用咖啡。你不會注意到背景雜音，因為你正專注於將視網膜上沒有光線的一小部分轉換成一系列抽象概念，單獨來看這些概念幾乎沒有任何意義，但結合起來後它們便在腦海中引發大量的平行表示——圖像、情感、想法、信念和潛在行動全湧進了意識，等待你的認知。原本對嬰兒時期的大腦來說毫無意義的資料流不再那麼嘈雜了。對你來說一切都很合理，到處都是結構，再也不會對日常生活中的物理現象感到驚訝。世界之所以是這個樣子是因為你的大腦決定它應該如此。就這個意義上來說，你的大腦是一個極其複雜的生成模型，具有處理輸入資料的特定部分、在神經通路的潛在空間內形成概念表示以及隨著時間處理序列資料的能力。

主動推論便是以此構想為基礎的框架，用於解釋大腦如何處理和整合感官訊息來做出判斷和行動。它指出，生物體擁有一個針對所處世界的生成模型，並用它來預測未來事件。為了減少模型與現實之間的差異所引起的意外，生物體會根據需要調整行動和看法。弗里斯頓的核心思想是，可以將行動和認知最佳化視為一體兩面，兩者的目的都是將稱為自由能的單一度量最小化。

這個框架的核心是環境的生成模型（捕捉於腦中），並不斷地與現實比較。關鍵是，大腦並非事件的被動觀察者，它還連接了脖子和一雙腿，能將最重要的輸入感應器移動到與輸入資料來源有關的各種五花八門的位置。因此，潛在未來的生成序列不只取決於它對環境物理的理解，還取決於對自身及其行為的理解。這種行為和認知的回饋循環對我來說非常有趣，而且我相信我們只觸及了根據主動推論原則在特定環境中採取行動的具體化生成模型潛力的冰山一角。

我相信主動推論將是未來十年繼續推動生成模型成為舞台焦點的核心思想，成為解鎖通用 AI 的關鍵之一。

有鑑於此，我鼓勵你繼續從網路和其他書籍提供的精彩資料學習更多有關生成模型的知識。感謝你閱讀完本書，希望帶給你與我在寫作本書時同樣的愉悅！

參考文獻

1. Hugo Touvron et al., "LLaMA: Open and Efficient Foundation Language Models," February 27, 2023, *https://arxiv.org/abs/2302.13971*.

2. Mark Chen et al., "Evaluating Large Language Models Trained on Code," July 7, 2021, *https://arxiv.org/abs/2107.03374*.

3. Lvmin Zhang and Maneesh Agrawala, "Adding Conditional Control to Text-to-Image Diffusion Models," February 10, 2023, *https://arxiv.org/abs/2302.05543*.

4. Timo Schick et al., "Toolformer: Language Models Can Teach Themselves to Use Tools," February 9, 2023, *https://arxiv.org/abs/2302.04761*.

索引

※ 提醒您：由於翻譯書排版的關係，部分索引名詞的對應頁碼會和實際頁碼有一頁之差。

符號

1-Lipschitz continuous function（1-Lipschitz 連續函數），110

A

accuracy, determining（準確率,判斷），94, 256, 387, 398

action, in reinforcement learning（動作,強化學習中的），322

activation functions（觸發函數），29

active inference（主動推論），401

Adam（Adaptive Moment Estimation）optimizer（適應性矩估計最佳化器），32

adaptive instance normalization（AdaIN,適應性實例正規化），270, 272

agent, in reinforcement learning（代理,強化學習中的），322

AI（artificial intelligence）（AI, 人工智慧），8, 400

AI ethics（AI 倫理），398-400

approximate density models（近似密度模型），18

artifacts（瑕疵），99, 271

artificial intelligence（AI, 人工智慧），8, 400

artificial neural networks（ANN, 類神經網路），22

arXiv, xxii

"Attention Is All You Need"（Vaswani），230, 382

attention mechanisms（注意力機制）
    attention equation（注意力方程式），235
    attention head（注意力頭），233
    attention scores（注意力分數），245
    attention weights（注意力權重），235
    generating polyphonic music（生成複音音樂），302
    paper popularizing（知名論文），230
    self- versus cross-referential（自我參照與交叉參照），250
    understanding（理解），232

attribute binding（屬性綁定），363

attributes, entangled（屬性,糾纏），268

AudioLM, 394

"Auto-Encoding Variational Bayes"（Kingma and Welling），55

autoencoders（自動編碼器,另外參考：變分自動編碼器）
    architecture of（... 的架構），58
    decoder architecture（解碼器架構），60-63
    diagram of process（流程圖），56
    encoder architecture（編碼器架構），59
    Fashion-MNIST dataset（Fashion-MNIST 資料集），57
    generating new images（生成新的圖像），67-69
    joining encoder to decoder（結合編碼器與解碼器），63

關於作者

David Foster 是一位投身於創意領域中各種 AI 應用的資料科學家、企業家和教育者。作為 Applied Data Science Partners（ADSP）的共同創辦人，他鼓勵並賦予組織同仁使用資料與 AI 的轉型力量。他擁有劍橋大學三一學院的數學碩士學位、華威大學的作業研究碩士學位，同時也是機器學習學院的專業教學人員，致力於 AI 的實務應用與解決真實世界問題。他的研究興趣包括提高 AI 演算法的透明度和可解釋性，並針對醫療保健領域內的可解釋之機器學習發表了多篇論文。

出版記事

本書封面上的動物是彩繪鸚鵡（Pyrrhura picta）。這種鳥類隸屬於鸚鵡科，這是鸚鵡的三大科之一。在其亞科 Arinae 中包含了幾種棲息於西半球的金剛鸚鵡和鸚鵡品種。彩繪鸚鵡棲息於南美洲東北部的沿海森林和山地。

彩繪鸚鵡的羽毛大部分為亮綠色，但上喙部是藍色，臉部是棕色，胸部和尾巴則是紅色。最引人注目的是，彩繪鸚鵡脖子周圍的羽毛看起來像鱗片；中心的棕色搭配淺白色的勾邊。這種顏色的組合讓這種鳥兒在雨林中有很棒的偽裝效果。

彩繪鸚鵡傾向於在森林頂層覓食，綠色羽毛在那裡最能將牠們掩蔽起來。牠們常常組成 5 到 12 隻的小群來覓食各種水果、種子和花朵。偶爾在林冠下覓食時，彩繪鸚鵡也會吃森林水池中的藻類。它們的體長大約為 9 英寸，壽命為 13 至 15 年。彩繪鸚鵡的一窩幼鳥——每隻孵化時寬度不到一英寸——大約有五顆蛋。

O'Reilly 書籍封面上的許多動物都面臨瀕臨絕種的危機；牠們都是這個世界重要的一份子。

封面插圖由 Karen Montgomery 根據 Shaw's Zoology 中的一幅黑白雕刻圖所繪製。

生成深度學習｜訓練機器繪畫、寫作、作曲與玩遊戲 第二版

作　　者：David Foster
譯　　者：CAVEDU 教育團隊 曾吉弘
企劃編輯：江佳慧
文字編輯：王雅雯
設計裝幀：陶相騰
發 行 人：廖文良

發 行 所：碁峰資訊股份有限公司
地　　址：台北市南港區三重路 66 號 7 樓之 6
電　　話：(02)2788-2408
傳　　真：(02)8192-4433
網　　站：www.gotop.com.tw
書　　號：A748
版　　次：2024 年 11 月二版
建議售價：NT$880

國家圖書館出版品預行編目資料

生成深度學習：訓練機器繪畫、寫作、作曲與玩遊戲 / David
　　Foster 原著；曾吉弘譯. -- 二版. -- 臺北市：碁峰資訊，2024.11
　　　　面；　　公分
　　　　譯自：Generative deep learning, 2nd Edition.
　　　　ISBN 978-626-324-854-0(平裝)
　　　　1.CST：機器學習　2.CST：人工智慧　3.CST：神經網路
312.83　　　　　　　　　　　　　　　　　　113009531